研究室ですぐに使える
有機合成の定番レシピ

Jie Jack Li
Chris Limberakis
Derek A. Pflum

上村明男 訳

丸善出版

Modern Organic Synthesis in the Laboratory :

A Collection of Standard Experimental Procedures

by

Jie Jack Li, Chris Limberakis, Derek A. Pflum

Copyright © 2007 by Oxford University Press, Inc.

"Modern Organic Synthesis in the Laboratory : A Collection of Standard Experimental Procedures" was originally published in English in 2008.
This translation is published by arrangement with Oxford University Press.

All rights reserved. No part of this publication may be reproduced, stored in a retrieval system, or transmitted, in any form, or by any means, electronic, mechanical, photocopying, recording, or otherwise, without the prior consent of the publisher.

Japanese translation published by Maruzen Co., Ltd., Tokyo.
Copyright © 2009 by Maruzen Co., Ltd.
本書は Oxford University Press, Inc. の正式翻訳許可を得たものである.

Printed in Japan

推薦の言葉

模倣を欲せぬ者からはなにものも生まれない.
——サルバドール・ダリ

　化学者の所作は，ある意味で芸術家のそれと通じるかもしれない．芸術家が，色と光と筆致の巧みな組み合わせを使って独自の芸術の世界を産み出してきたように，合成化学者もまた，試薬と溶媒それに反応条件の巧みな組み合わせによって，新たな分子の世界をつくり出してきた．創造にはそれを支える基礎的準備がいつも必要であるが，そのためには信頼できる反応と標準的な手法を探さねばならない．分子の世界の創造に比べて，これはなんと退屈で，時間のかかる仕事であることか！　この仕事さえなければ，もっと刺激的で創造的な化学をつくり出せるのに，いく人がそう願ったことであろうか.

　本書，Jie Jack Li，Chris Limberakis，Derek Pflum 博士らによる"有機合成のレシピ"は，合成化学者ならばだれでも必要な，ラボの作法とでもいうべき基本が集められている．クロマトのテクニックから，乾燥溶媒のつくり方，TLC ディップのレシピなど，ラボで毎日使っているテクニックがうまくまとめられている．それだけでなく，官能基変換，酸化反応，還元反応，炭素-炭素結合形成反応，保護基の脱着など，ほぼすべての標準的な反応のレシピが集められている．どんな有機合成の研究者にも必携の一冊となるに違いない.

　このすばらしい一冊を生み出した三博士の努力に敬意を表するとともに，すべての有機化学者のサバイバルマニュアルとなって分子の世界の創造に活用されんことを願う.

K. C. Nicolaou, Phil S. Baran
Scripps 研究所
12/July/2006

原著まえがき

　情報化社会の発展のおかげで，合成化学でも必要な情報をウェブ上で瞬時に手に入れられるようになった．もはや図書館で骨を折る必要はなくなった．しかし，リターンキーとともにもたらされるおびただしい情報は，新たな問題の種となっている．いったいどれが本当に必要な情報なんだ？　ラボに参加したばかりの君の気を滅入らせる情報の洪水．どうしたらいいんだ？　この本は，そんな悩みに光をもたらしてくれる"古き良き知恵袋"となることを目指して書かれた．最初に習得すべきテクニック，最初に試すべき反応，情報の取捨選択のきっかけとなる代表的総説リスト，などを集めた．

　取り上げた実験レシピには，短いコメントを付け加えた．なかには著者らの個人的経験にもとづく情報もある．迷ったとき，困ったときに闇夜の明かりとなってくれれば幸いである．生成物のスペクトルなどの細かい情報は，そこにあげた文献に直接あたってほしい．

　この本を著すにあたり，ミシガン大学の John P. Wolfe 教授と研究室の学生である Joshua Ney さんと Josephine Nakhla さん，Scripps 研究所の Phil S. Baran 教授と研究室の学生である Noah Z. Burns さん，Mike DeMartino さん，Tom Maimone さん，Dan O'Malley さん，Jeremy Richter さん，Ryan Shenvi さんには査読を通じてたいへんお世話になった．感謝申し上げる．

　この本を著すのはとても楽しい仕事だった．われわれもこの本を今も活用している．読者の皆さんにも活用していただければ，これに優る喜びはない．

Jie Jack Li, Chris Limberakis, Derek A. Pflum
アナーバー，ミシガン
4/Sept/2006

謝　辞

　この本を著すために，貴重な実験手法を原著論文から転載させていただいた下記の出版社ならびに学会に感謝する．アメリカ化学会 (*The Journal of the American Chemical Society*, *Journal of Medicinal Chemistry*, *Journal of Organic Chemistry*, *Organic Letters*, *Organic Process Research and Development*, および *Organometallics*)，Elsevier Science (*Bioorganic and Medicinal Chemistry*, *Journal of Organometallic Chemistry*, *Tetrahedron*, および *Tetrahedron : Asymmetry*)，John Wiley & Sons (*Organic Syntheses*)，イギリス化学会 (*Journal of the Chemical Society Perkin Transactions 1*)，Wiley-VCH (*Chemistry-A European Journal*)，Taylor & Francis Group (*Synthetic Communications*)，NRC Research Press (*Canadian Journal of Chemistry*)，Thieme (*Synlett*)，日本複素環学会 (*Heterocycles*). また1章に載せた機器の写真の掲載を許可いただいた下記の企業にも謝意を表したい．Innovative Technology (Pure-Solv 400 溶媒精製システム)，Analogix (Flash 12/40 system™)，Teledyne ISCO (CombiFlash®, Companion®)，Biotage (Flash 400™).

訳者まえがき

　研究室に入って数ヶ月，そろそろラボに慣れてきたあなた，毎日毎日先生に言われるがまま実験して，確かにみんな喜んでくれるし，それなりに楽しいし満足感はあるんだけど，何か違うなあ，と思ったことはありませんか．確か研究室に入るまでは，"この手で新しいものをつくってやるんだ"って意気込んでいませんでしたっけ？今もその気持ちは忘れてないんだけど，手も足も出ないよな，何しろ，考えることはできるんだけど，実験の具体的レシピがなくってさ……．

　こんな思いになったらあなたもしめたもの．創造者への階段の第一歩を踏み出したも同然です．でも，こんなことがしたい，方法はきっとこう，でも，どこにあるんだ，具体的な実験法．どうやってサーチしよう．文献サーチしても，どの"レシピ"を使ったらいいの？

　こんなとき，標準的なテクニック，標準的な"実験レシピ"を集めたこの小さな一冊はとても役立つでしょう．原著を手にしたとき，これはあらゆる合成化学者の必携の一冊，と思いました．プロジェクトがうまくいっているときのさらなる発展をもたらす一手，プロジェクトが進まないとき，ボスを仰天させるための一発逆転ホームランをねらったシークレット実験．この一冊があれば，明日からのあなたのラボライフは一味違う．思いのままに実験し，化学の創造を進めていけることと思います．

　よくみれば，この本はただ単に論文から実験の部分を抜き出して，訳したもの，という人もいるでしょう．でも，この変換をしたい，この実験をしたい，そんなときに限って実験法はなかなか出てこないもの．朝から晩までかかって，コンピューターサーチし，図書館の暗い書庫をはいずり，単行本と文献コピーで机の上に"山脈"をつくって調べて，でも，肝心の実験は手つかず．実験レシピを集めた本は合成化学者の大切なおもちゃ箱．昔は何冊も何冊も全集ものを集めてひっくり返していたのを，きれいにコンパクトにまとめたのがこの一冊です．さあ，整頓されたあなただけの有

機合成のおもちゃ箱として活用して，今すぐ試薬室に直行して実験を進めましょう．

この本を訳すにあたり，佐賀大学の北村二雄教授，愛媛大学の宇野英満教授，熊本大学の入江 亮教授，大阪大学の大嶋孝志博士の各先生方にお世話になりました．誤字の嵐の原稿を読んでいただき，また貴重な助言をいただき感謝申し上げます．おかげさまで原著にあった誤りも修正することができました．山口大学大学院生の山本茂弘君はたくさんの化学式の図を作図をしてくれました．おかげでもとの図もわかりやすくするためにほとんど書き直すことができました．ありがとう．これまでの翻訳と同じく，日本の研究者や学生諸君に役立ててもらうために，なるべく書き足しました．原著の誤りもできるだけ修正しておきました．お役に立てたでしょうか．なお，下記の実験例については，日本の教育・研究事情に鑑み，原著出版社の了解を得たうえで出典文献の差し換えおよび内容の変更と，実験例の追加を行いました．

（差し換え）p.17 A．および B.，実験例 3-8，実験例 3-36，実験例 6-7，実験例 6-8，実験例 6-9，実験例 6-42

（追　加）実験例 5-38，実験例 6-14，実験例 6-15，実験例 6-16，実験例 6-33，実験例 6-44

丸善株式会社出版事業部の長見裕子さんには，いつものように明るい励ましをいただきました．ありがとうございました．最後に，休みの日も仕事に没頭していた私を温かく見守ってくれた家族に感謝します．

　　2009 年 6 月　宇部にて

上　村　明　男

略 号 表

○—	ポリマー担持	BINALH	リチウム 2,2′-ジヒドロキシ-1,1′-ビナフチルエトキシアルミニウムヒドリド
Ac	アセチル		
acac	アセチルアセトナト		
ACN	アセトニトリル	BINAP	2,2-ビス(ジフェニルホスフィノ)-1,1′-ビナフチル
AcOH	酢 酸		
AE	不斉エポキシ化反応		
AIBN	2,2′-アゾビスイソブチロニトリル	BINOL	1,1′-ビ-2-ナフトール
		BMS	ボランジメチルスルフィド錯体
Alpine-borane®	B-イソピノカンフェニル-9-ボラビシクロ[3.3.1]ノナン		
		Bn	ベンジル
		Boc	t-ブトキシカルボニル
AME	アセチルマロン酸エステル	BOM	ベンジルオキシメチル
		BOP	ベンゾトリアゾリル-1-オキシトリス(ジメチルアミノ)-ホスホニウムヘキサフルオロホスファート
AMNT	アミノマロノニトリル p-トルエンスルホナート		
Ar	アリール		
B:	塩 基		
9-BBN	9-ボラビシクロ[3.3.1]ノナン	BPO	過酸化ベンゾイル
		Bu	ブチル
BFO	ベンゾフランオキシド	t-Bu	t-ブチル
TBHP	t-ブチルヒドロペルオキシド	Bz	ベンゾイル
		℃	摂氏温度
BHT	2,6-ジ-t-ブチル-4-メチルフェノール	CAN	硝酸セリウム(Ⅳ)アンモニウム

viii　　略　号　表

Chirald®	(2S,3R)-(+)-4-ジメチルアミノ-1,2-ジフェニル-3-メチル-2-ブタノール	Δ	加熱する，の記号
		DHP	ジヒドロピラン
		DHPM	3,4-ジヒドロピリミジン-2(1H)-オン
CTAB	臭化(ヘキサデシル)トリメチルアンモニウム	$(DHQ)_2$-PHAL	1,4-ビス(9-O-ジヒドロキニーネ)-フタラジン
CBS	Corey-Bakshi-Shibata 還元[オキサザボロリジンを用いた還元法]	$(DHQD)_2$-PHAL	1,4-ビス(9-O-ジヒドロキヌクリジン)-フタラジン
Cbz	ベンジルオキシカルボニル	DIAD	アゾジカルボン酸ジイソプロピル
cp	シクロペンタジエニル	DIBAL-H	水素化ジイソブチルアルミニウム
CSA	カンファースルホン酸		
CuTC	銅チオフェン-2-カルボキシラート	DIC	ジイソプロピルカルボジイミド
cy	シクロヘキシル	diglyme	ジエチレングリコールジメチルエーテル[ジグリムともいう]
DABCO	1,4-アザビシクロ[2.2.2]オクタン		
DAPA	アゾジカルボン酸二カリウム	dimsyl	メチルスルフィニルメチド
DAST	(ジエチルアミノ)スルファトリフルオリド	DIPEA	ジイソプロピルエチルアミン
dba	ジベンジリデンアセトン	DMAc	N,N-ジメチルアセトアミド
DBE	1,2-ジブロモエタン		
DBU	1,8-ジアザビシクロ[5.4.0]-7-ウンデセン	DMA	N,N-ジメチルアニリン
		DMAP	N,N-ジメチルアミノピリジン
DBN	1,5-ジアザビシクロ[4.3.0]-5-ノネン	DMDO	ジメチルジオキシラン(アセトンオキシド)
DCB	ジクロロベンゼン		
DCC	1,3-ジシクロヘキシルカルボジイミド	DME	1,2-ジメトキシエタン
		DMF	ジメチルホルムアミド
DCM	ジクロロメタン	DMFDMA	ジメチルアミノホルムアルデヒドジメチルアセタール
DDQ	2,3-ジクロロ-5,6-ジシアノ-1,4-ベンゾキノン		
de	ジアステレオマー過剰率	DMP	Dess-Martin 過ヨウ素酸酸化物
DEAD	アゾジカルボン酸ジエチル		
		DMPU	N,N'-ジメチル-N,N'-プロピレン尿素
DEPC	シアノリン酸ジエチル		
DET	酒石酸ジエチル	DMS	ジメチルスルフィド

DMSO	ジメチルスルホキシド	EPP	ポリリン酸エチル
DMSY	ジメチルスルホニウムメチリド	eq	当量
		Et	エチル
DMT	ジメトキシトリチル	EtOAc	酢酸エチル
DNP	2,4-ジニトロフェニル	ESR(＝EPR)	電子スピン共鳴
L-DOPA	3,4-ジヒドロキシフェニルアラニン	EWG	電子求引性基
		FMO	フロンティア軌道
DPPA	ジフェニルホスホリルアジド	Fmoc	9-フルオレニルメトキシカルボニル
dppb	1,4-ビス(ジフェニルホスフィノ)ブタン	FVP	フラッシュバキュームパイロリシス
dppe	1,2-ビス(ジフェニルホスフィノ)エタン	g	グラム
		GABA	γ-アミノ酪酸
dppf	1,1′-ビス(ジフェニルホスフィノ)フェロセン	GC	ガスクロマトグラフィー
dppp	1,3-ビス(ジフェニルホスフィノ)プロパン	glyme	1,2-ジメトキシエタン[グリムともいう]
dr	ジアステレオマー比	HOBt	1-ヒドロキシベンゾトリアゾール
E	エントゲーゲン[反対の,トランス]	h	時間
E1	一分子脱離反応	$h\nu$	光照射
E2	二分子脱離反応	His	ヒスチジン
E1cb	カルバニオン的な遷移状態を経由する二分子脱離反応	HMDS	ヘキサメチルジシラザン
		HMPA	ヘキサメチルホスホリックアミド
EDA	エチレンジアミン	HMPT	ヘキサメチルホスホラストリアミド
EDCI	1-エチル-3-[3-(ジメチルアミノ)プロピル]カルボジイミド塩酸塩	HOMO	最高被占軌道
		HPLC	高速液体クロマトグラフィー
EDG	電子供与性基		
EDTA	エチレンジアミン四酢酸	IBCF	クロロ炭酸イソブチル
ee	エナンチオマー過剰率	IBX	1-ヒドロキシ-1,2-ベンズヨードキシル-3(1H)-オン
EEDQ	2-エトキシ-1-エトキシカルボニル-1,2-ジヒドロキノリン		
		Imd	イミダゾール
EMME	エトキシメチレンマロナート	IPA	2-プロパノール
		i-Pr	イソプロピル
ent	鏡像異性体[エナンチオマー]	KHMDS	カリウムヘキサメチルジシラジド

x　　略　号　表

kg	キログラム	Ms	メタンスルホニル(メシル)
K-selectride®	水素化ホウ素トリ-s-ブチルカリウム	MS	モレキュラーシーブス
L	リットル	MSDS	物質の安全性に関するデータベース
LAH	水素化アルミニウムリチウム	MTBE	メチル t-ブチルエーテル
LDA	リチウムジイソプロピルアミド	MTPA	α-メトキシ-α-トリフルオロメチルフェニル酢酸
LHMDS	リチウムヘキサメチルジシラジド	MVK	メチルビニルケトン
LiHMDS	リチウムヘキサメチルジシラジド	MWI($\mu\nu$)	マイクロ波照射
		NBS	N-ブロモスクシンイミド
L-selectride®	水素化ホウ素トリ-s-ブチルリチウム	NCS	N-クロロスクシンイミド
		NIS	N-ヨードスクシンイミド
LTMP	リチウム 2,2,6,6-テトラメチルピペリジド	NMDA	N-メチル-D-アスパラギン酸
LUMO	最低空軌道	NMM	N-メチルモルホリン
M	金属原子またはイオン	NMO	N-メチルモルホリン-N-オキシド
M	モル/リットル[mol L^{-1}]		
MCR	マルチコンポーネント反応	NMP	1-メチル-2-ピロリドン
		NMR	核磁気共鳴
m-CPBA	m-クロロ過安息香酸	Nu	求核剤
Me	メチル	PCC	ピリジニウムクロロクロマート
MEM	β-メトキシエトキシメチル		
		PDC	ピリジニウムジクロマート
Mes	メシチル		
MET	メチルエチルケトン	PDE	ピログルタミン酸
μg	マイクログラム	Ph	フェニル
μL	マイクロリットル	PhFl	9-フェニルフルオレン-9-イル
μmol	マイクロモル		
mg	ミリグラム	phth	フタロイル
mL	ミリリットル	pK_a	酸性度
mmol	ミリモル	PMA	リンモリブデン酸
MMPP	モノ過フタル酸マグネシウム六水和物	PMB	p-メトキシベンジル
		PPA	ポリリン酸
MO	分子軌道	PPE	個人保護具[保護めがね, 手袋や白衣など]
mol	モル		
MOM	メトキシメチル	PPE	ポリリン酸エステル

4-PPNO	4-フェニルピリジン-N-オキシド	TBD	1,5,7-トリアザビシクロ[4.4.0]-5-デセン
PPP	3-(3-ヒドロキシフェニル)-1-n-プロピルピペリジン	TBDMSまたはTBS	t-ブチルジメチルシリル
PPSE	ポリリン酸トリメチルシリルエステル	TBDPS	t-ブチルジフェニルシリル
PPTS	p-トルエンスルホニルピリジニウム	TBHP	t-ブチルヒドロペルオキシド
Pr	プロピル	TCCA	トリクロロシアヌル酸
Pro	プロリン	TCT	2,4,6-トリクロロ[1,3,5]-トリアジン
psi	ポンド/平方インチ[圧力の単位]	TEA	トリエチルアミン
PTC	相間移動触媒	TEMPO	2,2,6,6-テトラメチル-1-ピペリジルオキシ
p-TSA	p-トルエンスルホン酸	TES	トリエチルシリル
PyまたはPyr	ピリジン	Tf	トリフルオロメタンスルホニル[トリフリック]
Ra-Ni	ラネーニッケル	TFA	トリフルオロ酢酸
RCM	閉環メタセシス反応	TFAA	無水トリフルオロ酢酸
Redal-H	水素化ビス(2-メトキシエトキシ)アルミニウムナトリウム	TFE	トリフルオロエタノール
ROM	開環メタセシス反応	TfOH	トリフルオロメタンスルホン酸
rt	室温	TFP	トリ-o-フリルホスフィン
Salen	N,N'-ジサリチリデンエチレンジアミン	TFPAA	トリフルオロ過酢酸
SEM	2-(トリメチルシリル)エトキシメチル	TFSA	フルオロスルホン酸
SET	一電子移動	THF	テトラヒドロフラン
SNAr	芳香族求核置換反応	THP	テトラヒドロピラン
S_N1	一分子求核置換反応	THIP	4,5,6,7-テトラヒドロイソオキサゾロ[5,4-c]-ピリジン-3-オール
S_N2	二分子求核置換反応	THP	テトラヒドロピラニル
t-Bu	t-ブチル	TIPS	トリイソプロピルシリル
TADDOL	α,α,α',α'-テトラアリール-4,5-ジメトキシ-1,3-ジオキソラン	TLC	薄層クロマトグラフィー
		TMEDA	N,N,N',N'-テトラメチルエチレンジアミン
TASF	$(Et_2N)_3S^+(Me_3SiF_2)^-$	TMG	テトラメチルグアニジン
TBAF	フッ化テトラブチルアンモニウム	TMP	テトラメチルピペリジン
		TMS	トリメチルシリル

略号表

TMSCl	クロロトリメチルシラン	TPAP	過ルテニウム酸テトラ-n-プロピルアンモニウム
TMSCN	シアノトリメチルシラン		
TMSI	ヨードトリメチルシラン	Tr	トリチル[トリフェニルメチル]
TMSOTf	トリフルオロメタンスルホニルトリメチルシラン		
		TRIS	トリス(ヒドロキシメチル)アミノメタン
Tol	トルエンまたはトリル		
Tol-BINAP	2,2′-ビス(ジ-p-トリルホスフィノ)-1,1′-ビナフチル	Ts[Tos]	トシル(p-トルエンスルホニル)
		TSA	p-トルエンスルホン酸
		TsO	トシラート
TosMIC	(p-トルエンスルホニル)メチルイソシアナート	X_c	不斉補助基
		Z	ツザーメン[同じ側の,シス]

研究室ですぐに使える
有機合成の定番レシピ

もくじ

1 基本的なテクニック　　*1*

安全について ·· *1*
　　防護具（*1*）　　MSDSなどの安全に関する情報（*3*）　　実験室内の飲食（*4*）

有機合成実験に共通的に必須の基本的な操作法など ·· *4*
　　無水溶媒（*5*）　　冷却浴（*8*）　　Grignard試薬の調製法と滴定法（*9*）　　有機リチウム試薬の調製と滴定法（*11*）　　有機亜鉛試薬の調製法（*14*）　　ジアゾメタンの調製法（*14*）　　Dess-Martin試薬の調製法（*16*）　　LDA（リチウムジイソプロピルアミド）の調製法（*17*）　　Jones試薬（*18*）

クロマトグラフィー ··· *18*
　　薄層クロマトグラフィー（TLC）（*18*）　　TLCの発色剤のレシピ（*21*）　　フラッシュクロマトグラフィー（*22*）

再　結　晶 ·· *26*

残存溶媒のNMRシグナル ·· *29*

2 官能基変換反応　　*31*

アルコール類の官能基変換 ·· *31*
　　アルコールの反応（*31*）　　アミンの反応（*39*）　　ハロゲン化アルキル・アリールの反応（*41*）　　オレフィンの反応（*44*）

ケトン，エポキシド，アルキンなどの反応 ·· 45

　アルキンの水和反応（45）　　エポキシドの反応（46）　　ケトン（47）

カルボン酸とその誘導体の反応 ·· 51

　活性中間体の反応（51）　　活性化剤を用いないカルボン酸の反応（58）
　酸塩化物の反応（59）　　アミドの反応（60）　　エステルの加水分解（61）
　ニトリルの反応（62）

3　酸化反応　　65

アルコールからケトン類への酸化反応 ·· 65

　活性二酸化マンガンを用いた酸化反応（65）　　クロム酸塩による酸化（65）
　DDQ 酸化（68）　　DMSO を用いた酸化（68）　　Tamao(玉尾)-Fleming 酸
　化（73）　　超原子価ヨウ素化合物による酸化（74）　　Oppenauer 酸化（76）
　Pummerer 転位（77）　　TEMPO による酸化（77）　　TPAP(過ルテニウム
　酸テトラプロピルアンモニウム)を用いた酸化（78）　　Wacker 酸化（79）

アルコールからカルボン酸への酸化 ·· 80

　Jones 酸化（80）　　TEMPO 酸化によるカルボン酸合成（80）

アルケンの酸化反応 ·· 81

　ジメチルジオキシラン(DMDO)を用いた反応（81）　　NBS(N-ブロモスク
　シンイミド)を用いたブロモヒドリン化（83）　　Katsuki(香月)-Jacobsen エ
　ポキシ化反応（83）　　m-CPBA を用いたエポキシ化反応（84）　　四酸化オ
　スミウムによるジオール化（84）　　Sharpless の不斉ジオール化（85）
　Sharpless 不斉アミノヒドロキシル化反応（86）　　Katsuki(香月)-Sharp-
　less 不斉エポキシ化反応（87）　　Shi の不斉エポキシ化反応（88）
　VO(acac)$_2$/TBHP によるアリルアルコールの酸化（89）

アルデヒドおよびケトンからカルボン酸とその誘導体への酸化 ·································· 90

　Baeyer-Villiger 酸化（90）　　亜塩素酸ナトリウムによる酸化（91）

窒素や硫黄などのヘテロ元素官能基の酸化 ·· 91

　アミンのニトロンへの酸化（91）　　スルフィドからスルホキシドへの酸化
　（92）　　スルフィドからスルホンへの酸化（93）　　Kagan の不斉酸化（93）

4 還元反応　95

アルコールからアルカンへの還元 ………………………………………………… 95

 トリブチルスズ/AIBN を用いたラジカル的還元(Barton-McCombie 反応)（95）

アルデヒド，アミド，ニトリルのアミンへの還元反応 …………………………… 97

 水素化トリアセトキシホウ素ナトリウムを用いたアルデヒドの還元的アミノ化（97）　水素化アルミニウムリチウムによるアミドの還元（98）　水素化アルミニウムリチウムによるニトリルの還元（99）

カルボン酸およびその誘導体の還元によるアルコールの合成 ………………… 100

 水素化アルミニウムリチウムによる還元（100）　アランによる還元（101）　ボランによる還元（102）　水素化ホウ素リチウムによる還元（103）　水素化ホウ素ナトリウム/三フッ化ホウ素エーテル錯体を用いた還元（104）　水素化ホウ素ナトリウム/ヨウ素を用いたアミノ酸の還元（105）

エステルなどのカルボン酸誘導体のアルデヒドへの還元 ……………………… 105

 水素化ジイソブチルアルミニウム（105）　トリエチルシランと Pd/C を用いた還元(Fukuyama(福山)還元)（108）

ケトンあるいはアルデヒドからアルコールへの還元 …………………………… 109

 水素化アルミニウムリチウムを用いる方法（109）　水素化ホウ素ナトリウム（110）　水素化ホウ素ナトリウム/塩化セリウム($CeCl_3$)を用いた還元(Luche 還元)（110）　水素化ホウ素亜鉛（111）　水素化ジイソブチルアルミニウム(DIBAL-H)による還元（112）　水素化トリ(t-ブトキシ)アルミニウムリチウム（112）　L-セレクトリド（113）　ヨウ化サマリウムと 2-プロパノールを用いる還元(Meerwein-Pondorf-Verlag 還元)（114）　水素化トリアセトキシホウ素テトラメチルアンモニウムを用いた還元（115）　Corey-Bakshi-Shibata(柴田)還元(CBS 還元)（115）　R-アルパインボランによる還元(Midland 還元)（117）　パン酵母による還元（118）　2,2'-ビス(ジフェニルホスフィノ)-1,1'-ビナフチルと水素による不斉還元(Noyori(野依)不斉還元)（118）

ケトンからアルカンまたはアルケンへの還元 …………………………………… 119

 Wolff-Kishner 還元（119）　ラネーニッケルによる脱硫反応（121）　トシルヒドラゾンを水素化シアノホウ素ナトリウムで還元する方法（122）　亜鉛アマルガムによる還元(Clemmensen 還元)（124）　トリエチルシランと三フッ化ホウ素エーテル錯体を用いたイオン的水素化反応（124）　Shapiro 反応（126）

還元的脱ハロゲン化 ··· 127

　水素化トリブチルスズによる方法（127）　　トリアルキルシラン（128）

炭素-炭素二重結合あるいは三重結合の還元 ··· 129

　Pd/C を用いた水素化（129）　　Lindlar 触媒を用いた水素化（129）　　ジイミド還元（130）　　水素化ビス(2-メトキシエトキシ)アルミニウムナトリウム(Red-Al, SBMEA-H) による還元（131）　　Birch 還元（131）

ヘテロ原子-ヘテロ原子結合の還元 ··· 132

　ギ酸アンモニウムを用いたニトロ基のアミノ基への還元（132）　　水素化ホウ素ナトリウム/塩化ニッケルを用いたアジドの還元（133）　　Staudinger 反応（134）

5　炭素-炭素結合形成反応　*135*

炭素-炭素単結合形成反応 ··· 135

　アルドール反応（135）　　不斉脱プロトン化反応（141）　　Morita(森田)-Baylis-Hillman 反応（142）　　ベンゾイン縮合反応（143）　　Brown の不斉クロチル化反応（144）　　Claisen 縮合反応（145）　　有機銅試薬（145）　　Dieckmann 縮合反応（147）　　エノラートのアルキル化反応（148）　　Friedel-Crafts 反応（150）　　Grignard 反応（有機マグネシウム試薬を用いた反応）（151）　　Mizoroki(溝呂木)-Heck 反応（152）　　Henry 反応（ニトロアルドール反応）（155）　　Hiyama(檜山)クロスカップリング反応（156）　　Keck の立体選択的アリル化反応（158）　　Kumada(熊田)-Tamao(玉尾)カップリング反応（158）　　Negishi(根岸)カップリング反応（160）　　Nozaki(野崎)-Hiyama(檜山)-Kishi(岸)-Takai(高井)反応(NHK 反応)（161）　　有機セリウム試薬のカルボニル基への付加反応（162）　　有機リチウム試薬（163）　　Reformatsky 反応と有機亜鉛化合物の反応（168）　　Roush の不斉クロチル化反応（169）　　Hosomi(細見)-Sakurai(櫻井)反応（170）　　Schwartz の試薬（171）　　Shapiro 反応（172）　　Sonogashira(薗頭)カップリング反応（173）　　Migita(右田)-Kosugi(小杉)-Stille カップリング反応（174）　　Stille-Kelly 反応（176）　　Suzuki(鈴木)-Miyaura(宮浦)カップリング反応（176）　　Tsuji(辻)-Trost 反応（183）

炭素-炭素二重結合あるいは三重結合形成反応（アルケン・アルキン合成） ····· 184

　Corey-Fuchs 反応（184）　　Corey-Peterson 反応（185）　　Horner-Wadsworth-Emmons 反応（HWE 反応）（186）　　Julia カップリング反応

(189)　Knoevenagel 反応（190）　McMurry カップリング反応（191）　メチレン化反応（192）　オレフィンメタセシス（196）　Peterson 反応（200）　Takai(高井)反応（201）　Wittig 反応（202）

Diels-Alder 反応などの環化反応 ·· 204

Danishefsky ジエンを使った Diels-Alder 反応（204）　Rawal のジエンを使ったヘテロ Diels-Alder 反応（205）　Simmons-Smith 反応（206）

6　保　護　基　207

アルコールとフェノール ··· 208

酢酸エステル（208）　アセタール（アセトニド）（209）　ベンジルエーテル（211）　p-メトキシベンジルエーテル（PMB もしくは MPM）（212）　メチルエーテル（214）　メトキシメチルエーテル（MOM）（215）　シリルエーテル（216）　テトラヒドロピラニルエーテル（THP エーテル）（218）

アミンとアニリン ··· 219

ベンジル基（219）　t-ブトキシカルボニル(Boc)基（221）　2,5-ジメチルピロール（222）　ベンジルオキシカルボニル（Cbz または Z）基（223）　9-フルオレニルメチルカルバマート（Fmoc）基（224）　フタロイル基（225）　スルホンアミド（226）　トリフルオロアセトアミド（229）

アルデヒドとケトン ·· 230

ジメチルアセタール（230）　1,3-ジオキサン（232）　1,3-ジオキソラン（233）　ジチオアセタール（234）

索　引 ·· 239

1

基本的なテクニック

安全について

　有機化学の実験は，危険なものと心得ておこう．有機合成化学をベースとした研究活動は，たいへん有意義であることは論を待たない．それは基礎科学的な研究であり，知的満足を与えてくれるだけでなく，その成果は社会的にすばらしい果実をもたらしてくれるものである．しかし同時にそれは，本質的にたいへん大きな危険を伴うものであることを忘れてはならない．法令遵守は言わずもがな．実験に慣れてくればついつい実験が危険なものであることを忘れてしまうが，そんなときこそが一番危ない．だから実験するときにはいつも気を抜かず，初めて実験したときのように恐れながら真剣に行うようにしよう．スケールが大きな実験や激しい発熱反応，それに毒物を取り扱う実験をするときはなおさらである．

■ 防護具

　A．保護めがね

　もし試薬などが間違って目に飛び込んだら，それだけでえらいことになる．もしかしたら失明するかもしれない．だからいつでも保護めがねをかけよう．もちろんめがねのサイドにもアクリル防護のあるものがよい．大きなめがねをかけている人なら安全ゴーグルやアクリルのフェースマスクでもよい．これらの防護具は，前からあるいは横から化学薬品が目に飛び込んでくるのを守ってくれる．

　保護めがねをかけるのをついつい怠ったがために，失明の憂き目をみた著名な化学者も少なくない．たとえば2001年のノーベル化学賞を受賞したK. B. Sharpless教授もその一人だ．もちろん彼は，安全に配慮し常に保護めがねをかけていたのだが，まだ若手助教授だったころの1970年のある深夜の事件が彼の人生を一変させた．学生がつくったガラス封入したNMRチューブの出来を確認していたとき，帰宅間際だったこともあって"たまたま"保護めがねをしていなかった．そしてチューブは彼の目

の前で炸裂した．ガラス破片は彼の眼球を直撃．これがもとで彼は片目の視力を永久に失ってしまった．病院での耐え切れない痛みや苦しみ，失明するかもしれない絶望感も，筆舌に尽くしがたいものであったという．彼は言う"私の経験からいえることはたった一つ．いついかなるときでも保護めがねを絶対にかけよう．もし怠たればその代償は計りしれない[1]"．

B. 保護手袋

保護めがねと並んで保護手袋も必須アイテムだ．着用することはいうまでもないが，その品質や性能にも注意しよう．ここに背筋がぞっとする事例がある．1997年Dartmouth 大学の化学科教授の Karrn Wetterhahn 博士はジメチル水銀を使った実験をしていたのだが，なんと10ヶ月後，これがもとで亡くなってしまった．たった1滴の有機水銀を手にこぼしたがために[2]．もちろん彼女はよく換気できるドラフトで実験していたし，保護手袋もしていた．しかし，後でわかったことだが，彼女のしていたラテックスの保護手袋はジメチル水銀に対してはまったく防護にはなっていないことがわかった．この悲劇的な話は，保護手袋をしているからといってそれだけで安全だと盲信してはいけないことを教えてくれる．まずは手袋をしていても，化学物質に触れないように最大限の注意を払おう．そして保護手袋を選ぶときは，ちゃんと化学物質から君自身を保護してくれるかどうかをよく確認しよう．浸透性が疑われるなら，そんなものをして実験してはいけない．また実験に伴ってどんな物質が副生してくるのかも考えよう．副生成物が思わぬ危険をもたらすこともありうる．手袋の厚みや機械的強度も考慮するのは当然だ．表1.1には保護手袋の材質とその推奨されるおもな用途をまとめてある．詳しくはメーカーに問い合わせること．保護手袋に関しての参考文献[3]を参照のこと．

C. 白　衣

白衣は君たちの体や衣服を化学物質から守るためのものである．長袖かつすそが長いものでなければならないし，破れていてはいけない．たまには洗濯もしよう．

---

[1] Scripps 研究所, Environmental Health and Safety Department Safety Gram, 2000 (2nd quarter), www.scrips.edu/researchservices/ehs/News/safetygram/

[2] (a) M. B. Blayney, J. S. Winn, D. W. Nierenberg, *Chem. Eng. News*, **75** (19), 7 (1997). (b) M. C. Nagal, *Chem. Health Safety*, **4**, 14-18 (1997).

[3] (a) G. A. Mellstorm, J. E. Wahlberg, H. I. Maibach, "Protective Gloves for Occupational Use", CRC；Boca Raton FL (1994). (b) http://www.bestglove.com (2009年6月1日現在).

表 1.1　保護手袋の種類と推奨されるおもな用途

手袋の材質	適切な用途
ラテックス	薄い酸とアルカリ
ブチルゴム	アセトン，アセトニトリル，DMF，DMSO
クロロプレンゴム （ネオプレン®）	酸，アルカリ，過酸，炭化水素，アルコール，フェノール
ニトリルゴム	酢酸，アセトニトリル，DMSO，エタノール，エーテル，ヘキサン，薄い酸
ポリビニルアルコール	ベンゼン，トルエンなどの芳香族炭化水素と塩素系溶媒
塩化ビニル	酸，アルカリ，アミン，過酸
フッ素ゴム （バイトン®）	塩素系溶媒，芳香族系溶媒
銀コートされたもの	多くの化学物質．もっとも高レベルの防護が必要なときに使用

DMF：ジメチルホルムアミド，DMSO：ジメチルスルホキシド．

■ MSDS などの安全に関する情報

　実験などで化学物質を扱うときには，それらの安全に関する情報(反応性，毒性，発がん性など)にも気を配ろう．まずは MSDS(material safety data sheet：物質の安全性に関するデータシート)を見よう．MSDS は物質のいわば ID カードのようなもの．研究をするからには，君も慣れて正しく情報を得られるようにしておこう．MSDS にはたくさんのデータが記載されている．それらは化学的物性，物理的物性，有害性，被曝したときの救護法，火災発生のときの措置，取扱い法，貯蔵法，安定性，反応性，推奨される保護手袋の種類，毒性データ，その他その物質特有のデータ，である．今日では試薬などの化学物質を購入すれば必ず MSDS は一緒についてくるので，使用前に安全性などの情報を知ることができて都合がよくなった．このほかにもインターネットでも MSDS のデータは得られる．たとえば www.ilpi.com/msds (2009 年 6 月 1 日現在)，MSDS solution[www.msds.com (2009 年 6 月 1 日現在)]，セトンコンプライアンスリサーチセンター[www.setonresourcecenter.com (2009 年 6 月 1 日現在)]，Cornel 大学[msds.ehs.cornell.edu (2009 年 6 月 1 日現在)]，バーモント SIRI[hazard.com (2009 年 6 月 1 日現在)]，Sigma-Aldrich 社[www.sigmaaldrich.com (2009 年 6 月 1 日現在)]，VWR[www.vwrsp.com (2009 年 6 月 1 日現在)]などである．国内の試薬を取り扱う企業のウェブサイトにもアクセスしてみるとよい．

　昔の先生は，有機合成の研究室で平気でタバコを吸っていた．Arthur J. Birch が葉巻をくわえつつエーテル抽出していた古い写真があるそうな．エーテルが引火して火事にならなかったのだろうか．またこんな話もある．今はもう亡くなった老先生，シアン系の実験をするときには，くわえタバコでやれ！　と勧めていた．なんでも，万一青酸が発生したらタバコの味が変わるから，タバコが検知器になるのだ，とのたまっ

ておられた．でもこんなのは遠い昔のこと．今のラボではとても考えられない．実験はしっかりしたドラフト内でやれば，"タバコ検知器"なんて頼る必要もないし，(そして当然だけど)火事のもとだからラボでの喫煙は厳禁！

■ 実験室内の飲食

まずは，実験室内では飲食禁止．これはいまや鉄則である．化学物質にはどんな毒性があるかもわからない．まして有機合成の実験室でつくった新規化合物には何の毒性データもない．だから実験室内の"悪い空気"には毒物がうようよしていると思うようにしよう．そんなところで飲み食いなんて，正気の沙汰じゃない．だから実験室内での飲食は厳に慎もう．おなかがすいたら，実験と関係のない部屋に逃げてから．あるいはたまにはラボを抜け出して，外の新鮮な空気を吸うついでに，何か食べに行くのもよいかもしれない．あんな汚い実験室での飲食は金輪際なしにしよう．

そうはいっても，ここまで気を遣うようになったのは最近の話．ここからは，昔話と思って読んでほしい(くれぐれも実行はしないように)．100年以上前の古きよき時代，有機合成化学者は新しい化合物をつくるたびに，その化合物の"味見⁉"をして，論文に"味"を書いていたのである．"味"が今のNMRと同じく，論文に記載すべき主要な"物性"と考えられていたのだから，なんとも恐れ入る．そんなわけで，当時の化学者はみんなどこか病気をもっていて，健康な人は少なかったという．あの著名なJustus von Liebigにいたっては"健康なやつは有機化学者じゃない[*4]"とのたまったのだから，なんともはや……．確かに1965年のSearle社のSchlatterによる人口甘味料アスパルテームの発見は，偶然に"味見"したからみつかったのは事実であるけれど，もしそれが"猛毒"だったら，彼は単に死んでいただけ．いくら偶然の"味見"で巨万の富を生むものができたとはいっても，そのリスクは誰が想像できよう．だから，間違っても化合物を"なめない"ようにね．

有機合成実験に共通的に必須の基本的な操作法など

実験を実施するためにもっともたいへんなのは，おそらく反応のセットアップ．いったん反応が始まってしまえば，実験のモニタリング以外はあんまりやることはない．個々の実験の実施例は後の章にまとめることにして，ここでは多くの実験に共通

[*4] J. J. Li, "Laughing Gas, Viagra, and Lipitor : The Human Stories behind the Drugs We Use", p. 79, Oxford University Press : New York (2006).

して必要になる操作(乾燥溶媒,冷却浴)について述べよう.また,基本試薬の調製法とその濃度滴定法についても述べる.

■ 無 水 溶 媒

昔から乾燥溶媒(無水溶媒)をつくるためには,溶媒を乾燥剤の上で蒸留し,受け器に溜まった溶媒を,シリンジなどで吸い取って使っていた(図1.1).表1.2に代表的な溶媒と乾燥剤の組み合わせをまとめた.

ところでベンゾフェノンの青い色については若干誤解があるので解説しておきたい.おそらくTHFを蒸留するときに,ベンゾフェノンケチルの青または紫がきれいに出ていると,"完全に乾燥したTHFだ"とにんまりしていると思う.まあ,普通はこれで正しいのだが,ところが信じすぎるのは禁物.驚いたことにじつはこのケチルの紫色,酸素が含まれていないことを示すのであって,水がないことを示しているのではない[*5].Mallinkrodt-Bakerに示されたところによれば,ベンゾフェノンケチルの紫は,8 mol%の酸素があれば消えるが,等モルの水を加えても消えない.現実には,乾燥剤のナトリウムあるいはカリウムがTHF中に生きていれば,無水であることに

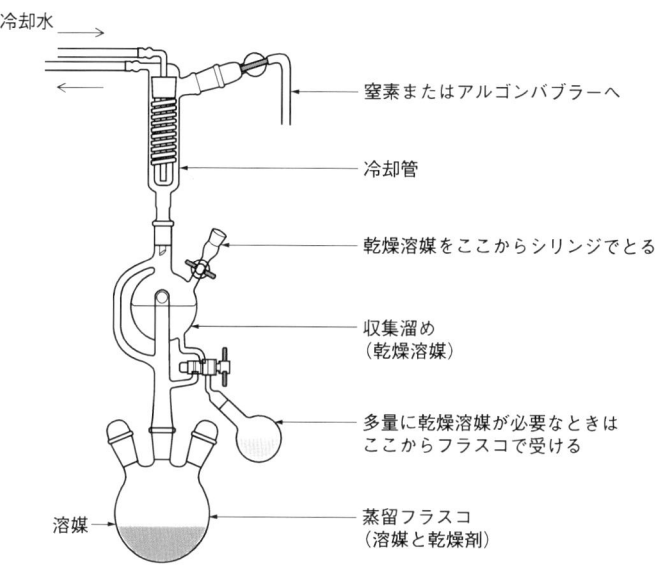

図 1.1 蒸留による乾燥溶媒のつくり方

[*5] Benzophenone Ketyl Study, www.mallbaker.com/techlib

表 1.2 無水溶媒をつくるための乾燥剤と溶媒の組み合わせ

溶　媒	乾燥剤
ジクロロメタン	水素化カルシウム（CaH_2）
エーテル	ナトリウム/ベンゾフェノン
THF	ナトリウム（またはカリウム）/ベンゾフェノン
アセトニトリル	水素化カルシウムまたは五酸化二リン
エタノールとメタノール	マグネシウム/ヨウ素
トルエン	水素化カルシウムまたはナトリウム（または単蒸留）
ベンゼン	水素化カルシウムまたはナトリウム（または単蒸留）
トリエチルアミン	水素化カルシウム

は間違いないが，指示薬としてのベンゾフェノンケチルは"無酸素"の指標でしかないことには，注意しておくべきだろう．ベンゾフェノンケチルは分解すると，ベンゼンなどの不純物を生じてしまうから，それらが THF を汚染してしまうことも悩ましい．ベンゼンの含量は 150 ppm にものぼるし，トリフェニルメタノールやフェノール，ジフェニルメタンの副生も無視できない．それに，蒸留は常に火事の危険と背中合わせ．溶媒が燃えるのはもちろんのこと，乾燥剤のナトリウムやカリウムはたいへん発火しやすいから細心の注意が必要．梅雨時には作業をやめたほうがよいこともある．もちろんアルカリ金属をつぶすときは，もっと危険．おそらく研究室の小火（ぼや）はこのときによく起こっているのではなかろうか．アルカリ金属くずを処理するときには大量に 2-プロパノールを用意しておこう．メタノールは反応が激しすぎるから事故のもとである．使わないこと．

　蒸留は危険があるが，教育的には悪くない．しかし，事故のリスクは減らしたほうがよい．もっとも簡単な乾燥法は，おそらくモレキュラーシーブス 4Å を溶媒に入れることだろう．簡単だし少量スケール（<100 mL）にはうってつけ，火事の危険もない．でも過酸化物は除去できないから，それは頭においておくこと．あるいは市販の乾燥溶媒を買って使うのも悪くない．いまやありとあらゆる有機溶媒が乾燥溶媒として市販されている．よい時代になったものである．火事のリスクにびくびくしながら実験するくらいなら，少々高価だけど乾燥溶媒のお世話になったほうが安心だし，結局は安くつくかもしれない（訳注：国内では関東化学（株）や和光純薬工業（株）から市販されている．この乾燥溶媒はほとんどの反応に使用できる）．

　最後に，最近はやりの溶媒の乾燥法を紹介しよう．Grubbs らによって示された[*6]

[*6] A. B. Pangborn, M. A. Giardello, R. H. Grubbs, R. K. Rosen, F. J. Timmers, *Organometallics*, **15**, 1518-1520 (1996).

図 1.2　市販のカラムを通過させるタイプの溶媒精製システム Pure-Solv400 [Innovative Technology]

　この精製乾燥法は，新しい方法として注目されている．装置は自作も可能であるが，図 1.2 のような市販品もあるのでそれを利用するのがよいだろう．アルミナと銅触媒のカラムを通過し，乾燥精製された溶媒は，防火キャビネットに置かれた溶媒溜めに入る．あとはこれをシリンジで取り出して使うだけ．加熱もしないので，蒸留精製に比べればはるかに安全だが，装置の導入にかなりのお金がかかるのが欠点である．
　溶媒の精製法は日進月歩だから，今後もしもっと優れた方法(費用がかからず安全で高純度)がみつかれば従来法に取って代わることになるかもしれない．
　さて，溶媒を考える場合には最近はもう一つのファクターを考える必要が出てきた．いうまでもない"グリーンケミストリー"である．ここ 15 年間，有機化学はより環境に負荷をかけない方向で考える視点を得てきた．有機溶媒もしかり．"グリーン"な溶媒とは，ヒトへの毒性がきわめて小さく，環境における毒性がよく理解されているもののことである[7]．"グリーン"な溶媒には，イオン液体，フルオラス溶媒，超臨界二酸化炭素，水，エタノール，水-ミセル系などがあり，その重要度は増している[8]．これらの新興"グリーン"溶媒のほかに，伝統的に使われてきた溶媒にも"グリーン"

---

[7]　W. M. Nelson, "Green Solvent for Chemistry Perspectives and Practice", pp. 91-92. Oxford University Press(2003).
[8]　K. Mikami, Ed., "Green Reaction Media in Organic Synthesis", Blackwell：Oxford(2005).

表 1.3　代替溶媒一覧

溶媒	問題点	代替溶媒
ベンゼン	強い発がん性	トルエン
四塩化炭素 (現在市販されていない)	発がん性，オゾン層破壊	シクロヘキサン
クロロホルム	毒性，安定性	DME
ジクロロメタン	揮発性，発がん物質である可能性	ベンゾトリフルオリド
エーテル	引火性	t-ブチルメチルエーテル およびシクロペンチル メチルエーテル
ヘキサン，ペンタン	揮発性	ヘプタン
THF	水とまざりやすい	2-メチル THF
ジオキサン，DME	毒性，変異原性	2-メチル THF
HMPA	強い発がん性	DMPU

DMPU：N,N-ジメチルプロピレンウレアまたは 1,3-ジメチル-3,4,5,6-テトラヒドロ-2(1H)-ピリミジノン．

と考えられるものもある．これらには，酢酸，安息香酸ベンジル，ジエチレングリコールジメチルエーテル，DMSO，酢酸エチル，グリセリン，ヘキサン，メタノール，t-ブチルアルコール，THF がある[*9]．いくつかの有機溶媒は毒性がたいへん強い．可能ならばそういった溶媒を使わず，代替溶媒ですませたいものである．表 1.3 にこれらをまとめた．

■ 冷　却　浴

選択性を上げるためとか，生成物や試薬分解を防ぐためであるとか，いろんな理由でしばしば反応には 0℃以下の低温を必要とする．もっとも簡単な方法は冷却浴を使うことであるが，何を冷媒として使うかが，しばしば問題になる．氷やドライアイスや液体窒素が基本となるが，ほしい温度に調整するにはいろんな溶媒とまぜて使う．表 1.4 にその組み合わせと到達温度をまとめた．冷却浴温度が目的温度になったからといって，安心は禁物．反応フラスコの中身の温度は浴温度と違うことがしばしばある．必ず反応フラスコにも温度計を入れてちゃんと反応温度を確認すること．怠ると確実に実験を失敗する．

【参考文献】　A. M. Phillips, D. N. Hume, *J. Chem. Edu.*, **54**, 664(1968)；W. L. Armarego, D. D. Perrin, "Purification of Laboratory Chemicals", 4th ed., p. 36, Butterworth-Heineman：Oxford(1996).

[*9] W. M. Nelson, "Green Solvent for Chemistry Perspectives and Practice", p. 213, Oxford University Press(2003).

表 1.4 冷媒の一覧

組み合わせ	到達温度（℃）
氷	0
氷-メタノール	-10
氷-食塩	-5〜-20
エチレングリコール-ドライアイス	-11
3-ヘプタノン-ドライアイス	-38
アセトニトリル-ドライアイス	-41
クロロホルム-ドライアイス	-61
エタノール-ドライアイス	-72
アセトン-ドライアイス	-78
酢酸エチル-液体窒素	-84
メタノール-液体窒素	-98
エタノール-液体窒素	-116
ペンタン-液体窒素	-131

■ Grignard 試薬の調製法と滴定法

A．Grignard 試薬の調製法

Grignard 試薬発生のためのちょっとしたトリック

　ジブロモエタンやジョードエタンは適当な溶媒中でマグネシウムと反応することが知られている．これはジブロモエタンがマグネシウム表面で反応して，マグネシウムを酸化して $MgBr_2$ を生成し，エチレンガスを発生するからである．これと同様にハロゲン化アルキルはマグネシウムと反応して Grignard 試薬を発生する．ヨウ素を添加するとよいことが知られているが，これはヨウ素がマグネシウム表面を酸化して MgI_2 を発生すると同時にフレッシュなマグネシウム金属表面を作り出し，これがハロゲン化アルキルと反応するからである．Grignard 試薬の発生はエーテルや THF など，マグネシウムイオンに配位する溶媒中で行う．

　市販されている Grignard 試薬を表 1.5 にまとめる．

1．金属マグネシウムからの発生法

$$Br\diagup\diagdown OBn \xrightarrow[\text{還流, 30 min}]{\text{Mg, THF}} BrMg\diagup\diagdown OBn$$

　アルゴン雰囲気下，よく乾燥したフラスコ（アルゴン置換した後，炎であぶってガラス表面の水を追い出して乾燥し，アルゴン下で室温まで冷却したフラスコ）にマグネシウム削り節（3.5 g，146 mmol）を加え乾燥 THF（10 mL）で浸す．ジブロモエタンを

表 1.5 市販されている Grignard 試薬の一覧

有機マグネシウム試薬	溶媒 (M)
塩化メチルマグネシウム	THF (3.0)
臭化メチルマグネシウム	ブチルエーテル (1.0), エーテル (3.0), PhMe-THF (75:25, 1.4)
ヨウ化メチルマグネシウム	エーテル (1.0)
臭化エチルマグネシウム	TBME (1.0), エーテル (3.0), THF (1.0)
塩化プロピルマグネシウム	エーテル (2.0)
イソプロピルマグネシウム	ブチルジグリム (1.4), エーテル (2.0), THF (2.0)
塩化 t-ブチルマグネシウム	エーテル (2.0), THF (1.0)
塩化ビニルマグネシウム	THF (1.0, 1.6)
臭化アリルマグネシウム	エーテル (1.0)
塩化アリルマグネシウム	THF (2.0)
臭化フェニルマグネシウム	エーテル (3.0), THF (1.0)
塩化フェニルマグネシウム	THF (2.0)

TBME:t-ブチルメチルエーテル
[Sigma-Aldrich. さらなる有機マグネシウム試薬については, Sigma-Aldrich ChemFiles, Vol. 2, No. 5 (2002)]

2滴加えて, マグネシウムの新鮮な表面を出し, 臭化(2R)-(-)-ベンジルオキシ-2-メチルプロピル(10.43 g, 43 mmol)の THF 溶液(70 mL)を, THF が穏やかに還流する程度の速度で滴下する. |注意| 反応が始まるまでに 25%以上の臭化物を加えないこと. 反応混合物を 30 分加熱還流し, その後室温に冷却する. これに 40 mL の乾燥 THF を加えることで, 約 0.5 M の Grignard 試薬溶液となる.

【参考文献】 J. Li, Total Synthesis of Myxovirescin A and Approaches Toward the Synthesis of the A/B Ring System of Zoanthamine. Ph. D. Thesis, Indiana University:Bloomington, Indiana(1996).

2. 市販の Grignard 試薬からの調製法

アルゴン雰囲気下, ジブロモチオフェンカルボン酸エチルエステル(314 mg, 1 mmol)の THF 溶液(10 mL)に -40 ℃で i-PrMgBr の THF 溶液(0.9 M, 1.31 mL, 1.05 mmol)を 5 分かけて反応温度が上がらないようにゆっくり滴下する. 温度が上がると副生成物が多量に生成する. 反応溶液を同じ温度でさらに 30 分かきまぜた後, ベンズアルデヒド(122 μL, 1.20 mmol)を加える. 反応混合物を徐々に室温に昇温する. 反応溶液に食塩水(20 mL)を加え, 通常の後処理を行う. 粗生成物はシリカゲル

カラムクロマトグラフィー(ペンタン-エーテル 4:1)で精製し, 生成物(283 mg, 83%)を得る. 無色液体.

> 【参考文献】 M. Abarbri, J. Thibonnet, L. Berillon, F. Dehmel, M. Rottlander, P. J. Knochel, *Org. Chem.*, **65**, 4618-4634(2000).

5章にも同様の実施例(実験例 5-20)があるので参考にされたい. この方法による有機マグネシウム試薬の調製については, 文献[*10]も参考にするとよい.

B. Grignard試薬の滴定法

もっとも便利な滴定法は, 1,10-フェナントロリンを指示薬としてメタノールにGrignard試薬を加えることで滴定する方法である. 滴定の終点は溶液が紫または赤紫色になることでわかる. この色はGrignard試薬と1,10-フェナントロリンとの電荷移動錯体によるものである. 含水アルコールを用いると誤差を生じるので, メタノールは無水のものを用いること. より吸湿性の低いアルコールとしてメントールを用いる方法もある.

窒素雰囲気下, 炎であぶって乾燥させた50 mLのフラスコに回転子を入れ, メタノール(312 mg, 2 mmol)と1,10-フェナントロリン(4 mg, 0.02 mmol)を加える. 乾燥THF(15 mL)を加え, 室温でGrignard試薬をシリンジで滴下する. 溶液に紫あるいは赤紫色が1分以上残ったところが滴定終点なので, それに要したGrignard試薬の容量を測定する. Grignard試薬の濃度は以下の式で求められる.

$$[\mathrm{RMgX}](\mathrm{M}) = \frac{\text{用いたメタノールの物質量(mmol)}}{\text{加えたGrignard試薬の容量(mL)}}$$

> 【参考文献】 H.-S. Lin, L. A. Paquette, *Synth. Commun.*, **24**, 2503-2506(1994). 以下の文献も参考になる. S. C. Walson, J. F. Eastham, *Organometal. Chem.*, **9**, 165-168(1967).

■ 有機リチウム試薬の調製と滴定法

有機リチウム試薬(市販されているものを表1.6に示す)を用いるときにはTHF, エーテル, DME, トルエン, ヘキサンなどが溶媒として用いられる. このうちTHFとエーテルはもっともよく用いられるが, これらは有機リチウム試薬によって分解反応が起こるので注意が必要である. たとえばTHFはアルキルリチウムによって2位

[*10] B. J. Wakefield, "Organomagnesium Methods in Organic Synthesis", pp. 21-71, Academic Press: San Diego, CA(1996).

1 基本的なテクニック

表 1.6 市販の有機リチウム試薬の一覧 (Sigma-Aldrich)

有機リチウム試薬	溶媒(濃度)
n-ブチルリチウム	シクロヘキサン (2.0 M);ヘキサン (1.6 M, 2.5 M, 10.0 M);ペンタン (2.0 M)
s-ブチルリチウム	シクロヘキサン (1.4 M)
t-ブチルリチウム	ペンタン (1.7 M)
メチルリチウム	DME (3.0 M);エーテル (1.6 M);THF (～1 M)
エチルリチウム	ベンゼン-シクロヘキサン (90:10, 0.5 M)
フェニルリチウム	ジブチルエーテル (1.8 M)

表 1.7 アルキルリチウムと THF の反応の半減期

アルキルリチウム/溶媒	$-40\,°C$	$-20\,°C$	$0\,°C$	$20\,°C$
n-BuLi/エーテル	—	—	—	153 h
n-BuLi/THF	—	—	17.3 h	1.78 h
s-BuLi/エーテル	—	19.8 h	2.32 h	—
s-BuLi/THF	安定 0.4 [s-BuLi]	1.30 h	—	—
t-BuLi/エーテル	—	8.05 h	1.02 h	—
t-BuLi/THF	5.63 h	0.70 h	—	—

[P. Stanetty, M. D. Mihovilovic, *J. Org. Chem.*, **62**, 1514-1515 (1997)]

が脱プロトン化され 2-リチオ THF となる.これは速やかにアセトアルデヒドエノラートとエチレンを与えて分解する[*11].エーテルもリチウムエトキシドとエチレンに分解する.

これらの分解は表 1.7 に示す半減期で起こることが知られている.

A.有機リチウム試薬の調製法

ここではハロゲン-リチウム交換によるアルキルリチウム試薬の調製法を示す.

[*11] B. J. Wakefield, "Organanolithium Methods", p. 178, Academic Press : San Diego, CA (1988).

ビス(2-ブロモフェニル)メタン(1.63 g, 5 mmol)の THF 溶液(300 mL)を−30℃に冷却し, n-BuLi(2.5 M, 4 mL, 10 mmol)をゆっくり加える. 加え終わったら反応溶液を室温に戻し2時間かきまぜる. こうして調製したジリチオ試薬は目的の反応に用いることができる.

【参考文献】 W. Y. Lee, C. H. Park, Y. D. Kim, *J. Org. Chem.*, **57**, 4074(1992).

5章にも同様なハロゲン−リチウム交換による有機リチウム試薬の調製法がある. 以下の文献[*12]も参考になるだろう.

B. 有機リチウム試薬の滴定法

市販の n-BuLi, s-BuLi, および t-BuLi の信頼できる滴定法として, ピバロイル o-トルイジンによる滴定法をあげる. この化合物は有機リチウム試薬と反応して, まずアミド水素が引き抜かれる. 1当量以上の有機リチウム試薬を加えると, オルト位のメチル基にオルトリチエーションが起こってジアニオンが発生し, これが黄色もしくはオレンジ色に呈色するため滴定の終点がわかる.

窒素雰囲気下, 25 mL のフラスコに回転子を入れ, N-ピバロイル-o-トルイジン(250〜380 mg, 0.9〜2.0 mmol)を加える. 乾燥 THF を 5〜10 mL 加える. 滴定の終点を見やすくするためにフラスコの下に白い紙(泸紙でよい)をしく. シリンジから有機リチウム試薬を滴下し, 黄色もしくはオレンジ色に呈色するまでに要した有機リチウム試薬の容量を測定する. 有機リチウム試薬の濃度は次の式によって計算できる.

$$[\text{R}-\text{Li}](\text{M}) = \frac{N\text{-ピバロイル-}o\text{-トルイジン}(\text{mmol})}{\text{滴定に要した R}-\text{Li の量}(\text{mL})}$$

N-ピバロイル-o-トルイジンの代わりにジフェニル酢酸を用いても滴定できる.

【参考文献】 J. Suffert, *J. Org. Chem.*, **54**, 509(1989).

[*12] B. J. Wakefield, "Organolithium Methods", pp. 21-25, Academic Press: San Diego, CA(1988).

表 1.8 市販の有機亜鉛試薬

有機亜鉛試薬（0.5 M THF 溶液）
臭化プロピル亜鉛
臭化ブチル亜鉛
臭化シクロヘキシル亜鉛
臭化 3-エトキシ-3-オキソプロピル亜鉛
臭化フェニル亜鉛
臭化 2-ピリジル亜鉛
臭化 2-チエニル亜鉛

[Sigma-Aldrich ChemFiles, Vol. 2, No. 5 (2002)]

■ 有機亜鉛試薬の調製法

　有機亜鉛試薬は最近見直され，そのルネサンスというべきほど多く利用されるようになってきた．それに伴い数多くの調製法が報告されている．市販の有機亜鉛試薬を表 1.8 にまとめたが，これ以外にも多くの有機亜鉛試薬が調製可能である．官能基を含んだ有機亜鉛試薬については文献[*13]を参考にするとよい．

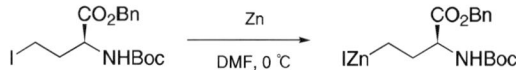

　亜鉛末(325 メッシュ，0.147 g，2.25 mmol，3 当量)を回転子を入れた 50 mL の側管つき丸底フラスコにはかりとり，ヒートガンで加熱しながら窒素置換する．乾燥 DMF(0.5 mL)とクロロトリメチルシラン(6 μL，0.046 mmol)を加え，室温で 30 分かきまぜる．2-Boc-アミノ-4-ヨード酪酸ベンジル(0.75 mmol)の DMF 溶液(0.5 mL)を，シリンジで 0 ℃に冷却した反応溶液にかきまぜながら滴下する．反応の進行は薄層クロマトグラフィー(展開溶媒/石油エーテル-酢酸エチル 2 : 1)によって追跡する．原料ヨウ化物の消失は 50～60 分後である．

　【参考文献】　H. J. C. Deboves, C. F. W. Hunter, R. F. W. Jackson, *J. Chem. Soc., Perkin Trans. 1*, **2002**, 733-736.

■ ジアゾメタンの調製法

　ジアゾメタンは，純度を上げたり大量スケールで調製すると爆発することが知られている．このためジアゾメタンの調製は慎重を期して行い，鋭利なガラスなどの先端がジアゾメタンと触れないように注意すべきである．また，微量の金属粉，ガラス器

[*13]　P. Knochel, N. Millot, A. L. Rodriguez, C. E. Tucker, *Org. React.*, **58**, 417-731 (2001).

具のすり合わせ，フラスコの底の見えないような引っかき傷でもジアゾメタンは爆発する．このため調製前に器具をよく確認すること．ジアゾメタンの調製には絶対に通常のすり合わせ器具を使ってはならず，専用の透明すりの器具を用意して行うこと．またゴム栓も絶対に使用してはならない．調製したジアゾメタンは光分解するので，日光はもちろんのこと，ドラフトの蛍光灯の下にも長時間置かないようにする．アルミニウム箔などで遮光するとよい．また，ジアゾメタン自身およびその前駆体は強い発がん性があることが知られているので，注意してドラフト内で取り扱うこと．ジアゾメタンの調製に関する注意については文献[*14]も参考にするとよい．

ジアゾメタンは純粋な形では取り出せないので，溶液(おもにエーテル)の状態で使用し，かつ過剰量を用いることで反応に供する．合成目的でジアゾメタンを調製するときは，反応させたいフラスコに直接蒸留されてくるジアゾメタンを受けて，即座に反応させてしまうのも手である．ジアゾメタンは黄色の溶液なので，反応終了はこの呈色が残ることでわかる．過剰のジアゾメタンは酢酸を加えることで酢酸メチルとして消費する．より安全な代替試薬としてはトリメチルシリルジアゾメタン(TMSCHN$_2$)があり，これはヘキサン溶液の形で市販されている．2章にこの試薬の使用例がある．

例　1

KOH, Et$_2$O, H$_2$O, 70 ℃

ジアゾメタンの発生にはジアゾメタン専用のガラス器具が Aldrich から市販されているのでそれを用いる．N-メチル-N-ニトロソ-4-トルエンスルホンアミド(Diazald, 2.23 g, 10.4 mmol)をエーテル(24 mL)に溶解し，これを 70 ℃に保った KOH(1.75 g, 31.2 mmol)の水溶液(18 mL)，エーテル(4 mL)，および 2-(2-エトキシエトキシ)エタノール(18 mL)の混合物にゆっくり滴下する．ジアゾメタンのエーテル溶液が蒸留されて出てくるので，これをフラスコに集めてそのまま反応に用いる．

【参考文献】　S. Tchilibon, S.-K. Kim, Z.-G. Gao, B. A. Harris, J. B. Blaustein, A. S. Gross, H. T. Duong, N. Melman, K. A. Jacobson, *Bioorg. Med. Chem.*, **12**, 2021-2134 (2004).

[*14]　J. A. Moore, D. E. Reed, *Org. Synth., Coll. Vol.* V, 351-354 (1973).

▶ 例 2

KOH 水溶液(40%, 30 mL)をエーテル 100 mL に加え, 2 相混合物を 5 ℃に冷却する. よく粉砕した N-ニトロソ-N-メチル尿素(10 g, 発がん性注意！)を少量ずつ 1〜2 分かけて加える. エーテル相が濃い黄色になるのでこれを傾けて分離する. このエーテル溶液には約 2.8 g のニトロメタンが若干の不純物と水とともに溶けている. このときすり付きのガラス器具を使わないこと. すりなしの三角フラスコや試験管(ガラスに割れや欠け, あるいは傷がないことを確かめること！)を使うのがよい. ジアゾメタンのエーテル溶液を移すときは, 先を焼きなました(鋭利な部分のない)ピペットを使う.

【参考文献】 F. Arndt, *Org. Synth., Coll. Vol.* II, 165-167 (1943).

■ Dess-Martin 試薬の調製法

Dess-Martin 試薬は, 穏和な条件でアルコールを酸化するのに優れた試薬である. 比較的安全ではあるものの, 高温では後述するように爆発性が報告されているので, 反応の温度管理には気をつけよう.

Dess-Martin 試薬の前駆体である IBX (1-ヒドロキシ-1,2-ベンゾヨードキシル-3(1H)-オン)は 200 ℃以上に加熱したり衝撃を与えたりすると, 爆発することが報告されている. 確かに運がよければ IBX は 233 ℃で爆発することなく茶色に変色して融解するだけであるが, これをもってして爆発しないと安心してはいけない. IBX とともに Dess-Martin 試薬自身も 130 ℃以上に加熱すると爆発すると書かれている文献もある. 以下の二つの実験操作はドラフト中で, 防護シールドをセットして行うのがよい. 十分純度の高いサンプルでも爆発するかしないかは運次第. これらの酸化剤をうっかり高温に加熱したりすれば"爆発するもの"として用心して取り扱うのがよかろう.

A．IBX(1-ヒドロキシ-1,2-ベンゾヨードキシル-3(1H)-オン)の調製法

回転子，冷却管および温度計を備えた2Lの三つ口フラスコに，臭素酸カリウム($KBrO_3$, 80.0 g, 0.48 mol)と2M硫酸水溶液(750 mL)を加え，反応容器を60℃に加熱する．粉砕した2-ヨード安息香酸(80.0 g, 0.323 mol)を10 gずつに小分けし，40分かけて加える．かきまぜは，反応容器内に固体が飛び散らない程度に穏やかに行うのがよい．反応容器内に飛び散った固体は，2M硫酸を少量使って溶液中に戻す．反応溶液は臭素が遊離するために，はじめは赤橙色になり，後に白色沈殿が生じてくる．2-ヨード安息香酸を加え終わったら，反応混合物を65℃でさらに2時間かきまぜる．反応混合物を氷浴で2〜3℃に冷却し，生じた沈殿をブフナー漏斗を使って減圧沪過する．得られた固体は冷たいイオン交換水(500 mL)で洗ってから，冷エタノール(80 mL)で2回洗浄する．さらに固体に残存するエタノールを除くために冷イオン交換水(500 mL)でもう一度洗浄すると，目的のIBXが88.2 g得られる．収率98％．得られた湿ったIBXはそのまま次のステップに用いる．注意 こうして得られた固体を決して乾燥させないこと．爆発の危険がある．

【参考文献】R. K. Boeckman, Jr., P. Shao, J. Mullins, *J. Org. Synth.*, **77**, 141 (2000)；*Org. Synth., Coll. Vol.* **X**, 696 (2004).

B．1,1,1-トリアセトキシ-1,1-ジヒドロ-1,2-ベンゾヨードキシル-3(1H)-オン(Dess-Martin 試薬)

1Lの三つ口丸底フラスコに回転子と冷却管および温度計をセットし，先の操作で得られた湿ったIBX(88.2 g)，酢酸(150 mL)および無水酢酸(300 mL)を加える．アルゴン雰囲気下，油浴を使って反応混合物を30分間以上85℃に加熱する(温度計で反応混合物そのものの温度を計測すること)．20分ほどで内容物が溶解し透明な黄色の溶液となるはずである．かきまぜと加熱をやめて24時間かけて反応溶液を徐々に室温に冷却する．大量の白色固体の析出がみられるはずである．ゆっくり冷やした方が沪別しやすい結晶が出るから，なるべくじわじわ室温に戻すのがよい．生じた固体をアルゴン雰囲気下でアダプターを使って減圧沪過し，無水エーテル(80 mL)で洗浄する．得られた固体を減圧乾燥すると目的の酸化剤が得られる．収量101.0 g．収率74％(2段階)．

【参考文献】R. K. Boeckman, Jr., P. Shao, J. Mullins, *J. Org. Synth.*, **77**, 141 (2000)；*Org. Synth., Coll. Vol.* **X**, 696 (2004).

■ LDA(リチウムジイソプロピルアミド)の調製法

リチウムジイソプロピルアミド(LDA)は求核性を落とした強塩基であり，幅広く用

いられている．この試薬は通常ブチルリチウムとジイソプロピルアミンから調製する．最近では市販品が THF やヘプタンあるいはエチルベンゼン溶液として売られている．しかし，市販品はしばしば黄色に着色しているので滴定が難しいことが多い．

新しく調製した LDA の安定性は溶媒によって大きく異なる．もっとも安定なのがアルカン溶液や，アルカン-THF の 1：1 混合溶媒である．つくりおきの LDA は冷凍庫などで冷やしておくと長もちする．LDA の調整法は類似のアミド，たとえばリチウムテトラメチルピペリジドやリチウムヘキサメチルジシラジドなどの調整法にも適用できる．

アルゴン雰囲気下，ジイソプロピルアミン(3.44 g, 4.76 mL, 0.0341 mol)の乾燥 THF 溶液(25 mL)を -78℃に冷却し，ブチルリチウム(1.6 M ヘキサン溶液，21.1 mL, 0.0340 mol)を加える．反応溶液を 15 分間かけて 0℃に昇温すると，LDA 溶液ができる．この溶液は約 0.7 M である．

【参考文献】 D. Enders, R. Pieter, B. Renger, D. Seebach, *Org. Synth.*, **58**, 113(1978)；D. Enders, R. Pieter, B. Renger, D. Seebach, *Org. Synth., Coll. Vol.* VI, 542(1988).

■ Jones 試薬

Jones 試薬は 500 mL のビーカーで三酸化クロム(CrO_3, 70 g, 0.70 mol)を水(100 mL)に溶解し，これを氷浴で冷やしながら濃硫酸(61 mL, 1.10 mol)と水(200 mL)を注意深くかきまぜながら加える．溶液の温度は 0～5℃に保つこと．温度が上がると溶液が突沸することもあり危険である．水の代わりに氷を加えるのも手である．

【参考文献】 J. Meiwald, J. Crandall, W. E. Hymans, *Org. Synth., Coll. Vol.* V, 866(1973).

クロマトグラフィー

ここでは TLC(薄層クロマトグラフィー)とフラッシュクロマトグラフィーについて説明する．

■ 薄層クロマトグラフィー(TLC)

【参考文献】 P. E. Wall, "Thin Layer Chromatography", Royal Society of Chemistry：Cambridge, U. K.(2005).

市販の TLC プレートは，シリカゲルをガラス板あるいはアルミニウム板の上にコートしたものである．プラスチック板のものもあるが，後に発色剤をつけて処理す

クロマトグラフィー   *19*

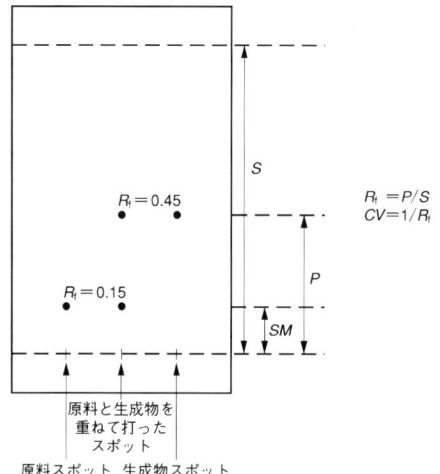

図 1.3   通常の一次元 TLC

る過程で加熱するのであまり適切ではない．これらの TLC プレートには，UV（紫外）吸収をもつ化合物を検出するために蛍光剤が含まれている．したがって UV 吸収をもつ化合物は，UV ランプを照てると光るので，速やかに検出ができる．UV 吸収のない化合物も運がよければ見える場合もある．たとえばヨウ化物．これらは UV 消光剤なので検出できる．あるいは無機塩，これらはベースライン上にいて蛍光剤と反応して見えることもある．

　TLC 板はそのままでは大きすぎるので，切って使うとよい．ガラス板の場合はよく切れるガラス切りで切ろう．失敗するとくず TLC を増やすだけだから，上手にやろう．アルミニウム板やプラスチック板の場合は押し切り（写真などを切るカッター）を使うときれいに切れる．切れるからといってはさみは使わないように．はさみは切り口付近のシリカゲルを剥ぎ取ってしまうので使用不能の TLC 板を量産するだけになる．小さい TLC 板は研究費のコスト削減だけでなく，早く展開できるので時間の節約にもなって生産性を向上する．TLC の長さ（展開する高さ）は 4～5 cm もあれば十分．幅は 2 cm で十分並べうち（目的物と生成の可能性のある既知化合物を一緒に並べて展開すること）ができる（後で述べる二次元 TLC をするなら 5 cm×5 cm の正方形がよい）．だから，20 cm×20 cm の TLC 板からは 40～50 枚の TLC がつくれる．一度に 10 以上のスポッティングが必要な場合（カラムクロマトの溶出液のチェックなど）では，縦と横を逆にして横長の TLC にして使えばよい．

　TLC で重要なのは，R_f 値である．これは目的スポットがどれだけ動いたかの指標

1　基本的なテクニック

単一の化合物	多成分のスポット

一次展開
TLC上で分解が起こらない場合

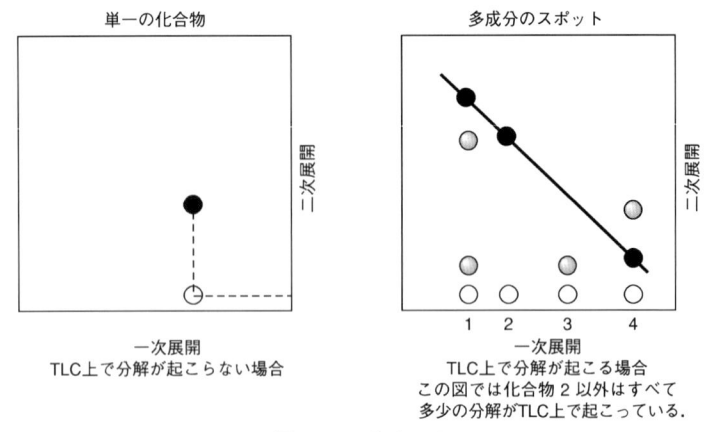

一次展開
TLC上で分解が起こる場合
この図では化合物 2 以外はすべて
多少の分解がTLC上で起こっている．

図 1.4　二次元 TLC

である．R_f 値はスポットの動いた距離 (P) を溶媒の動いた距離 (S) で割った値である．また，R_f の逆数を CV(カラムボリューム) とよぶ (図 1.3)．これらの値は後に精製のためにカラムクロマトグラフィーを行うときに大切になる．したがって，これらの結果は速やかに計算できるようにしておくこと．少なくとも化合物を最初にスポットした位置，TLC の結果上がった位置，そして溶媒の上がった位置，の三つは速やかにTLC 上に鉛筆で印をしておくこと．そして TLC の結果は実験ノートにすぐに貼り付けておこう．プレートをじかにノートに貼り付けると，後述する発色剤のおかげですぐにノートが痛んでしまう．したがって TLC を貼り付けるときには，まずその場所をセロテープでガードしてから，TLC を貼り付けるようにするとよい．ちょうどセロテープで TLC をサンドイッチすることになる．こうしておけば 10 年以上ノートは大丈夫．ガラスプレートの場合は，ガラスが厚いので，セロテープに TLC 結果を転写して，それを貼り付ければよい．

　TLC の結果は展開溶媒の種類によって変わってくる．だから，ノートに TLC を貼り付けたからといっても，まだ片手落ち．展開溶媒についてもきちんと書いておくこと．一般に溶出力の強い溶媒を使うほど，スポットはよく上がる．目的スポットが R_f にして 0.2～0.6 程度になるような，分離がよく見える溶媒の組み合わせを用いるとよい．溶出力の順序の目安は以下のとおりである．

　　石油エーテル＜ヘキサン＜シクロヘキサン＜トルエン＜エーテル＜クロロホルム
　　＜ジクロロメタン＜酢酸エチル＜アセトン＜エタノール＜メタノール＜酢酸

　単一の溶媒でうまくいかないことがほとんどなので，適当に溶媒を組み合わせて混

合溶媒で TLC をとるのが一般的である．よく使われる溶媒の組み合わせとしてヘキサン-酢酸エチル，ヘキサン-エーテルなどがある．メタノールはシリカゲルをいくぶんか溶かすので，若干注意が必要である．

このようにしてとった TLC でも，たとえば化合物が TLC 上で分解したりすると分離がよくわからないこともある．そのための奥の手として，二次元 TLC がある(図 1.4)．これは目的のスポットを与える化合物が TLC のシリカゲルやアルミナで分解しているかどうかを知るためには便利で簡単な方法である．正方形のプレートを用意し，普通にスポットを展開したあと，さらに TLC を 90°回転させて，最初とは直行方向にもう一度展開するだけである．スポットの化合物が分解していないのなら，スポットは TLC の対角線上に単一スポットを与えるはず(2 度とも同じ展開溶媒を使った場合)．もし，2 回目の展開でスポットがテーリング(スポットが尾を引くこと)したり，最初とは違うスポットを与えたりしたら，それは目的化合物が TLC 上で分解していることを示す．すなわち対角線上にはないスポットが出てきたら，それは TLC 上での分解生成物があることを示している．こういう場合は固定相を代えてクロマトグラフを行うべきである．

■ TLC の発色剤のレシピ

UV で検出できない化合物は，何らかの発色剤をつけて検出する必要が出てくる．ここには有機合成化学の研究室でよく使われる TLC の発色剤(ディップなどともいう)の代表的なレシピをあげた．発色方法は簡単．展開溶媒をよく飛ばした TLC を発色剤につけて(だからディップという)，ホットプレートかヒートガンで加熱するだけである．スポットが現れたらそれを記録する．この操作はドラフトでやること．そのためにもドラフトの隅に TLC のディップのセットとホットプレートを備えた "TLC ステーション" を常備しておくと何かと便利である．

---

p-アニスアルデヒド

この発色剤のよいところは化合物の種類によって発色が変わるところにある．もし R_f が同じでも色が違うから，化合物の見分けが簡単になるときもある．ただ，やや臭いのが難点である．

 p-アニスアルデヒド 12 g (11 mL)
 エタノール 500 mL
 濃硫酸 5 mL

硫酸セリウム

一般的によく使われる発色剤．ほとんどの化合物が黄色か茶色に発色する．

 硫酸セリウム 8 g

15% 硫酸　100 mL

セリウムモリブデン酸(Hanessian の発色剤)

感度のよい発色剤．ほぼすべての官能基に反応する．強いて欠点をあげれば，発色がすべてブルーになることくらいである．
Ce(SO$_4$)$_2$　5 g
(NH$_4$)$_6$Mo$_7$O$_{24}$・4 H$_2$O　25 g
濃硫酸　50 mL
水　450 mL

ヨウ素

黄色に発色する(発色はゆっくりではじめは薄い)．ヨウ素をガラス容器中に入れ，ヨウ素蒸気を充満させておき，そこに TLC を入れて発色させる．ヨウ素発色は，徐々に消えていくので，スポットが現れたらただちに記録しておくこと．

KMnO$_4$

酸化される官能基に反応して発色するとされているが，割と何でも出てくれるので汎用発色剤としてよく用いる．それほど感度が高いわけではない．スポットは黄色になる．官能基によっては加熱しなくてもスポットが現れることもある．加熱しすぎると TLC 全体が黄色になってスポットがわからなくなってしまうから，加熱はほどほどで止めること．
KMnO$_4$　6 g
K$_2$CO$_3$　40 g
5% NaOH 水溶液　10 mL
水　600 mL

ニンヒドリン

アミノ酸に特化した発色剤．脂肪族アミンとアニリンの検出によい．手につけて，自分でニンヒドリン反応しないように気をつけようね．
0.25%のニンヒドリンの水溶液

リンモリブデン酸(PMA)

すべて真っ青に発色するが，おそらくはもっとも感度のよい発色剤．研究室に一つは置いておきたい．最近は PMA の 20%のエタノール溶液まで市販されるようになった．これを 5%に薄めて使う．
リンモリブデン酸　12 g
エタノール　500 mL

バニリン

アニスアルデヒドと同様，化合物の種類によって色が変わる．バニラの香りで好きな人もいるが，だからといってばら撒かないように(濃すぎるバニリンは好みにもよるが，どちらかといえば食欲を減退させる香りである)．
バニリン　12 g
エタノール　250 mL
濃硫酸　50 mL

■　フラッシュクロマトグラフィー

【参考文献】　W. C. Still, M. Kahn, A. Mitra, *J. Org. Chem.*, **43**, 2923(1978).

カラムクロマトグラフィーの使用法で，（比較的に高性能のゲルを充填した）カラムにポンプを用いて低・中圧で移動相を送液する手法のことを，本書ではフラッシュクロマトグラフィーという．

おそらく反応を行ったあと精製を行うときにもっともよくお世話になる方法であろう．何気なく使っているシリカゲルは,意外と毒物なので気をつけよう．吸い込むと，運が悪ければ肺がんになるかもしれないから，撒き散らさないように注意するのはいうまでもないが，取り扱うときはマスクなどで防護しよう．フラッシュクロマトグラフィーは加圧して溶媒を押し出すので,カラムにはひびの入っていないものを使おう．

シリカゲルクロマトグラフィーの分離を決定づける大きな要因は，シリカゲルの粒径である．研究室でおなじみのシリカゲルは普通2種類の粒径のものがある．一つは70〜230メッシュのもの．粒径は0.062〜0.200 mmになる．これは自然流下式のクロマトグラフィーで使うのがちょうどよい．一方もう一つのシリカゲルは230〜400メッシュのもの，より細かい粒径で0.040〜0.063 mmである．これがフラッシュクロマトグラフィーにちょうどよい．典型的なフラッシュクロマトグラフィーのセットアップを図1.5に示す．

Stillの報告[*15]によれば，カラムのサイズは分離しようとするサンプルの量に依存

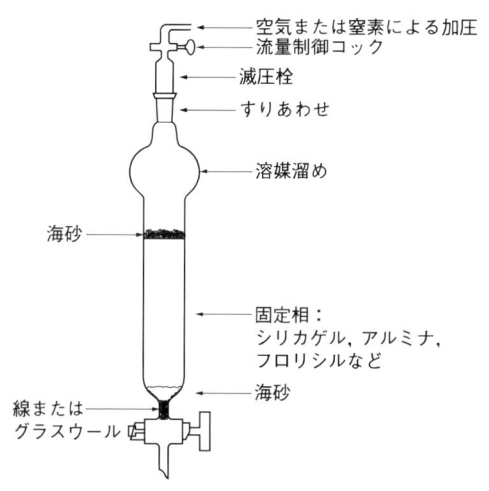

図 1.5 典型的なフラッシュクロマトグラフィーの例

[*15] W. C. Still, M. Kahn, A. Mitra, *J. Org. Chem.*, **43**, 2923 (1978).

し，1 g の化合物を分離するためには平均的には約 25 g のシリカゲルを要するとしている．また展開溶媒としては，分離したい物質の R_f が 0.3 となるような溶媒系を選ぶのがよいとしている．

　フラッシュクロマトグラフィーの利点はその迅速性にある．平均的なクロマトグラフィーに要する時間は 10〜15 分ほどである．逆に 30 分以上を要するクロマトグラフィーはまず失敗と思ってよい．うまく行うためには，シリカゲルの高さは 15 cm（またはそれ以内）とする．大量のサンプルを精製するときには，径の大きなカラムを使い，決してシリカゲルカラム長を 15 cm よりも長くしてはならない．カラム径は先述したサンプル 1 g あたりシリカゲル 25 g を基準に考える．分離が難しいときにはより多くのシリカゲルを使いたくなる．気持ちはわかるが，これは決してうまくいかないからやらないこと．時間とシリカゲルの無駄に終わる．指導者の不興を買うこと請け合いである．この基準はかならず守ろう．

　たとえば図 1.3 に示した混合物を分離することを考えよう．図 1.3 の結果から生成物は $R_\mathrm{f}=0.45(CV=2.2)$，原料はそれよりやや高極性で $R_\mathrm{f}=0.15(CV=6.7)$ である．CV とはこれらの化合物がカラムの出口から出てくるまでに要する溶出液の必要量なので，生成物はカラム体積の 2.2 倍の溶出液を流したときカラムの出口に出てくると考えられ，原料はカラム体積の 6.7 倍の溶出液を流せばカラムから出てくることになる．次に，どの太さのカラムで分離したらよいかを考える．シリカゲル長は 15 cm であるから，内径 1 cm のカラムでは，11.8 mL，2 cm のカラムでは 47.2 mL のシリカゲルが必要である（これらは単純にカラム内径×15 cm 高の円柱の体積）．カラムの体積はシリカゲル重量の約 1.25 倍なので（すなわち 2 g のシリカゲルはカラム体積にして，約 2.5 mL である），内径 1 cm のカラムでは 9.5 g のシリカゲル，すなわち約 10 g のシリカゲルを使うことになる．Still の報告から，分離したいサンプルの 25 倍重量のシリカゲルが必要なので，このカラムは 0.4 g のサンプルの分離には適していることになる．すなわち，内径 1 cm のカラムでは 0.4 g，2 cm では 1.6 g，3 cm では 3.6 g，5 cm では 10 g のサンプルの分離に適していることがわかる．この数値は便利な指標となるから覚えておくとよいだろう．このように分離したいサンプル量に応じてカラムの太さを選ぶことが重要であることがわかる．

　カラムを設計したところで，次にいつまで溶出溶媒を流すかが問題となる．一般には欲しい化合物のカラム体積（CV 値）の 2 倍の溶出液を流すとよいとされている．しかし，溶出溶媒の極性が低いためにいつまでも欲しいものが微量ずつちょろちょろ出てきて困ることも多いだろう．そのような場合よいのが"グラジエント法"である．これはカラムクロマトグラフィーの溶出液の極性を少しずつ上げていき，溶出させた

いものを迅速に得る方法である．このようにすれば，欲しい化合物がじわじわ出てきて困る場合でも速やかにカラムから出し切ることが可能になるし，溶媒の節約ひいては時間の節約にもなる．したがって，カラムクロマトグラフィーを行うときには，グラジエント法を使うことを念頭に，あらかじめ"複数の溶媒システムでTLC"をとっておき，どの溶媒系でどの成分を出すのか考えながらやるのがよい．くれぐれも15分以上かかるフラッシュクロマトグラフィーは"失敗作"であると肝に銘じておこう．

では実際のフラッシュクロマトグラフィーはどのようにやるのがよいであろうか．まずは分離したい混合物のTLCを取る．次に目的成分ごとに，$R_f = 0.3$ となる溶媒を見つける（多少の誤差はかまわない）．これらを完了したら，カラムをつくり，分けたい混合物をカラムの頂部にチャージして（このときシリカゲルの頂部をなるべく乱さないようにするのがよい分離の秘訣である），カラムクロマトグラフィーを開始する．最初の成分に適した溶媒系がたとえばヘキサン-酢酸エチル 10:1 であったとしたら，それで最初の成分を出し，CVの約2倍の体積分を流したら次の成分に適した溶媒系（たとえばヘキサン-酢酸エチル 3:1）に替えて溶媒を流す．以下これらを繰り返して，15分以内（長くても30分以内）に溶媒を流しきってフラッシュクロマト分離を完了する．試験管で集めたサンプルは，TLC（あるいはGCなどほかの分析法でもよい）でどの成分がどこに含まれているかをチェックし，分離成分ごとに集めて濃縮して，精製を完了する．

アミンのような高極性のために出にくい化合物のときには，溶出液にトリエチルアミンを加えるとカラムから出やすくなる．ただし加えるトリエチルアミンは溶媒の5%以下にすること．精製するものにもよるが，1%も加えると溶出液の極性は非常に高くなる．カルボン酸などをカラム精製したいときには，酢酸を溶出液に加えるとよい．理由はアミンのときのトリエチルアミンと同じであるが，なぜかは自分で考えよう．

フラッシュカラムクロマトグラフィーは，自分でつくってやるものが相場であるが，最近は市販品まであるのでたまげてしまう．これらは昔から"中圧クロマトグラフィー"として知られていたものであるが，最近はコンピューター制御になり，便利になってきた．図1.6にあるように，ガラスカラムに通すために，ステンレスの溶出溶媒溜めをセットし，窒素あるいは圧縮空気で溶媒を押し出すシステムである．出てきた溶出液は図1.6(b)にあるフラクションコレクターで集められる．これは自動化されているうえ，UV検出器とセットになっているので，どこに欲しいものがあるかがすぐわかる．さらに，グラジエント法もコンピューター管理で効果的に行えるので，時間と溶媒の節約にもなる．カラムは市販されているから，普通のシリカゲルカラムだけでなく逆相シリカゲルを使ったクロマトグラフィーも可能である．スケールアッ

26　1　基本的なテクニック

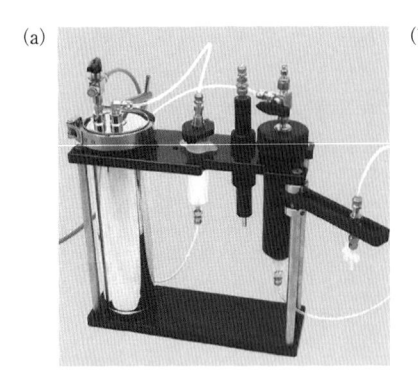

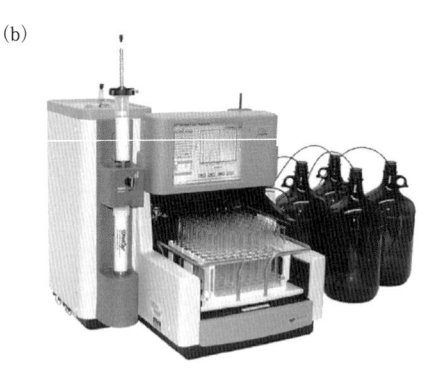

図 1.6　(a) 市販のフラッシュクロマトグラフィーの例；Flash 12/40 System™ (Analogix の許可を得て転載)
(b) ラボスケールのフラッシュクロマトグラフィーの例；コンビフラッシュ®コンパニオン® (Teledyne ISCO の許可を得て転載)
(c) 大スケールのフラッシュクロマトグラフィーの例；Flash 400™ (Biotage の許可を得て転載)

プのためのカラムまで用意されている．教育的観点のある大学の研究室では使うようになるとは考えられないが，時間と費用の節約を考えなければならない研究所などでは，大きな戦力となる．

再　結　晶

　再結晶は大量スケールの合成ではもっとも望ましい精製法であり，ひとたび方法を確立できれば，これほど戦力になる精製法はない．10gの精製ですらあっという間．

表 1.9 再結晶によく用いられる溶媒の特性値

溶 媒	沸点（℃）[†]	比誘電率[†]
ジエチルエーテル	34.5	4.27
ジクロロメタン	40	8.93
アセトン	56	21.01
クロロホルム	61	4.81
メタノール	64.6	33.0
テトラヒドロフラン	65	7.52
ヘキサン	68.7	1.89
酢酸エチル	77.1	6.08
エタノール	78.2	25.3
ベンゼン*	80.0	2.28
アセトニトリル	81.6	36.64
2-プロパノール	82.3	20.18
ヘプタン	98.5	1.92
水	100	80.10
1,4-ジオキサン	101.5	2.22
トルエン	110.6	2.38
酢 酸	117.9	6.20
酢酸ブチル	126.1	5.07
N,N-ジメチルホルムアミド	153	38.25

[†] D. R. Lide, Ed., "Handbook of Chemistry and Physics", 84th ed., pp. 8-129, CRC Press LLC；Boca Raton, FL (2003).
* ベンゼンの強い発がん性を考え，トルエンに代替すべきである．

フラッシュクロマトグラフィーで出た溶媒の濃縮のために何時間もエバポレーターの前で待ち続けることもない．

　理想的には単一溶媒で再結晶することである（溶媒の種類を表1.9に示す）．精製したい化合物は低温のときに溶解しにくく，高温のときによく溶解する再結晶溶媒を選ぶ．また再結晶には最少量の溶媒を用いるのがよく，冷却するときにはゆるやかに温度を下げるようにする．

　単一溶媒で再結晶が困難な場合は（ほとんどの場合が該当する），混合溶媒系を使うことになる．よく使われる混合溶媒の組み合わせは，一つの溶媒は目的物をよく溶かし，もう一つの溶媒が目的物を溶かしにくく，これらの二つの溶媒が交じり合うものである．混合溶媒の組み合わせは表1.10にまとめてある．混合溶媒系の再結晶では，まず，最少量の熱いよく溶けるほうの溶媒に再結晶したい粗成生物を加熱して溶かし（温度は二つの溶媒のうち低いほうの沸点よりも少し低い温度），これに溶けにくいほうの溶媒を少しずつ加えていく．熱溶液が濁り出すところが加え終わるポイント．も

表 1.10 まじり合う溶媒の組み合わせ

ジエチルエーテル	アセトン, エチルアセトン, エタノール, メタノール, アセトニトリル, ヘキサン
ジクロロメタン	酢酸, アセトン, トルエン, 酢酸エチル, メタノール, 2-プロパノール
アセトン	トルエン, ジクロロメタン, エタノール, 酢酸エチル, アセトニトリル, クロロホルム, ヘキサン, 水
クロロホルム	酢酸, アセトン, トルエン, エタノール, 酢酸エチル, ヘキサン, メタノール
メタノール	ジクロロメタン, クロロホルム, エチルエーテル, 水
ヘキサン	トルエン, ジクロロメタン, クロロホルム, エタノール
酢酸エチル	酢酸, メタノール, アセトン, クロロホルム, ジクロロメタン
エタノール	酢酸, アセトン, クロロホルム, ジクロロメタン, ジエチルエーテル, ヘキサン, トルエン, 水
トルエン	アセトン, ジエチルエーテル, クロロホルム, ジクロロメタン, エタノール, アセトニトリル
水	酢酸, アセトン, エタノール, メタノール, アセトニトリル

W. L. F. Armarego, D. D. Perrin, "Purification of Laboratory Chemicals", 4th ed., p. 35, Butterworth-Heinemann : Oxford (1996).

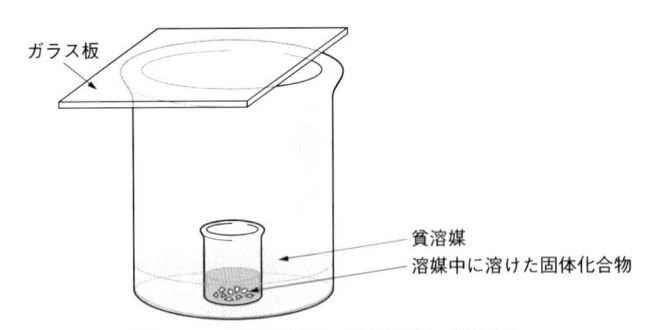

図 1.7 X線構造解析に必要な結晶の析出方法

し貧溶媒(溶かさないほうの溶媒)のほうが低沸点なら，熱溶液をゆっくり冷ましながら貧溶媒を添加して結晶を析出させる．

普通は不純物のほうは結晶化できないので，再結晶で分離できる．しかしときには加熱時に目的の物質のほうが融解してしまって，再結晶溶媒の底で飴状になってやりにくいこともある．精製のための再結晶ではかきまぜながら行うのが望ましい．結晶が析出しにくい場合は，種結晶を接種して結晶化を促すのも悪くない．このために，カラムクロマトグラフィーなどで少量を精製して，純粋な固体(結晶)サンプルを事前に得ておくのもよい方法である．

精製のための再結晶はこの方法でよいが，X線によって構造決定するための結晶を得る方法はまた別である．この場合は単結晶を得なければならないから，ゆっくり結

晶を成長させねばならない．最近では 0.1 mm の結晶さえあれば解析できるとはいえ，ゆっくりと析出させることが大切なのに変わりはない．このためには，目的結晶を溶媒に溶解させておき，溶媒が徐々に蒸発して濃縮していく方法をとる．肝心なのは溶媒が残っているうちに結晶をすくい出すことであり，からからになるまで蒸発させては意味がない．あるいは混合溶媒系で結晶を成長させるには図 1.7 のような方法もある．欲しい固体を溶かした小ビーカーを貧溶媒を入れたフラスコ(大ビーカーでも可)中におき，溶媒が徐々に入れ替わることで，結晶が生じて成長するようにする方法である．これはうまくいくことが多いので，X 線構造解析が必要なときにはぜひとも身につけておきたいテクニックである．

残存溶媒の NMR シグナル

　精製もできた，さあ，きれいな NMR になるはず，と思って見たチャートでがっかり．カラム溶媒が残ってるじゃない……有機合成でいつも泣きをみているこの光景，うまく逃げるにはどうしたらよいだろう．精製後残存溶媒を真空でしっかり飛ばすことに尽きるのであるが，それだけではうまくいかない場合．まずは共沸溶媒を使おう．微量の酢酸エチルを除きたい場合，ヘキサンを加えて何回かエバポレーターをかけ続けると，酢酸エチルがヘキサンと共沸して除きやすくなる．ヘキサンのほうが除くのが簡単だから，これはお勧めの方法．量がある程度あるのなら，小さな回転子も入れてかきまぜながら真空引きするのも効果的．それでもだめな場合，奥の手は，NMR をとる溶媒を使ってエバポレーターをかけよう．もちろん重溶媒を使ったらもったいないので，普通の"軽"溶媒を使う．たとえば重クロロホルム($CDCl_3$)で NMR をとるのであれば，クロロホルム($CHCl_3$)で溶かして何回も溶媒を飛ばす．これなら，クロロホルムと一緒に低沸点の溶媒成分は飛んでいってしまうし，残ってもクロロホルムだから，NMR は妨害しない(重クロロホルムには微量のクロロホルムが残っている)．この手は，クロロホルムの問題(塩素溶媒であること)を考えたらあまりお勧めではないが，溶媒に妨害されていない NMR チャートが何が何でも必要な場合は試してみてもよいであろう．ただし，この方法はあくまでも"きれいなチャート"を得るための手段なのであって，純度や収率という点では問題があることをお忘れなく．言うまでもないが，この手は高沸点の DMSO-d_6 で NMR をとる場合は使えない．

　表 1.11 と表 1.12 には重クロロホルムと DMSO-d_6 中におけるおもな有機溶媒の NMR ピークの化学シフトをまとめた．水などは動くが，ほとんどのピークの化学シフトは変わらないので，この表を参考にするとよいだろう．

表 1.11　CDCl₃ 中での NMR に現れる溶媒ピーク（ppm）

溶媒	パターン, 化学シフト（δ）	パターン, 化学シフト（δ）	パターン, 化学シフト（δ）
クロロホルム	s, 7.26	—	—
酢酸	s, 2.10	—	—
アセトン	s, 2.10	—	—
t-ブチルメチルエーテル	s, 1.19	s, 3.22	—
ジクロロメタン	s, 5.30	—	—
ジエチルエーテル	t, 1.21	q, 3.48	—
ジメチルホルムアルデヒド	s, 8.02	s, 2.96	s, 2.88
ジメチルスルホキシド	s, 2.62	—	—
酢酸エチル	q, 4.12	s, 2.05	t, 1.26
グリース	br s, 1.26	m, 0.86	—
n-ヘキサン	m, 1.26	t, 0.88	—
メタノール	s, 3.49	s, 1.09	—
ピリジン	m, 8.63	m, 7.68	m, 7.29
シリコーングリース	s, 0.07	—	—
テトラヒドロフラン	m, 3.76	m, 1.85	—
トルエン	s, 7.19	s, 2.34	—
トリエチルアミン	t, 2.53	t, 1.03	—
水	s, 1.60	—	—

s：シングレット(一重線)，t：トリプレット(三重線)，q：カルテット(四重線)，br：ブロード，m：マルチプレット(多重線)．
[H. E. Gottlieb, V. Kotlyar, A. Nudelman, *J. Org. Chem.*, **62**, 7512-7515(1997)]

表 1.12　DMSO-d₆ 中での NMR に現れる溶媒ピーク（ppm）

溶媒	パターン, 化学シフト（δ）	パターン, 化学シフト（δ）	パターン, 化学シフト（δ）
クロロホルム	s, 8.32	—	—
酢酸	s, 1.91	—	—
アセトン	s, 2.09	—	—
t-ブチルメチルエーテル	s, 1.11	s, 3.08	—
ジクロロメタン	s, 5.76	—	—
ジエチルエーテル	t, 1.09	q, 3.38	—
ジメチルホルムアルデヒド	s, 7.95	s, 2.89	s, 2.73
ジメチルスルホキシド	s, 2.54	—	—
酢酸エチル	q, 4.03	s, 1.99	t, 1.17
グリース	—	—	—
n-ヘキサン	m, 1.25	t, 0.86	—
メタノール	s, 4.01	s, 3.16	—
ピリジン	m, 8.58	m, 7.79	m, 7.39
シリコーングリース	—	—	—
テトラヒドロフラン	m, 3.60	m, 1.76	—
トルエン	s, 7.18	s, 2.30	—
トリエチルアミン	t, 2.43	t, 0.93	—
水	s, 3.33	—	—

[H. E. Gottlieb, V. Kotlyar, A. Nudelman, *J. Org. Chem.*, **62**, 7512-7515(1997)]

2

官能基変換反応

アルコール類の官能基変換

■ アルコールの反応

実験例 2-1　アルコールから臭化アルキルへの変換

CBr$_4$-PPh$_3$を用いた変換反応は直接的で広く用いられている．しかし，副生成物がPh$_3$POなので，後処理と精製が少々面倒になってしまう欠点がある．

CBr$_4$ (1.2 eq), Ph$_3$P (1.5 eq)
CH$_2$Cl$_2$, 0 ℃→室温, 1 h
93%

アルコール誘導体(0.800 g，3.36 mmol)と四臭化炭素(1.337 g，4.03 mmol)のジクロロメタン溶液を0 ℃に保ち，ここにPh$_3$P(1.319 g，5.03 mmol)のジクロロメタン溶液(3 mL)を加える．室温で1時間かきまぜた後，濃縮し，クロマトグラフィーで精製すると目的の臭化アルキルが得られる．収量0.941 g．収率93%．

【参考文献】　T.-S. Hu, Q. Yu, Y.-L. Wu, Y. Wu, *J. Org. Chem.*, **66**, 853-861(2001).

あるいはアルコールをメタンスルホン酸エステルに変換し，これを臭化リチウムで処理して臭化アルキルを得る方法もある．こちらは2段階を費やすが，精製や後処理が容易であり，酸に弱いものでも変換できる利点がある．場合によっては精製なしで得られた臭化物を次のステップに使うこともできるので，便利かもしれない．

2 官能基変換反応

5-ヒドロキシメチル-1-メチルシクロペンテン(3.8 g, 34 mmol)のジクロロメタン溶液(50 mL)に，0℃でトリエチルアミン(5.2 mL, 37 mmol)を加え，続いて塩化メタンスルホニル(2.9 mL, 37 mmol)を加える．反応混合物を0℃で5時間かきまぜた後，水を加え，有機層を分離してから，水相をエーテル抽出する．有機相をまとめ，無水硫酸マグネシウムで乾燥する．乾燥剤を沪別後濃縮するだけで目的のメタンスルホン酸エステル誘導体が得られる．収量6.4 g．収率98%．これはそのまま次のステップに用いる．

得られたメタンスルホン酸エステル誘導体(6.4 g, 34 mmol)をアセトン(70 mL)に溶かし，臭化リチウム(8.89 g, 102 mmol)を加えて，かきまぜながら6時間加熱還流する．室温に冷却後，水を加え，アセトンを減圧留去してから水相をエーテル抽出し，エーテル相は無水硫酸マグネシウムで乾燥する．乾燥剤を沪別後，溶媒を減圧留去し，目的の5-ブロモメチル-1-メチルシクロペンテンを得る．収量4.6 g．収率78%．これも精製することなく次のステップに用いることができる．

【参考文献】 A. Padwa, M. Dimitroff, B. Liu, *Org. Lett.*, **2**, 3233-3235 (2000).

実験例 2-2　アルコールから塩化アルキルへの変換

臭化物を得たのと同様に，CCl₄-PPh₃を用いた方法は直接的なので広く用いられているが，副生成物のPh₃POを除くのが大変である．最近Ph₃Pを樹脂に固定しておく方法が考案された．これだと副生成物のPh₃POは樹脂上に固定されてしまうので，精製が格段に簡単になる．この方法のもう一つの問題点として，四塩化炭素の入手の問題がある．四塩化炭素はオゾンホールの問題以来，製造が禁止されてしまったので，今後入手が困難になることが予想されるが，塩化スルフリルを用いる方法で代用できる．

Boc-スルホンアミドアルコール(5.35 mmol)，Ph₃P(16.05 mmol)，および四塩化炭素(16.05 mmol)をアセトニトリル(100 mL)に溶かし，8時間加熱還流する．室温に冷

却後反応溶液を濃縮し，エーテル(150 mL)を加えて固体を粉砕して目的生成物をエーテル中に溶解する．上澄み溶液を分離し，残った固体残渣に再びエーテル(150 mL)を加え，同様の操作を行う．この操作を3回行い，取り分けた上澄みエーテルを濾過して，Ph$_3$PO を除去する．濾過したエーテル溶液を濃縮し，得られた粗生成物をフラッシュクロマトグラフィー(ジクロロメタンで溶出)で精製すると目的の N^1-Boc, N^3-(2-クロロエチル)スルホンアミドが得られる．収率85％．

【参考文献】　Z. Regaïnia, M. Abdaoui, N.-E. Aouf, G. Dewynter, J.-L. Montero, *Tetrahedron*, **56**, 381-387(2000).

臭化物と同様に，メタンスルホン酸エステルを経由して塩化リチウムで S_N2 反応させる2段階法もある．この場合，第2段階では反応混合物をよく注意してモニターしておかないと，せっかく生じた塩化物が原料アルコールで置換されてエーテルを生じてしまうこともある．これは活性なアリルアルコールやベンジルアルコールのときによくみられる．

アルゴン雰囲気下(S)-2-(p-トルエンスルフィニル)-2-プロペン-1-オール(1.1 g, 5.6 mmol)を無水DMF(8 mL)に溶解し，かきまぜながら0℃でトリエチルアミン(705 mg, 6.2 mmol)と塩化メタンスルホニル(630 mg, 6.2 mmol)を加える．反応混合物を室温に昇温し，薄層クロマトグラフィー(展開溶媒は CH$_2$Cl$_2$-MeOH 97：3)で原料の消失をモニターする．無水DMF(10 mL)を追加し，塩化リチウム(952 mg, 22.4 mmol)を少量ずつ添加する．室温でかきまぜ続け，TLCにて中間体メタンスルホン酸エステル誘導体の消失をモニターする．反応溶液をロータリーエバポレーターで溶媒がなくなるまで濃縮し(DMFの留去なので真空ポンプをつないで加熱する必要があるかもしれない)，得られたオイルをエーテルに溶解し，飽和食塩水で洗浄する．有機相を無水硫酸ナトリウムで乾燥した後，乾燥剤を濾過，濃縮すると粗生成物が得られる．これをフラッシュクロマトグラフィー(ヘキサン-酢酸エチル 85：15)で精製すると目的の塩化アリルが得られる．収量0.782 g. 収率65％．

【参考文献】　F. Marquez, A. Llebaria, A. Delgado, *Org. Lett.*, **2**, 547-549(2000).

実験例 2-3　アルコールからヨウ化アルキルへの変換

I_2-PPh_3-イミダゾールを用いた方法は便利な1段階変換反応であるが，前述のように Ph_3PO の逆襲を受けて精製が大変になることもある．

イミダゾール(359 mg, 5.27 mmol)とトリフェニルホスフィン(509 mg, 1.94 mmol)のジクロロメタン溶液(10 mL)に，0 ℃でヨウ素(536 mg, 2.11 mmol)を加える．反応溶液を5分かきまぜた後，アルコール誘導体(750 mg, 1.76 mmol)のジクロロメタン溶液(2 mL)をゆっくり加える．遮光して反応混合物を4時間かきまぜる．チオ硫酸ナトリウム水溶液(10 mL)を加え反応を停止し，有機層を分離した後，水相を 20 mL のメチル t-ブチルエーテル(MTBE)で3回抽出する．有機相を飽和食塩水(10 mL)で1回洗浄後，無水硫酸マグネシウムで乾燥する．乾燥剤を沪別し，溶媒を減圧留去した後，得られた粗生成物をフラッシュクロマトグラフィー(20 g のシリカゲル/石油エーテル-MTBE 20：1)で精製して，目的のヨウ化物を得る．収量 836 mg．収率88％．無色液体．

【参考文献】　S. Arndt, U. Emde, S. Baurle, T. Friedriech, L. Grubert, U. Koert, *Chem. Eur. J.*, **2001**, 993-1005.

もちろん，上述したように，メタンスルホン酸エステルを経由する2段階法でもヨウ化アルキルは得られる．この場合ヨウ化ナトリウムを用いる．2段階は要するものの精製が容易なので，十分メリットのある方法となる．場合によってはヨウ化物を精製なしでそのまま次のステップに用いることが可能なので，この方法のほうが便利かもしれない．

アルゴン雰囲気下，蒸留精製したトリエチルアミン(1.82 g, 18 mmol)のジクロロメタン溶液(35 mL)を－10 ℃に冷却し，アルコール誘導体(2.0 g, 12 mmol)を滴下する．10分間かきまぜた後，塩化メタンスルホニル(1.60 g, 14 mmol)を加える．さら

に20分間かきまぜた後，飽和炭酸水素ナトリウム水溶液(20 mL)，水(20 mL)，飽和食塩水(20 mL)で反応混合物を洗浄する．有機相を乾燥した後，濃縮して得られた粗生成物をクロマトグラフィー(石油エーテル-酢酸エチル 10：1)で精製し，メタンスルホン酸エステル誘導体を得る．収量2.68 g．収率90%．ろう状の固体．

アルゴン雰囲気下，ヨウ化ナトリウム(0.525 g, 3.5 mmol)の無水アセトン溶液(25 mL)を加熱し，得られたメタンスルホン酸エステル誘導体(0.5 g, 2 mmol)の無水アセトン溶液(25 mL)を滴下する．反応混合物を4時間加熱還流する．アセトンをロータリーエバポレーターで減圧留去し，残渣にエーテルを加え溶解させる．水を加えて残っているヨウ化ナトリウムを除き，有機層をさらに水(50 mL)および飽和食塩水(50 mL)で洗浄する．乾燥後，濃縮して得られた粗生成物をクロマトグラフィー(ペンタン)で精製すると目的のヨウ化物が得られる．収量0.396 g．収率71%．淡茶色液体．

【参考文献】 B. S. Crombie, C. Smith, C. Z. Varnavas, T. W. Wallace, *J. Chem. Soc., Perkin Trans. 1*, **2001**, 206-215.

実験例 2-4　アルコールからアジドへの変換

アルコールを1段階でアジドに変換するのならばジフェニルホスホリルアジド(DPPA)を用いるのがよい．もちろんメタンスルホン酸エステル経由で，ナトリウムアジドを用いた2段階変換もよく用いられる．

アルコール誘導体(1.74 g, 4.99 mmol)をトルエン(30 mL)に溶解し，0℃に冷却する．反応溶液にDPPA(1.65 g, 5.98 mmol)とDBU(0.91 g, 5.98 mmol)を加え，0℃で2時間かきまぜる．反応溶液を25℃に昇温し酢酸エチル(100 mL)を加える．有機相を水(30 mL)，飽和炭酸水素ナトリウム水溶液(50 mL)および飽和食塩水(50 mL)で洗浄し，無水硫酸マグネシウムで乾燥する．沪別後，減圧濃縮して得た粗生成物をシリカゲルクロマトグラフィー(7.5% 酢酸エチル-ヘキサン)で生成し，目的のアジドを得る．収量1.58 g．収率85%．淡黄色液体．

【参考文献】 S. J. Stachel, C. B. Lee, M. Spassova, M. D. Chappell, W. G. Bornmann, S. J. Danishefsky, T.-C. Chou, Y. Guan, *J. Org. Chem.*, **66**, 4369-4378(2001).

実験例 2-5　アルコール（ハロヒドリン）からエポキシドへの変換

クロロヒドリン(17.61 g, 53.8 mmol)と炭酸カリウム(13.2 g, 88.5 mmol)をメタノール(88 mL)中に混合し，室温で3時間かきまぜる．メタノールを留去した後，反応混合物をエーテル(350 mL)で薄め，水(80 mL)で3回および飽和食塩水(100 mL)で1回洗浄し，無水硫酸ナトリウム上で乾燥する．沪別，濃縮して得た粗生成物をフラッシュクロマトグラフィー(シリカゲル/20% 酢酸エチル-ヘキサン)で精製して目的のエポキシドを得る．収量 14.13 g．収率 97%．無色液体．

【参考文献】 L.-X. Gao, A. Murai, *Heterocycles*, **42**, 745-774(1995).

実験例 2-6　Burgess 試薬を用いたアルコールからアルケンへの変換

Burgess 試薬($Et_3NSO_2NCO_2Me$)は第二級もしくは第三級アルコールを脱水してアルケンを与えるよい試薬である．第一級アルコールは脱水しないので注意が必要である．

アルコール誘導体(19.6 mg, 0.0336 mmol)のベンゼン溶液(1.2 mL)に Burgess 試薬(62.0 mg, 0.260 mmol)を加える．窒素雰囲気下，不均一な反応混合物を12時間かきまぜ，最後に短時間50℃に加熱して脱離反応を完結させる．冷却後，エーテル(5 mL)と水(0.5 mL)を加える．有機層を分離し，無水硫酸マグネシウムで乾燥する．フラッシュクロマトグラフィー(25% エーテル-ヘキサン)で精製すると目的のアルケンが三置換アルケン/1,1-二置換アルケン(3:1)の分離できない混合物として得られる．

収量 18.2 mg. 収率 96%.

> 【参考文献】 M. Nakatsuka, J. A. Ragan, T. Sammakia, D. B. Smith, D. E. Uehling, S. L. Schreiber, *J. Am. Chem. Soc.*, **112**, 5583-5601(1990).

実験例 2-7 Martin のスルフランを用いた アルコールからアルケンへの変換

Martin のスルフラン($Ph_2S[OC(CF_3)_2Ph]_2$)も第二級および第三級アルコールは脱水するが，第一級アルコールは脱水せずエーテルを生成する．

窒素雰囲気下，アルコール誘導体(0.41 g, 0.94 mmol)のジクロロメタン溶液(10 mL)に Martin スルフラン(0.949 g, 1.41 mmol)のジクロロメタン溶液(5 mL)を室温でゆっくり滴下する．反応溶液は淡黄色になるので，これを 24 時間かきまぜる．溶媒を減圧留去し，得られた黄色の油をフラッシュクロマトグラフィー(シリカゲル/石油エーテル-酢酸エチル 60：40)で精製する．得られた生成物をメタノール-水から再結晶し，生成物を得る．収量 0.33 g. 収率 84%. 無色固体.

> 【参考文献】 L. Begum, J. M. Box, M. G. B. Drew, L. M. Harwood, J. L. Humphreys, D. J. Lowes, G. A. Morris, P. M. Redon, F. M. Walker, R. C. Whitehead, *Tetrahedron*, **59**, 4827-4841(2003).

実験例 2-8 Mitsunobu(光延)反応[*1]

Mitsunobu(光延)反応は，今でも光学活性な第二級アルコールを置換する際に有力な手段となっている．反応を使うときは，溶媒，ホスフィン，アゾ化合物，および求核剤の選択について十分注意を払うべきである．よく用いられる溶媒は THF であり，ジクロロメタン，クロロホルム，エーテル，DMF，トルエン，ベンゼンなども使える溶媒である．アゾ化合物の選択肢はアゾジカルボン酸ジエチル(DEAD)あるいはアゾジカルボン酸ジイソプロピルの二つであろう．DEAD は爆発性があることが

[*1] 総説： (a) D. L. Hughes, *Org. Prep. Proc. Int.*, **28**, 127-164(1996). (b) D. L. Hughes, *Org. React.*, **42**, 335-656(1992). (c) B. R. Castro, *Org. React.*, **29**, 1-162(1983). (d) O. Mitsunobu, *Synthesis*, **1981**, 1-28.

報告されているので，後者のアゾジカルボン酸ジイソプロピルを用いるほうがよい．ホスフィンとしてはいつもトリフェニルホスフィン(Ph₃P)が使われているが，これまでにも論じてきたように，副生成物のトリフェニルホスフィンオキシド(Ph₃PO)の除去に泣かされる．カルボン酸求核剤としては，ギ酸，酢酸，安息香酸，4-ニトロ安息香酸，3,5-ジニトロ安息香酸などがよく使われる．ホスフィンとアゾジカルボン酸エステルをまぜておいて，そこにアルコールを添加するとうまくいくという報告もある．Mitsunobu 反応は単にキラルな第二級アルコールの立体反転を伴う置換だけでなく，C–N，C–S，C–ハロゲン，C–C 結合をつくるさいにもよく利用されている．

アルコール誘導体(6.20 g, 14.9 mmol)，Ph₃P(19.7 g, 75.1 mmol)および 4-ニトロ安息香酸(11.2 g, 67.2 mmol)のベンゼン溶液(300 mL)に，室温でアゾジカルボン酸ジエチル(11.6 mL, 74.0 mmol)を滴下する．オレンジ色になった反応溶液を室温で 20 時間かきまぜる．反応終了後，反応溶液を減圧濃縮し，得られた粘稠な溶液を最少量のジクロロメタンで溶解し，フラッシュクロマトグラフィーで 2 回精製する．1 回目のクロマトグラフィーでは，溶出液として 5% のエーテル-ヘキサンを用い，目的のエステル誘導体を部分的に精製する．これを，2% のエーテル-ヘキサンを溶出液として用いて 2 回目のクロマトグラフィーで精製して目的のエステル誘導体を得る．収量 6.80 g．収率 80%．白色結晶．

得られた 4-ニトロ安息香酸エステル誘導体(6.80 g, 12.0 mmol)を THF-MeOH 溶液(10 mL : 300 mL)に溶解し，粉砕した水酸化ナトリウム(1.56 g, 39.0 mmol)を加えて室温で 15 分かきまぜる．反応溶液を減圧濃縮し，残渣にエーテル-水(100 mL, 1 : 1)を加える．有機層を分離し，水相をエーテル(50 mL)で 3 回抽出する．有機相を無水硫酸ナトリウムで乾燥する．濾過して濃縮後，得られた残渣をフラッシュクロマトグラフィー(5% エーテル-ヘキサン)で精製し，目的のアルコールを得る．収量 5.00

g. 収率 99％．無色液体．

【参考文献】 S. F. Martin, J. A. Dodge, L. E. Burgess, C. Limberakis, M. Hartmann, *Tetrahedron*, **52**, 3229-3246 (1996).

実験例 2-9　C−N 結合の形成

Ph₃P (590 mg, 2.25 mmol) と 6-クロロプリン (348 mg, 2.25 mmol) を無水 THF に懸濁させ，室温で DEAD (355 μL, 2.25 mmol) を加える．遮光して 1 時間かきまぜる．アルコール誘導体 (140 mg, 0.56 mmol) の無水 THF 溶液を添加し，遮光して室温で 6 時間かきまぜる．反応溶媒を減圧留去し，残渣をフラッシュクロマトグラフィー (ヘキサン-酢酸エチル 4：1) で精製して目的生成物を得る．収量 149 mg，収率 69％．白色固体．

【参考文献】 Y. Chong, G. Gumina, C. K. Chu, *Tetrahedron : Asymmetry*, **11**, 4853-4875 (2000).

■ アミンの反応

A．Mannich 反応

Mannich 反応はアルドール反応のイミン版である．詳しくは総説[*2]を参考にするとよい．

実験例 2-10　古典的 Mannich 反応

[*2] M. Arend, B. Westerman, N. Risch, *Angew. Chem. Int. Ed.*, **37**, 1044-1070 (1998). 不斉 Mannich 反応の総説としては，W. Notz, F. Tanaka, C. F. Barbas, III, *Acc. Chem. Res.*, **37**, 580-591 (2004).

ジメチルアミン塩酸塩を，ジメチルアミン水溶液(45 g, 1.0 mol, 25% 水溶液)に過剰量の塩酸を加え，水をエバポレーターで減圧留去して用意する．得られた固体にシクロヘキサン(224 g, 2.0 mol)とホルマリン水溶液(30 g, 1.0 mol, 40%水溶液)を加える．得られた二相系の混合物を注意深く加熱し(反応は発熱反応である)，冷却管をつけたフラスコで5分間還流させ，その後室温に冷却する．水(200 mL)を加え有機層を分離し，水相に食塩を加えて飽和させてから，エーテル(50 mL)で4回洗浄する．水相に30% 水酸化カリウム水溶液(1.3 当量)を加えてアルカリ性にすると，生成物であるMannich塩基が黄色の油として上層に遊離する．この層は強烈なアミン臭がする．目的のMannich塩基を分離し，残った水相をエーテル(100 mL)で5回抽出する(このエーテル抽出層は生成物を含んでいるので必要である)．このエーテル抽出成分と先のMannich塩基油を一緒にし，無水硫酸マグネシウムで乾燥する．沪別後エーテルを減圧留去して，得られた粗生成物を蒸留することで，目的生成物を得る．収量118 g．収率70%．

【参考文献】 R. L. Frank, R. C. Pierle, *J. Am. Chem. Soc.*, **73**, 724-730 (1951).

実験例 2-11　ビニル型 Mannich 反応[*3]

蒸留したトリメチルシリルトリフルオロメタンスルホナート(TMSOTf, 461 μL,

[*3] 総説：(a) S. K. Bur, S. F. Martin, *Tetrahedron*, **57**, 3221-3242 (2001). (b) G. Casiraghi, F. Zanardi, G. Appendino, G. Rassu, *Chem. Rev.*, **100**, 1929-1972 (2000).

2.55 mmol)を，0℃に冷却したブテノリド(644 mg, 2.31 mmol)とトリエチルアミン(387 µL, 2.78 mmol)のジクロロメタン溶液(23 mL)に加える．この操作で中間体のシロキシフランが系中で生成する．反応混合物を0℃で1時間かきまぜ，−78℃に冷却する．アミナール(660 mg, 2.55 mmol)のジクロロメタン溶液(3 mL)を加える．引き続き TMSOTf(84 µL, 0.463 mmol)を加え，さらに−78℃で1時間かきまぜる．この操作でビニル型 Mannich 生成物が生じているはずである．さらに TMSOTf(838 µL, 4.63 mmol)を添加する．冷却浴を氷浴に取り替えて反応混合物を0℃でさらに2時間かきまぜる．この操作で Boc 基が除去される．反応混合物を飽和炭酸水素ナトリウム水溶液(30 mL)に注ぎ，有機層を分離し，水相を酢酸エチル(30 mL)で2回抽出する．有機相をまとめて無水硫酸マグネシウムで乾燥し，濾別後，減圧濃縮する．油状の黄色の粗生成物はフラッシュクロマトグラフィー(ヘキサン−酢酸エチル 1:2)で生成し，目的のアミノブテノリドをジアステレオマーの混合物として得る．収量 839 mg．収率 90％．

【参考文献】 A. Reichelt, S. K. Bur, S. F. Martin, *Tetrahedron*, **58**, 6323-6328(2002).

■ ハロゲン化アルキル・アリールの反応

実験例 2-12 Hartwig-Buchwald 芳香族アミノ化反応

この反応は最近開発されたものであるが，その有用性のためにすでに数多くの総説[*4]があるので参考にするとよい．反応条件はたいへんたくさん発表されていてどれを使うか迷うところではあるが，下記にあげるのがおそらくもっとも簡単で，まず最初に試してみるべき価値のある条件であろう．

オーブンで焼いて乾燥したシュレンク管にパラジウム触媒(2.3 mg, 0.005 mmol)とナトリウム *t*-ブトキシド(134 mg, 1.4 mmol)を入れる．シュレンク管を真空ポン

[*4] 総説：J. P. Wolfe, S. Wagaw, J.-F. Marcoux, S. L. Buchwald, *Acc. Chem. Res.*, **31**, 805-818(1998)；J. F. Hartwig, *Acc. Chem. Res.*, **31**, 852-860(1998)；J. F. Hartwig, *Angew. Chem. Int. Ed.*, **37**, 2046-2067(1998).

プを用いてアルゴン置換した後，4-クロロトルエン(126 mg, 1 mmol)，トルエン(1 mL)およびモルホリン(105 mg, 1.2 mmol)を加える．反応フラスコを 80 ℃に加熱する．出発物質の 4-クロロトルエンの消失をガスクロマトグラフィーで追跡する．反応完了後，室温に冷却しエーテル(40 mL)を加え，水(10 mL)で洗浄する．有機層を分離し，無水硫酸マグネシウムで乾燥後，沪過して濃縮すると粗生成物が得られるので，これをフラッシュクロマトグラフィーで精製して目的のアニリン誘導体を得る．収量 172 mg．収率 97％．

【参考文献】 D. Zim, S. L. Buchwald, *Org. Lett.*, **5**, 2413-2415(2003).

実験例 2-13　Hartwig-Buchwald エーテル合成

この条件では，ほかの方法ではつくりにくいジアリールエーテルやアルキルアリールエーテルが合成できる[*5]．

4 mL のバイアルびんにブロモベンゼン(63 mg, 0.40 mmol)，Pd(dba)₂(11.5 mg, 0.0200 mmol)，フェロセニルホスフィン(14.2 mg, 0.0200 mmol)およびナトリウム *t*-ブトキシド(47 mg, 0.48 mmol)を加える．無水トルエン(2 mL)を加える．以上の操作をドライボックス中で行う．バイアルびんをテフロンシールを使ってしっかり閉めて，ドライボックスから出し，室温で 23 時間かきまぜる．反応混合物は直接シリカゲルに吸着させて，ヘキサン-酢酸エチル(ヘキサンの割合を 100％から 90％に変化させて徐々に極性を上げる)で溶出させて目的のアリールエーテルを得る．収量 58 mg．収率 97％．

【参考文献】 N. Kataoka, Q. Shelby, J. P. Stambuli, J. F. Hartwig, *J. Org. Chem.*, **67**, 5553-5566 (2002).

[*5] 総説：J. F. Hartwig, *Angew. Chem. Int. Ed.*, **37**, 2046-2067 (1998) ; A. R. Muci, S. L. Buchwald, Practical Palladium Catalysts for C-N and C-O Bond Formation. In Topics in "Current Chemistry", Vol. 219, N. Miyaura, Ed., pp. 131-209, Springer-Verlag：Berlin(2001).

実験例 2-14　Finkelstein 反応

$$\text{Cl}\diagup\diagdown\text{OBn} \xrightarrow[\text{H}_2\text{O, 60°C}]{\text{LiBr (2 eq), Aliquat}^\circledR 336\,(5\,\text{mol\%})} \text{Br}\diagup\diagdown\text{OBn}$$
$$97\%$$

　塩化アリル(7.20 g, 36.64 mmol)と相間移動触媒 Aliquat®336(0.7 g, 1.73 mmol)を臭化リチウム(6.38 g, 73.47 mmol)の水溶液に加える. 反応混合物を 2 時間 60 ℃に加熱する. 冷却後反応混合物をフロリジルを通して精製し, 目的の臭化物を得る. 収量 8.53 g. 収率 97％. 淡黄色液体.

【参考文献】　B. Chen, R. Y. Y. Ko, M. S. M. Yuen, K.-F. Cheng, P. Chiu, *J. Org. Chem.*, **68**, 4195-4205(2003).

実験例 2-15　芳香族求核置換反応(S$_N$Ar)

　ベンゼンなどの芳香環に活性基として電子求引性基と脱離基をもつものは, 求核置換反応をすることが知られている. 活性基としてはニトロ基, カルボキシル基, シアノ基, スルホニル基がよく用いられ, 脱離基はこれらの基のオルトもしくはパラ位にくる. この反応ではフッ化物イオンがもっともよい脱離基でありよく用いられるが, ほかのハロゲンやニトロ基, スルホキシ基も脱離基として作用する.

　D-アスパラギン酸ジメチル(18 g, 111.7 mmol)のメタノール溶液(50 mL)に, 2-ニトロフルオロベンゼン(17.33 g, 122.86 mmol)と炭酸水素ナトリウム(9.38 g, 111.7 mmol)を加える. 窒素雰囲気下で反応混合物を加熱還流しながら 2 日間かきまぜる. 溶媒を減圧留去し, ベンゼン(100 mL)を加えて水を共沸させて乾燥する. この共沸操作は 2 回行う. ベンゼンを留去して得た残渣にメタノール(200 mL)を加え, 0 ℃に冷却して, 塩化水素ガスを通じて pH を 4 に調整する. 反応混合物を室温で一晩かきまぜた後, 減圧濃縮する. 残渣に酢酸エチルを加え, 飽和炭酸水素ナトリウム水溶液-10％炭酸ナトリウム水溶液(9:1, 500 mL)で 2 回, 飽和食塩水(300 mL)で 1 回で洗浄する. 有機相を無水硫酸ナトリウムで乾燥し, 濾過, 減圧濃縮すると (2R)-2-(2-ニト

ロフェニルアミノ)コハク酸ジメチルを得る.収量 25.54 g.収率 81%.

【参考文献】 D.-S. Su, M. K. Markowitz, R. M. DiPardo, K. L. Murphy, C. M. Harrell, S. S. O'Malley, R. W. Ransom, R. S. L. Chang, S. Ha, F. J. Hess, D. J. Pettibone, G. S. Mason, S. Boyce, R. M. Freidinger, M. G. Bock, *J. Am. Chem. Soc.*, **125**, 7516-7517 (2003).

■ オレフィンの反応

実験例 2-16 ヒドロホウ素化反応

ヒドロホウ素化には,ボラン(B_2H_6)だけでなく,種々のホウ素錯体,たとえばピナコールボラン,テキシルボラン,カテコールボランなども用いられるが,下記の例にあるようにもっともよく用いられるのは 9-ボラビシクロ[3.3.1]ノナン(9-BBN)である.これはホウ素上の置換基を立体的にかさ高くすることで,ヒドロホウ素化の位置選択性を高めるのに都合がよい.しかし,反応の副生成物であるシクロオクタン誘導体の除去が問題になることもある.ヒドロホウ素化ではアルキルボランが生じるが,通常の操作ではそのまま後処理として酸化反応を行い,第一級アルコールに変換してしまうことになる.

窒素雰囲気下,100 mL の丸底フラスコにトリエン(1.09 g,3.22 mmol)を加え,かきまぜながら 9-BBN(0.43 M の THF 溶液,8.22 mL,3.54 mmol)をシリンジから滴下する.80 分間室温でかきまぜた後,水(8 mL),次いで $NaBO_3 \cdot 4H_2O$(2.48 g,16.1 mmol)を加える.反応溶液は発熱する.反応混合物を 70 分間激しくかきまぜ,飽和塩化アンモニウム水溶液(30 mL)を加える.混合物をヘキサン-MTBE(1:1,50 mL)で 3 回抽出する.有機相を塩化カルシウムで乾燥し,濾過,減圧留去する.無色である残渣液体をカラムクロマトグラフィー(シリカゲル(20 g)/ヘキサン-酢酸エチル 10:1〜4:1)で精製するとアルコール誘導体が無色液体で得られる.収量 911 mg.収率 79%.

【参考文献】 S. E. Denmark, R. Y. Baiazitov, *Org. Lett.*, **7**, 5617-5620 (2005).

実験例 2-17 Michael 付加[*6]

不飽和ケトンには種々の求核剤が共役付加する.反応は可逆であり,いかに平衡を

生成系にうまく傾けるかがこの反応の成否を分ける.

2-シクロヘキセノン(9.68 mL, 0.1 mmol)とアミン(15.92 g, 0.1 mmol)を水(2.5 mL)にまぜる. 数分以内にゆるやかな発熱がみられ固まる. この固体をエタノール(250 mL)に溶かし, 反応混合物を4時間加熱還流する. 冷却後無水硫酸マグネシウムで乾燥し, 沪別後濃縮してアミノケトンを得る. 生成物はやや不安定である. 収量24.0 g. 収率93%.

【参考文献】 J. L. Wright, B. W. Caprathe, D. M. Downing, S. A. Glase, T. G. Heffner, J. C. Jaen, S. J. Johnson, S. R. Kesten, R. G. MacKenzie, L. T. Meltzer, T. A. Pugsley, S. J. Smith, L. D. Wise, D. J. Wustrow, *J. Med. Chem.*, **37**, 3523-3533(1994).

ケトン, エポキシド, アルキンなどの反応

■ アルキンの水和反応

これまではアルキンの水和反応はプロトン酸触媒条件で行っていたが, 最近の遷移金属触媒反応の開発のおかげで, より容易に反応が行えるようになってきた. 反応機構を考えれば, 特殊な場合を除き内部アルキンへの反応が, 二つのケトンの位置異性体混合物を与えるのは不可避である. ここでは酸を使った古典的な例をあげる.

実験例 2-18 アルキンの水和

1-オクチン(7.5 g)をギ酸(100 mL)に溶かし, 油浴で100 ℃に加熱する. 反応をガスクロマトグラフィーで追跡し, 原料アルキンが消失するまで反応させる. ガスクロマトグラフィーによる定量では, 6時間の反応で2-オクタノンが92%生じる. 反応溶液を冷却し, ジクロロメタン(170 mL)を加えてから, 水, 炭酸ナトリウム水溶液, も

[*6] 触媒的な不斉Michael付加については次の文献を参照するとよい. N. Krause, A. Hoffmann-Roder, *Synthesis*, **2001**, 171-196. 分子内Michael付加の総説としては以下の文献がある. R. D. Little, M. R. Masjedizadeh, O. Wallquist, J. I. Mcloughlin, *Org. React.*, **47**, 315-552(1995).

う一度水で洗浄し,無水硫酸マグネシウムで乾燥する.乾燥剤を濾別後,減圧濃縮して得た粗生成物を蒸留すると,目的の 2-オクタノンが得られる.沸点 171～173 ℃.収量 7.42 g.収率 85%.

【参考文献】 N. Menashe, D. Reshef, Y. Shvo, *J. Org. Chem.*, **56**, 2912-2914(1991).

エポキシドの反応

実験例 2-19 エポキシドの S_N1 条件での環開裂反応

|注意| 過塩素酸は侵食性の強い酸なので,適切な防護具(手袋など)を着用して実験すること.また,すべての操作はよく換気できるドラフト内で行うこと.過塩素酸は紙や木製品と接触すると発火する可能性がある.濃縮された状態の過塩素酸は発火や爆発のおそれがある.詳細は MSDS を参照せよ.エポキシド(144 mg, 0.36 mmol)を THF(2.5 mL)-水(1.4 mL)の混合溶媒に溶かし,室温で過塩素酸(70% 水溶液, 20 μL, 0.23 mmol)を加える.室温で 50 分かきまぜた後,飽和炭酸水素ナトリウム水溶液(20 mL)を加え,エーテル(20 mL)で 4 回抽出する.有機相を飽和炭酸水素ナトリウム(30 mL)および飽和食塩水(30 mL)で洗浄し,無水硫酸ナトリウムで乾燥する.濾別して減圧濃縮すると,淡黄色液体の粗生成物(160 mg)が得られるので,これをフラッシュクロマトグラフィー(シリカゲル/ヘキサン-酢酸エチル 3:2)で生成すると目的のジオールが無色液体として得られる.収量 124 mg.収率 82%.

【参考文献】 Q. Jin, D. C. Williams, M. Hezari, R. Croteau, R. M. Coates, *J. Org. Chem.*, **70**, 4667-4675(2005).

実験例 2-20 エポキシドの S_N2 条件での環開裂反応

エポキシド(3.50 g, 40.6 mmol)の THF 溶液(30 mL)に CuCN(364 mg, 3.65 mmol)を加える．−78 ℃に冷却し，かきまぜながら臭化ビニルマグネシウム(1 M の THF 溶液, 52.8 mL, 52.8 mmol)を 45 分かけて滴下する．反応混合物を 0 ℃に昇温し，飽和塩化アンモニウム水溶液(20 mL)を加える．生じた反応混合物から有機層を分離し，水相はエーテル(50 mL)で 3 回抽出する．有機相をまとめて，飽和食塩水(20 mL)で洗浄し，無水硫酸ナトリウムで乾燥する．沪後，減圧濃縮し，得られた粗生成物をカラムクロマトグラフィー(シリカゲル/エーテル-ペンタン 1:3)で精製し，注意深く溶媒を留去するとすると目的のキラルアルコール誘導体が淡黄色液体として得られる．収量 4.41 g．収率 95％．

【参考文献】 N. Holub, J. Neidhoefer, S. Blechert, *Org. Lett.*, **7**, 1227-1229(2005).

■ ケトン

実験例 2-21　アセタールの合成

もっともよく使われるアセタールは，ジオキソラン(五員環)とジオキサン(六員環)である．これらはカルボニル化合物から容易に変換でき，エノールエーテルの副生の問題も起こらない．しかし，時としてアセタールからカルボニル化合物への加水分解が進みにくいこともあるために，脱アセタール条件が厳しくなり，酸に弱い複数の官能基をもつ化合物では困ることもある．酸性条件でのアセタール化，あるいは加水分解反応では PPTS(ピリジニウム *p*-トルエンスルホナート)やカンファースルホン酸を酸触媒として用いる．平衡を生成系に有利にするために，脱水が必要であるが，これはトルエンなどで水を共沸して除去したり，オルトギ酸メチルなどの脱水剤を反応系中に共存させて除いたりして行う．

ベンゼン(45 mL)にケトン(1.23 g, 8.11 mmol)，エチレングリコール(1.8 mL, 32 mmol)および PPTS(0.6 g, 2.4 mmol)を混合し，Dean-Stark トラップを使って加熱還流しながら水を共沸させて除去する．計算量の水が出てきたら，反応混合物を冷却し，飽和炭酸水素ナトリウム水溶液(50 mL)に注ぎ，有機層を分離してから，水相をヘキサン-エーテル(1:1, 20 mL)で抽出する．有機相をまとめて，飽和食塩水(15 mL)で 2 回洗浄してから無水硫酸マグネシウムで乾燥する．沪別後濃縮し，カラムクロマ

トグラフィーで精製しアセタールを得る．収量 1.59 g．収率 100%．

【参考文献】 D. C. Behenna, B. M. Stoltz, *J. Am. Chem. Soc.*, **126**, 15044-15045 (2004).

実験例 2-22　エナミンの合成

イミンとエナミンは構造によって安定性が大きく違い，不安定なものも多いので，普通は精製することなく次の段階に使う．

Dean-Stark トラップと冷却管をセットした 250 mL の丸底フラスコに，ケトン (5.2 g, 33.3 mmol) とピロリジン (2.4 mL, 33.3 mmol) のベンゼン溶液 (200 mL) を加え，8 時間加熱還流する．水が共沸されなくなったら，Dean-Stark トラップをクライゼンヘッド (蒸留ヘッド) に付け替え，ベンゼンを常圧蒸留にて除去する．次いで減圧蒸留し，黄色の粘性液体のエナミンを得る．沸点 105 ℃/0.2 mmHg．収量 4.78 g．収率 69%．分解しやすいので速やかに次の反応に使うこと．

【参考文献】 K. M. Davis, B. K. Carpenter, *J. Org. Chem.*, **61**, 4617-4622 (1996).

実験例 2-23　イミンの合成

イミンの安定性は種類よって大きく異なる．たとえばベンズアルデヒドとアニリンから得られるイミンは，まぜるだけで加熱なしに脱水してイミンが形成されるものの，TLC 上では分解してしまう．イミンの保存には加水分解を防ぐように工夫する必要がある．

4-ペンテニル-1-アミン (0.59 g, 6.7 mmol) の乾燥ベンゼン溶液 (15 mL) にモレキュラーシーブス 4 Å (MS 4 Å, 4 g) を加える．かきまぜながらこの反応混合物にアセトフェノン (0.78 mL, 6.7 mmol) を室温で滴下する．反応の追跡は NMR (溶媒として重

ベンゼンを使うのがよい)で行い，スペクトル上でイミンの生成が完了するまで約6時間かきまぜる．反応混合物をセライト上で沪過し，沪別されたモレキュラーシーブスをエーテルで洗浄する．沪液と洗浄液をまとめ，濃縮すると目的のイミンが無色液体として得られる．このイミンは精製せずに次の反応に用いる．保存する場合はベンゼン溶液にして凍結させておくと，加水分解を防げてよい．収量1.2g．収率94％．

【参考文献】 E. N. Prabhakaran, B. M. Nugent, A. L. Williams, K. E. Nailor, J. Johnston, *Org. Lett.*, **4**, 4197-4200 (2002).

実験例 2-24　オキシムの合成

オキシムの合成はイミンの合成と同様に行えばよい．反応は脱水することで進行する．オキシムはイミンよりも安定であることが多い．

ケトエステル誘導体(1.44 g, 10 mmol)とベンジルヒドロキシルアミン塩酸塩(1.60 g, 10 mmol)のメタノール溶液(30 mL)にピリジン(5.0 mL, 62 mmol)を一気に加える．反応混合物を24時間55℃に加熱する．反応溶液をエバポレーターで濃縮し，残渣にエーテル(150 mL)と水(50 mL)を加える．有機層を分離し，0.5 M 塩酸(30 mL)で2回，水(30 mL)で1回洗浄し，無水硫酸マグネシウムで乾燥する．沪別後濃縮すると，*E/Z* 約3：1の混合物として無色液体のオキシムが得られる．収量2.50g．収率100％．

【参考文献】 D. J. Hart, N. A. Magomedov, *J. Am. Chem. Soc.*, **123**, 5892-5899 (2001).

実験例 2-25　スルフィンイミンの合成

光学活性な第二級アミンを得るために都合のよい方法のひとつが，キラルなスルフィンイミンへの有機金属試薬の求核付加反応である．キラルなスルフィンイミンは，光学活性なスルフィンアミドとアルデヒドまたはケトンとの縮合反応によって合成できる．*t*-ブチルスルフィンアミドを合成することは今まではやや問題があったが，今は改良合成法のおかげで確実に合成できるようになった．もちろん市販の光学活性なスルフィンアミドを用いてもかまわない．

50   2 官能基変換反応

t-ブチルスルフィンアミド (1.52 g, 12.5 mmol) とケトン (2.37 g, 15.0 mmol) の THF 溶液 (25 mL) に Ti(OEt)$_4$ (6.0 g, 25 mmol) を加え, 15 時間加熱還流する. 反応溶液を冷却後, 飽和食塩水 (25 mL) を加えて激しくかきまぜ, 生じた混合物をセライト上で沪過する. 沪別された固形物を酢酸エチルで洗浄する. 沪液と洗浄液を一緒にし, 分液漏斗で有機層と水層を分離する. 水相は酢酸エチルで抽出する. 得られた有機相をすべてまとめ, 無水硫酸ナトリウムで乾燥する. 沪過して濃縮し, 得た粗生成物はカラムクロマトグラフィー (ヘキサン-酢酸エチル 2:3) で精製するとスルフィンイミンが *E/Z* 約 8:1 (NMR によって確認) で得られる. 収量 3.21 g. 収率 82%.

【参考文献】 T. Kochi, T. P. Tang, J. A. Ellman, *J. Am. Chem. Soc.*, **125**, 11276-11282 (2003).

実験例 2-26　チオケトンの合成

チオケトンの合成には P$_4$S$_{10}$ (あるいは P$_2$S$_5$ とも表す) あるいは Lawesson 試薬を用いる. このうち P$_4$S$_{10}$ は安価でアトムエコノミーの観点からも優れている. 一方, Lawesson 試薬は小過剰量で反応が完結するので, 大過剰を用いねばならない P$_4$S$_{10}$ よりも取り扱いやすい. どちらを使っても硫黄が含まれているために激しく臭い. したがってドラフトで細心の注意を払って実験しても隣の研究室 (場合によっては違うフロアの研究室) のひんしゅくを買う可能性は大である. 別の問題としては, 実験室においてある貴金属触媒類を徐々に不活性化してしまうことがある. 気づいたときには買い置きの高価な水素化触媒はすでに使えない. 貯蔵には細心の注意を払うべきであろう.

ケトン (1.00 g, 3.17 mmol) と Lawesson 試薬 (2,4-ビス (4-メトキシフェニル)-1,3-ジチア-2,4-ジホスフェタン-2,4-ジスルフィド, 3.85 g, 9.52 mmol) をトルエン (80 mL) に溶解し, 12 時間加熱還流する. 反応溶液を室温に冷却し, シリカゲルで沪過し,

沪液を濃縮する(**悪臭注意！**)．残渣をクロマトグラフィー(ヘキサン-酢酸エチル 3：1)で精製したあと，ヘキサンから再結晶するとチオケトンがオレンジ色結晶として得られる．収量 0.86 g．収率 82%．

【参考文献】 A. G. M. Barrett, D. C. Braddock, P. W. N. Christian, D. Pilipauskas, A. J. P. White, D. J. Williams, *J. Org. Chem.*, **63**, 5818-5823(1998)．

カルボン酸とその誘導体の反応

■ 活性中間体の反応

ここで用いる反応中間体は，反応性が高いために不安定である．このため中間体をつくるのではなく，それを用いた反応について述べる．

実験例 2-27　塩化オキザリルを用いた酸塩化物の合成

酸塩化物を経てカルボン酸を活性化するには，カルボン酸を触媒量の DMF 存在下塩化オキザリルと処理する方法がもっとも直接的で簡単であろう．この方法は，DMF と塩化オキザリルが反応し塩化クロロメチルイミニウムを生じるとともに，たいへん速いガス発生を伴うので，反応容器にはガスの逃げ道をつくっておかないと，内圧が急激に上昇して爆発する．また，やや発熱的な反応なので，反応が暴走しないように冷却の準備もしておくのがよい．反応のモニターでは苦労するかもしれない．というのも酸塩化物は TLC 上のシリカゲルで速やかに加水分解されてしまうために，そのまま TLC を見ても何もわからないからである．そのためには反応混合物の一部をメタノール溶液でクエンチしてメチルエステルに変換して，この溶液の TLC をとればよい．カルボン酸とメチルエステルなら間違いなく TLC で追いかけられる．

Fmoc-L-アラニン(1.04 g, 3.35 mmol)のジクロロメタン溶液(5 mL)に室温で DMF(26 μL)を加え，次いで塩化オキザリル(584 μL, 6.69 mmol)を加える．ただちにガスが発生する．ガスの発生が収まったら，黄色の溶液となるのでこれを 90 分加熱還流する．冷却後，溶媒を減圧留去すると固体残渣が得られるので，これにベンゼンを加えてさらに減圧濃縮して，水分を共沸除去する．ベンゼン(6 mL)に溶解し，ここに室温で *N-t*-ブチル-*O*-ベンゾイルオキシアミン(0.71 g, 3.68 mmol)のベンゼン

溶液(5 mL)を, 引き続きピリジン(541 μL, 6.69 mmol)を加える. 反応混合物を一晩加熱還流する. 冷却後反応混合物に酢酸エチルと10%塩酸水溶液を加えて分液し, 有機相を飽和食塩水で洗浄してから無水硫酸マグネシウムで乾燥する. 沪別後濃縮すると, 粘性のある無色液体が得られるので, これをフラッシュクロマトグラフィー(ヘキサン-酢酸エチル 4:1)で精製すると, 目的のFmocアミドが無色液体として得られる. 収量1.56 g. 収率96%.

【参考文献】 R. Braslau, J. R. Axon, B. Lee, *Org. Lett.*, **2**, 1399-1401(2000).

実験例 2-28 オキシ塩化リンを用いた酸塩化物の合成

オキシ塩化リンを用いて酸塩化物を合成すれば, 塩化オキザリルのときのようなガス発生はないのでより安全である. また, 下記の例に示すようにアミン窒素はこの反応を妨害しない.

アミノ酸(193 mg, 1 mmol)とトリエチルアミン(418 μL, 3 mmol)のジクロロメタン溶液を, 0℃に冷却し, オキシ塩化リン(460 mg, 3 mmol)を滴下する. 反応混合物を室温で一晩かきまぜる. 反応溶液を飽和炭酸水素ナトリウム水溶液(25 mL), 飽和食塩水(25 mL)で洗浄後, さらに3回水(25 mL)で洗浄し, 無水硫酸ナトリウムで乾燥する. 沪別後減圧濃縮すると目的のβ-ラクタムを得る. 収量145 mg. 収率83%.

【参考文献】 S. D. Sharma, R. D. Anand, G. Kaur, *Synth. Commun.*, **34**, 1855-1862(2004).

実験例 2-29 塩化チオニルを用いた酸塩化物の合成

塩化チオニルは安い試薬であるが, 塩化オキザリルを使った反応と同様, ガスの発生があるので気をつけること.

カルボン酸とその誘導体の反応 53

ビフェニルカルボン酸(15.0 g, 75.7 mmol)のトルエン溶液(72 mL)に DMF(0.28 g, 3.83 mmol)を加え，40℃で塩化チオニル(10.4 g, 87.4 mmol)を加える．反応混合物をこの温度で2時間かきまぜる．反応終了後60℃に昇温して，揮発性の物質を除去する．残渣にトルエン(36 mL)を加え，この操作を2回繰り返すと，液状のビフェニル-2-カルボン酸塩化物が得られる．これにアセトン(100 mL)を加え溶液としてから，4-アミノ安息香酸(10.4 g, 75.8 mmol)および *N*,*N*-ジメチルアニリン(10.1 g, 83.8 mmol)を25℃で加える．反応混合物を室温で約2時間かきまぜる．水(100 mL)を反応混合物に加え，さらに室温で1時間以上かきまぜる．生じた結晶を濾過して集め，DMF(100 mL)に溶かす．不溶性の物質を濾過して除き，濾液に水(100 mL)を加えて25℃で2時間かきまぜる．再び結晶が析出してくるので，これを濾過で集め，40℃で乾燥して目的のアミドを得る．白色結晶，収量227 g，収率95%．

【参考文献】　T. Tsunoda, A. Yamazaki, T. Mase, S. Sakamoto, *Org. Proc. Res. Dev.*, **9**, 593-598(2005).

実験例 2-30　カルボニルジイミダゾールによる活性化

カルボン酸の活性化法としてアシルイミダゾールを経由する方法がある．この方法はカルボン酸から β-ケトエステルを合成するさいにしばしば用いられる．

窒素雰囲気下，カルボン酸(13.8 g, 69 mmol, 1当量)を THF に溶解する．0℃に冷却し，カルボニルジイミダゾール(CDI, 13.4 g, 83 mmol, 1.2当量)を少量ずつ数分かけて加える．10分後，反応溶液を徐々に室温に昇温し，さらに1時間かきまぜる．別のフラスコにマロン酸モノメチルエステル(9.8 g, 83 mmol, 1.2当量)を THF に溶解したものを−78℃に冷却して用意しておく．この溶液にジブチルマグネシウム(1.0 M ヘプタン溶液，0.6当量)を加えると，白色沈殿がただちに生じる．10分後この溶液を室温に昇温して，さらに1時間かきまぜる．このフラスコに先につくったアシルイミダゾール溶液をキャヌーラ(移送管)を使って加える．得られた混合物を3日間かきまぜ反応を完結させる．反応混合物をロータリーエバポレーターで濃縮した

後，酢酸エチルを加えて再び溶解させる．得られた溶液を 1.2 M の塩酸，飽和炭酸水素ナトリウム水溶液および飽和食塩水で洗浄し，無水硫酸ナトリウムで乾燥する．濾過後濃縮し，残渣をフラッシュクロマトグラフィー(ヘキサン-酢酸エチル 7:1)で精製すると，β-ケトエステル誘導体を得る．収量 14.7 g．収率 83%．

【参考文献】 T. B. Durham, M. J. Miller, *J. Org. Chem.*, **68**, 27-34 (2003).

最近アシルイミダゾールとアミンとの反応が二酸化炭素で劇的に加速されることが報告された[*7]．

実験例 2-31　EDCIによる脱水縮合

1-エチル-3-[3-(ジメチルアミノ)プロピル]カルボジイミド塩酸塩(EDCI)はアミノ酸の縮合剤として広く用いられている．アミドやエステル結合の形成では反応条件がたいへん穏和であり，ペプチドカップリング時のラセミ化の程度も小さくすることができる．より安価で類似のカルボジイミドタイプのカップリング剤として，ほかにジシクロヘキシルカルボジイミドがあるが，反応後に残る尿素(ジシクロヘキシル尿素)の除去がしばしば問題になる．EDCIを用いたカップリングでは生じた尿素は水溶性になるので，通常の後処理で容易に除去できる利点がある．

窒素雰囲気下，カルボン酸(2.00 g, 3.81 nnol)のジクロロメタン溶液(30 mL)に，EDCI(0.880 g, 4.59 mmol) と DMAP(558 mg, 4.57 mmol)を加え，(S)-アラニノール(0.343 g, 4.57 mmol)のジクロロメタン溶液(20 mL)を加える．反応混合物を室温で 48 時間かきまぜる．10%のクエン酸水溶液(20 mL)を加えて反応を停止し，さらに 5 分間かきまぜる．2 層液体を分離し，有機相を無水硫酸ナトリウムで乾燥する．乾燥剤を濾別後濃縮し，得た固体をカラムクロマトグラフィー(酢酸エチル)で精製すると，オレンジ色の固体として生成物を得る．収量 1.88 g．収率 85%．

【参考文献】 R. S. Prasad, C. E. Anderson, C. J. Richards, L. E. Overman, *Organometallics*, **24**, 77-81 (2005).

[*7] R. Vaidyanathan, V. G. Kalthod, D. P. Ngo, J. M. Manley, S. P. Lapekas, *J. Org. Chem.*, **69**, 2565-2568 (2004).

実験例 2-32　EEDQによる脱水縮合

2-エトキシ-1-エトキシカルボニル-1,2-ジヒドロキノリン(EEDQ)は，カルボン酸を混合酸無水物として活性化して脱水縮合する試薬である．反応終了後の副生成物は，キノリン，二酸化炭素，エタノールであり，これらは水で後処理することで除去できるので便利である．

N-Boc-L-プロリン(85 g, 0.40 mol)とEEDQ(100 g, 0.41 mol)のジクロロメタン溶液(200 mL)に5-アミノインダン(54 g, 0.41 mol)を0℃で加える．反応混合物を0℃で2時間，室温で一晩かきまぜる．反応混合物を1 M塩酸(50 mL)で3回，飽和炭酸水素ナトリウム水溶液(50 mL)で2回，水(50 mL)で1回，および飽和食塩水(50 mL)で2回洗浄し，無水硫酸マグネシウムで乾燥する．乾燥剤を濾別し減圧濃縮すると粘性の高い液体が得られるので，これをジクロロメタン-酢酸エチル(1:1)に溶解し，-10℃に冷却して，再結晶させると目的のアミドが灰色がかった白色結晶として得られる．収量116 g．収率90％．

【参考文献】　F. H. Ling, V. Lu, F. Svec, J. M. J. Frechet, *J. Org. Chem.*, **67**, 1993-2002 (2002).

実験例 2-33　クロロ炭酸イソブチルによる脱水縮合

クロロ炭酸イソブチルとカルボン酸から得られる混合酸無水物は，対応する酸塩化物よりも安定なので，アミノ酸のラセミ化を最小限にできる利点がある．

N-Boc-(3-フルオロフェニル)アラニン(56.6 g, 0.2 mol)のジクロロメタン溶液(300 mL)を滴下漏斗,低温温度計,窒素導入口,および回転子をセットした1Lの四つ口フラスコに入れる.N-メチルモルホリン(NMM, 23.05 mL, 0.2 mol)をゆっくり加えると,やや発熱し,反応溶液の温度は18～24℃になる.−25℃に冷却し,滴下漏斗からクロロ炭酸イソブチル(25.27 mL, 0.2 mol)を2～3分かけて加える.この間,反応溶液の温度を−25～−20℃に保つ.反応溶液を−10～−20℃に保って1時間かきまぜると,沈殿を生じる.別のフラスコにN,O-ジメチルヒドロキシルアミン塩酸塩(21.45 g, 0.22 mol)のジクロロメタン懸濁液(200 mL)にN-メチルモルホリン(24.15 mL, 0.22 mL)を室温で加える.懸濁液を1時間かきまぜる.このものは徐々にヒドロキシルアミンの塩酸塩がモルホリンで中和されて,モルホリンの塩酸塩が生じるので懸濁液のままとなる.この懸濁液をアミノ酸を活性化した反応溶液に,30分以上かけて5℃を超えないようにゆっくり加える.反応溶液を室温で2日以上かきまぜる(反応はおそらく2液まぜたとたんに終わっているはずではあるが).反応混合物にクエン酸(50 g)の水溶液(200 mL)を加えて反応を停止する.有機層を分離し,水,飽和炭酸水素ナトリウム水溶液,飽和食塩水で洗浄し,無水硫酸ナトリウムで乾燥する.濾別後減圧濃縮した液体生成物を高真空で処理し,残存する溶媒を除去して,目的のヒドロキシルアミドを得る.収量61.7 g.収率97%.

【参考文献】 F. J. Urban, V. Jasys, *J. Org. Proc. Res. Dev.*, **8**, 169-175 (2004).

実験例 2-34　Mukaiyama(向山)法によるアミド化

アルキルピリジニウム塩を使うエステル化およびアミド化はMukaiyama(向山)法とよばれる.代表的な操作法を以下に示す.

カルボン酸(300 mg, 1.1 mmol)のジクロロメタン溶液(5 mL)に,ヨウ化2-クロロ-1-メチル-ピリジニウム(向山試薬, 330 mg, 1.3 mmol)と*o*-ヨードアニリン(1.29 g, 5.89 mmol)を加える.反応混合物を1時間加熱還流する.冷却後トリエチルアミン(0.3 mL, 2.2 mmol)を加え再び20時間加熱還流する.反応溶液を冷却し,水(40 mL)

に注ぎ，有機層を分離後，水相をジクロロメタン(20 mL)で3回抽出する．有機相をまとめて，無水硫酸ナトリウムで乾燥する．沪過後減圧濃縮し，得られた粗生成物をカラムクロマトグラフィー(ヘキサン-酢酸エチル 3:1)で精製して目的アミドを得る．収量 387 mg．収率 75％．

【参考文献】 A. L. Bowie, Jr., C. C. Hughes, D. Trauner, *Org. Lett.*, **7**, 5207-5209(2005).

実験例 2-35　シアノリン酸ジエチルによるアミド化

シアノリン酸ジエチル(DEPC)やジフェニルリン酸アジド(DPPA)などのリン試薬によってカルボン酸は活性化されて，アミドやエステルを容易に与える．

カルボン酸(168 mg，0.371 mmol)のジクロロメタン(5 mL)溶液にジイソプロピルエチルアミン(400 μL，2.30 mmol)を加え-30℃に冷却し，DEPC(100 μL，0.659 mmol)を加える．反応溶液を20分間で-20℃に昇温し，L-ロイシンベンジルエステル塩酸塩(282 mg，1.09 mmol)のジクロロメタン溶液(1 mL)を加える．反応溶液を2時間かきまぜる．10％塩酸水溶液を加え，エーテル抽出し，有機相を2M水酸化ナトリウム水溶液および水で洗浄してから無水硫酸マグネシウムで乾燥する．沪過，濃縮して得た粗生成物をカラムクロマトグラフィー(シリカゲル/ヘキサン-酢酸エチル 9:1)で精製してアミドを得る．収量 178 mg．収率 73％．

【参考文献】 P. Wipf, J.-L. Methot, *Org. Lett.*, **2**, 4213-4216(2000).

実験例 2-36　Yamaguchi(山口)法によるエステル化反応

トリクロロ安息香酸との混合無水物を用いるエステル化反応は，Yamaguchi(山口)法としてマクロライド合成などに頻繁に用いられている，きわめて信頼性の高いエステル化法である．以下の例は分子間エステル化反応の例である．

58   2 官能基変換反応

カルボン酸(100 mg, 0.248 mmol)のベンゼン(2.5 mL)溶液にジイソプロピルエチルアミン(DIPEA, 99.8 μL, 0.573 mmol)および2,4,6-トリクロロ安息香酸塩化物(85.6 μL, 0.548 mmol), DMAP(151 mg, 1.24 mmol)を加える. アルコール誘導体(32.1 mg, 0.124 mmol)のベンゼン溶液(1.5 mL)を加える. 反応溶液にさらにベンゼン(1.5 mL)を加えて, 20時間かきまぜる. ベンゼン(50 mL)と飽和炭酸水素ナトリウム(50 mL)を加える. 有機層を分離し, 水相をベンゼン(50 mL)で2回抽出する. 有機相をまとめ, 飽和食塩水(50 mL)で洗浄後, 無水硫酸ナトリウムで乾燥する. 濾過後, 溶媒を減圧留去し, 得られた粗生成物をフラッシュクロマトグラフィー(ヘキサン-酢酸エチル 30:1)で精製して, 目的のエステル誘導体を液体として得る. 収量 68.0 mg. 収率 85%.

【参考文献】 C. O. Kangani, A. M. Bruckner, D. P. Curran, *Org. Lett.*, **7**, 379-382 (2005).

■ 活性化剤を用いないカルボン酸の反応

実験例 2-37 Fischer エステル化反応

Fischer のエステル化反応はカルボン酸をエステル化するもっとも古く, かつもっとも信頼性の高い方法の一つである. エステル化は酸触媒下やや高温で反応させることで進行する. 平衡反応なので系中で発生する水を除去してやらねばならない. これらの条件さえ満たせば, このエステル化法は十分考慮に値する方法である.

0 ℃に冷却したメタノール(80 mL)に硫酸(24 mL)を滴下する．この溶液にカルボン酸(21 g, 112 mmol)を加え，3時間加熱還流する．反応の追跡はTLCにて行う．生じた黄色がかった懸濁液を冷却し，メタノールをできるかぎり減圧留去する．残渣にジクロロメタンと水を加え，有機層を集めて飽和炭酸水素ナトリウム水溶液で洗浄し，無水硫酸ナトリウムで乾燥する．沪別後濃縮し，得られた茶色の液体をクーゲルロールで減圧蒸留すると黄色の液体としてエステル誘導体が得られる．収量20 g. 収率90%．

【参考文献】 S. V. Kolotuchin, A. I. Meyers, *J. Org. Chem.*, **64**, 7921-7928(1999).

実験例 2-38 トリメチルシリルジアゾメタンによるエステル化

トリメチルシリルジアゾメタンは市販されており，ジアゾメタンの等価体として，カルボン酸をメチルエステルに変換するのに便利な試薬である．反応にはメタノールを共存させることが必須である．

Boc-Gln(Trt)-OH(10.1 g, 20.8 mmol)のトルエン-メタノール混合溶媒(300 mL, 7：1)にトリメチルシリルジアゾメタン(12.5 mL, 2.0 M)を加える．反応混合物を室温でかきまぜると窒素が発生する．窒素発生は約6時間後にやむので，反応溶液を濃縮するとBoc-Gln(Trt)-OMeが得られる．収量10.4 g. 収率100%．

【参考文献】 M. Brewer, C. A. James, D. H. Rich, *Org. Lett.*, **6**, 4779-4782(2004).

■ 酸塩化物の反応

酸塩化物は反応の中間体として得たあと，速やかに後続のエステル化またはアミド化に使われているので，カルボン酸の反応の項も参照のこと．

実験例 2-39 Schotten-Baumann反応

Schotten-Baumann反応は，酸塩化物をアミドやクロロ炭酸エステルを対応するアミドやカルバマートに変換する便利な反応である．普通の場合，後処理は分液して有機相を乾燥し，濃縮するだけでよいので簡単である．

60   2 官能基変換反応

[反応式: クロロギ酸イソブチル + 3-フルオロアニリン → カルバメート, CH₂Cl₂, K₂CO₃, 水, 98%, (1.08 eq)]

3-フルオロアニリン(50.0 g, 450 mmol)のジクロロメタン溶液(200 mL)を炭酸カリウム(46.9 g, 339 mmol)の水溶液(200 mL)に室温で加える．二相系の液体を32℃に温め，クロロ炭酸イソブチル(66.2 g, 485 mmol)を13分かけて滴下する．このとき反応溶液の温度を30～35℃に保つ．引き続き反応溶液をこの温度で2時間半かきまぜる．反応の進行をガスクロマトグラフィーで追跡し，原料の消失を確認する．反応が終わったら，反応溶液を30～35℃に保ちながらアンモニア水(29.3 wt%, 7.2 mL, 111 mmol)を15分かけて加える．溶液温度を25℃に冷却し，濃塩酸を使ってpHを8.7から1.9にする．有機層を分離し，水相をジクロロメタン(100 mL)で抽出する．有機相をまとめて，水(200 mL)で洗浄し，この水をジクロロメタン(100 mL)で逆抽出する．通常は，得られた粗生成物はそのまま次の段階に用いることが可能であるが，もし精製したい場合はヘプタンから-30℃で結晶化させると純粋なアミドが得られる．収量93.1 g．収率98%．

【参考文献】　P. M. Herrinton, C. E. Owen, J. R. Gage, *Org. Proc. Res. Dev.*, **5**, 80-83(2001).

■ アミドの反応

実験例 2-40　脱水によるニトリルへの変換

アミドは五酸化リン，トリクロロシアヌル酸(TCCA)や塩化 *p*-トルエンスルホニルなどで脱水されてニトリルに変換できる．

[反応式: TBSO基とNHBoc基をもつアミド → ニトリル, *p*-TsCl (2 eq), ピリジン (5 eq), CH₂Cl₂, 94%]

アミド(1.15 g, 3.6 mmol)と塩化 *p*-トルエンスルホニル(1.91 g, 7.2 mmol)のジクロロメタン溶液(9 mL)にピリジン(1.46 mL, 18 mmol)を加え，かきまぜる．反応をTLCで追跡し，原料が消失したら，飽和炭酸水素ナトリウム水溶液を注意深く加えて，生じた二相系の液体を2時間激しくかきまぜる．有機層を分離し，1 M塩酸と飽和炭酸水素ナトリウム水溶液で洗浄する．水相はジクロロメタンで抽出し，すべての有機相をひとまとめにして，乾燥する．乾燥剤を沪別後，溶媒を除去し，得られた粗生成物をカラムクロマトグラフィーで精製するとニトリルが得られる．収量1.02 g．収

率 94%.

【参考文献】 M. McLaughlin, R. M. Mohareb, H. Rapoport, *J. Org. Chem.*, **68**, 50-54 (2003).

実験例 2-41　酸によるアミドの加水分解

アミドはエステルよりも加水分解を受けにくいが、過酷な条件にすれば加水分解される.

R-(+)-2-メチル-2-ヒドロキシ-3-フェニルプロピオンアミド(179 mg, 1 mmol)を6 M 塩酸(29 mL)中で3時間加熱還流する. 水相を酢酸エチルで抽出し、乾燥, 沪別, 濃縮後, シリカゲルカラムクロマトグラフィー(石油エーテル-酢酸エチル 2:1)で精製すると R-(+)-2-メチル-2-ヒドロキシ-3-フェニルプロピオン酸が白色固体として得られる. 収量 166 mg. 収率 92%.

【参考文献】 M.-X. Wang, G. Deng, D.-X. Wang, Q.-Y. Zheng, *J. Org. Chem.*, **70**, 2439-2444 (2005).

■ エステルの加水分解

実験例 2-42　酸によるエステルの加水分解

酸による加水分解は塩基によるそれよりも遅いことが多いが, *t*-ブチルエステルのような酸による加水分解が有利な系もある. *t*-ブチルエステルの酸加水分解では, 副生してくる *t*-ブチルカチオンを還元的にトラップするために, ギ酸やトリエチルシランなどを加えるとよい.

エステル誘導体(950 mg, 3.31 mmol)のジクロロメタン溶液(10 mL)に等量のトリフルオロ酢酸(TFA, 10 mL)を注意深くシリンジで加え, 室温で3時間かきまぜる. 反応溶液を減圧濃縮し, 残渣にトルエンを加えて残存するトリフルオロ酢酸を共沸させて除く. この操作を2回行い, 溶媒を留去するとカルボン酸を定量的に与える.

【参考文献】 D. Yang, J. Qu, W. Li, D.-P. Wang, Y. Ren, Y.-D. Wu, *J. Am. Chem. Soc.*, **125**,

14452-14457(2003).

実験例 2-43 塩基による加水分解

けん化(塩基によるエステル加水分解)は速くて信頼性の高い方法である．水酸化リチウム，水酸化ナトリウム，水酸化カリウムなどの塩基が用いられる．

$$\text{HO}\sim\sim\text{OBn O}\sim\text{OEt} \xrightarrow[\substack{\text{H}_2\text{O-MeOH} \\ (1:3) \\ 87\%}]{\text{LiOH (1.4 eq)}} \text{HO}\sim\sim\text{OBn O}\sim\text{OH}$$

エステル誘導体(2.33 g, 8.31 mmol)の水-メタノール溶液(1:3, 32 mL)に，0℃で水酸化リチウム水和物(0.891 g, 11.9 mmol)を加え，室温で4時間かきまぜる．反応終了後，反応溶液に1 M 塩酸(40 mL)を加えて pH を2に調整し，酢酸エチル(50 mL)と食塩水(25 mL)を加える．有機層を分離し，水相を酢酸エチル(10 mL)で抽出する．有機相をまとめ，食塩水(50 mL)で洗浄後，無水硫酸マグネシウムで乾燥する．濾過後濃縮するとカルボン酸が無色液体として得られる．収量 1.825 g．収率 87%．

【参考文献】 S. Chamberland, K. A. Woerpel, *Org. Lett.*, **6**, 4739-4741(2004).

■ ニトリルの反応

実験例 2-44 ニトリルの酸触媒によるカルボン酸への加水分解反応

ニトリルは容易にアミドへ加水分解されるが，カルボン酸への加水分解はやや厳しい条件が必要となる．

$$\text{BnO}\cdots\overset{\text{CN}}{\underset{\text{H}}{\text{C}}}-\text{N}\overset{\text{O}}{\underset{}{\text{S}}}-\text{Tol} \xrightarrow[\text{Et}_2\text{O-HCl}]{\text{HCl}} \text{BnO}\cdots\overset{\text{CO}_2\text{H}}{\underset{\text{OH}}{\text{C}}}\text{NH}_3\text{Cl}$$
95%

マグネチックスターラーの回転子を備えた 25 mL のナス形フラスコに，ニトリル(0.21 g, 0.5 mmol)を入れ，塩化水素の飽和エーテル溶液(20 mL)を加えて激しくかきまぜると，速やかに白色沈殿を生じる．数滴の水を加え，反応混合物を室温で12時間かきまぜる．反応混合物にエーテルを加えると，目的のアミンの塩酸塩が沈殿するので，これを濾別し減圧乾燥すると，生成物を得る．収量 0.12 g．収率 95%．

【参考文献】 F. A. Davis, K. R. Prasad, P. J. Carroll, *J. Org. Chem.*, **67**, 7802-7806(2002).

実験例 2-45　ニトリルの酸触媒によるアミドへの加水分解

2-ヒドロキシ-2-(トリフルオロメチル)ブタンニトリル(8 g, 52 mmol)を濃硫酸(15.3 g)にゆっくり滴下し，115℃で15分間加熱する．8℃に冷却し，22 gの水を加える．エーテル(50 mL)で抽出し，有機相を水(20 mL)，飽和炭酸水素ナトリウム(20 mL)，次いで水(25 mL)で洗浄して，無水硫酸ナトリウムで乾燥する．濾別し減圧濃縮して得られた液状の粗生成物にヘキサンを加えて結晶化させ，濾過して目的アミドを得る．収量 4.27 g．収率 48%．

【参考文献】　N. M. Shaw, A. B. Naughton, *Tetrahedron*, **60**, 747-752(2004).

実験例 2-46　ニトリルの塩基によるカルボン酸への加水分解

5-メチレン-6-ヘプテンニトリル(2.0 g, 16.5 mmol)を25% 水酸化ナトリウム水溶液(95 mL)およびメタノール(300 mL)に加え，48時間加熱還流する．冷却後，体積が約半分になるまで反応液を濃縮し，濃塩酸を使ってpH 1にする．この水溶液をエーテル抽出(2×30 mL)し，有機相を無水硫酸マグネシウムで乾燥する．濾別後減圧濃縮すると5-メチレン-6-ヘプテン酸が黄色の液体として得られる．収量 2.10 g．収率 90%．

【参考文献】　S. M. Sparks, C. P. Chow, L. Zhu, K. J. Shea ,*J. Org. Chem.*, **69**, 3025-3035(2004).

実験例 2-47　ニトリルの塩基によるアミドへの加水分解

塩基性条件でのニトリルのアミドへの変換反応はしばしば過酸化水素が触媒として用いられる．しかし，過酸化物の加熱は危険が伴うので，ここでは過酸化水素を用いない反応例をあげた．

ニトリル(2.77 g, 14.5 mmol)および粉砕した85% KOH(7.66 g, 116 mmol)を *t*-ブ

チルアルコール(30 mL)に溶かして，90分間加熱還流する．反応混合物を室温に冷却し，水(30 mL)を加えて混合物を薄める．1 M 塩酸(116 mL, 116 mmol)を加えて酸性にすると沈殿を生じるので，沪過する．水とエーテル(40 mL)で洗浄し，得た固体を減圧乾燥すると目的アミドが得られる．収量 2.39 g．収率 79%．

【参考文献】 M. M. Faul, L. L. Winneroski, C. A. Krumrich, *J. Org. Chem.*, **64**, 2465-2470 (1999).

3

酸化反応

アルコールからケトン類への酸化反応

■ 活性二酸化マンガンを用いた酸化反応

　活性二酸化マンガンはプロパルギルアルコール，アリルアルコール，ベンジルアルコール類を対応するアルデヒドやケトンに酸化する．脂肪族第一級アルコールや第二級アルコールも酸化されるが，上記のアルコールの酸化反応はきわめて遅いので，選択的な酸化が達成できる．この反応のもっとも大きな問題点は，活性二酸化マンガンの活性の見積もりと反応後の塩類の濾別である．活性二酸化マンガンは調製も可能であるが，今では試薬として市販されているので，それを購入するのがよいだろう．

実験例 3-1　アリルアルコールの酸化反応

TBDPSO–（アルコール）–OH $\xrightarrow[\text{石油エーテル}]{\text{MnO}_2}$ TBDPSO–（ケトン）=O
90%

　アルコール誘導体(15.3 g，37.5 mmol)の石油エーテル溶液(150 mL)に活性化された二酸化マンガン(60 g)を加え，22℃で一晩かきまぜる．二酸化マンガンを濾過した後，濾別された二酸化マンガンをヘキサン-酢酸エチル(7:3)で洗浄する．有機相をひとまとめにして無水硫酸ナトリウムで乾燥する．乾燥剤を濾別し，減圧濃縮して得た残渣をカラムクロマトグラフィー(シリカゲル/ヘキサン-酢酸エチル 10:1)で精製すると目的の不飽和ケトンが無色液体として得られる．収量 13.7 g．収率 90%．

　【参考文献】　P. Wipf, W. Xu, *J. Org. Chem.*, **61**, 6556-6562(1996).

■ クロム酸塩による酸化

　クロム酸の塩による酸化は古くから確立された信頼性の高い方法であるが，クロム酸塩の毒性については注意を払う必要がある．クロム酸塩のアミン錯体については以

下の総説[*1]を参考にするとよい.

硫酸酸性条件で六価のクロムを作用させる Jones 酸化がもっとも強い酸化法であり，第一級アルコールをカルボン酸まで酸化してしまう．一方 Collins 酸化や PCC，PDC 酸化は，クロムの酸化力をコントロールすることで，酸化をアルデヒド段階でとめることができる試薬として開発された．PCC よりも PDC の方がやや酸化力が強く，たとえば DMF 中で PDC を作用させるとアルデヒドではとまらずカルボン酸まで酸化される．第二級アルコールはケトンに酸化され，第三級アルコールは酸化されないが，アリル位にある第三級アルコールは，クロム酸酸化条件では，二重結合が転位して酸化が進行するので注意する．クロムによる酸化反応は信頼性の高い反応ではあるが，反応後に生じるクロム廃棄物の処理を考えると，最近ではあまりお勧めの方法ではなくなっているのかもしれない.

実験例 3-2　PCC(ピリジニウムクロロクロマート)による酸化

アルゴン雰囲気下，PCC(399 mg，1.57 mmol)，酢酸アンモニウム(215 mg，2.62 mmol)，およびモレキュラーシーブス 4 Å (610 mg)をジクロロメタン(33 mL)に懸濁し，0 ℃でアルコール誘導体(208 mg，1.05 mmol)のジクロロメタン溶液(4 mL)を 10 分かけて加える．反応混合物を室温で 3 時間かきまぜる．エーテル(200 mL)を加え，フロリジルの短いカラムを通過させて固形物を除去する．沪液を水(100 mL)および食塩水(100 mL)で洗浄して，無水硫酸ナトリウムで乾燥する．沪別後濃縮し，得られた粗生成物をシリカゲルカラムクロマトグラフィー(ヘキサン-エーテル 7：3)で精製し，得られた液体物質をクーゲルロールで蒸留すると，目的アルデヒドが無色液体として得られる．収量 132 mg．収率 63％.

【参考文献】　M. Ohkita, H. Kawai, T. Tsuji, *J. Chem. Soc., Perkin. Trans. 1*, **2002**, 366-370.

[*1]　F. A. Luzzio, *Org. React.*, **53**, 1-221 (1998).

実験例 3-3　PDC(ピリジニウムジクロマート)による酸化

アルコール誘導体(7.10 g，40.4 mmol)をジクロロメタン(200 mL)に溶解し，粉砕したモレキュラーシーブス 3 Å(20 g)と PDC(16.7 g，44.3 mmol，1.1 当量)を 2 ℃で加え，続いて酢酸(4.0 mL)を加える．反応混合物を 25 ℃で 2 時間かきまぜる．セライト 20 g を加えかきまぜた後，固形物を濾過で除く．濾液を減圧濃縮する．得られた濃い褐色の液体を酢酸エチル(50 mL)に溶かし，シリカゲル(50 g，230～400 メッシュ)を通過させて濾過する．濾液を濃縮するとケトンが液体として得られる．収量 7.0 g．収率 99％．

【参考文献】　M. F. Loewe, R. J. Cvetovich, L. M. DiMichele, R. F. Shuman, J. J. Edward, E. J. J. Grabowski, *J. Org. Chem.*, **59**, 7870–7875 (1994).

実験例 3-4　Collins 酸化

窒素雰囲気下，ジアミン(0.388 g，1.0 mmol)および 4-メトキシ-3-メトキシカルボニル安息香酸塩化物(0.258 g，2.1 mmol)を乾燥ピリジン(5 mL)-ジクロロメタン(5 mL)の混合溶媒に加え，一晩かきまぜる．無水クロム酸(0.6 g，6.0 mmol)を加え，反応混合物を 0 ℃で 3 時間かきまぜる．ジクロロメタンを減圧留去し，残った溶液を水

(100 mL)に注ぐ．生じた沈殿を濾過して分離し，風乾するとケトンの粗生成物が得られる．これをカラムクロマトグラフィー(ヘキサン-酢酸エチル 1:2)で精製すると，純粋なケトンがアモルファス状固体として得られる．収量 0.45 g．収率 85%．

【参考文献】 J. A. Ruell, E. De Clercq, C. Pannecouque, M. Witvrouw, T. L. Stup, J. A. Turpin, R. W. Buckheit, Jr., M. Cushman, *J. Org. Chem.*, **64**, 5858-5866 (1999).

■ DDQ 酸化

アリルアルコールやベンジルアルコールは，DDQ(2,3-ジクロロ-5,6-ジシアノ-*p*-ベンゾキノン)で選択的にゆっくり酸化されて，アルデヒドやケトンを与える．

実験例 3-5 DDQ による酸化反応

4-ヒドロキシベンジルアルコール(496 mg, 4 mmol)のジオキサン溶液(24 mL)に DDQ(908 mg, 4 mmol)を加える．反応混合物は発熱し，速やかに濃緑色に変化し，DDQ の還元体(DDQH$_2$)が 1 分で沈殿する．TLC によって反応をチェックすると，15 分で出発アルコールが消失するのがわかる．反応混合物を濃縮し，得られた残渣にジクロロメタンを加えると，DDQH$_2$ が不溶性沈殿として定量的に残る．これを濾別して濃縮すると，目的の 4-ヒドロキシベンズアルデヒドが得られ，これを水から再結晶する．収率 74%．ジオキサンは発がん性があるのでテトラヒドロピラン(THP)を代わりに用いてもよい．

【参考文献】 H.-D. Becker, A. Bjork, E. Alder, *J. Org. Chem.*, **45**, 1596-1600 (1980).

■ DMSO を用いた酸化

なれたものにはまずは Swern から(John L. Wood)．Swern 酸化はたいへん信頼性の高い反応であり，温度コントロールに気をつけることができるなら，まずは最初の酸化手段として使うべきものである[*2]．しかし反応中に生じるクロロスルホニウム活性中間体が −60 ℃ 程度で分解するので，脱水剤としていろいろなものが試されている．総説としては脚注文献[*3]を参照するとよい．

[*2] T. T. Tidwell, *Org. React.*, **39**, 297-572 (1990).

この酸化はたいへん優れものであるが，欠点はいたたまれない悪臭を放つこと．反応をドラフト中ですることはいうまでもないが，次亜塩素酸ナトリウム水溶液（ブリーチ）のバスを用意しておき，使用したガラス器具を速やかに浸してジメチルスルフィド由来の悪臭をばらまかないようにすること．ただし臭いからといって，反応溶液を洗浄した水層を直接ブリーチバスに入れることだけは絶対にしてはいけない．塩素を大量に発生してきわめて危険である．抽出操作後の減圧濃縮や，精製のカラムクロマトグラフィーも，できればすべてドラフト内で行うのがよかろう．スケールが大きな場合はなおさらである．万一"へま"をして臭いをばらまいてしまい，それが運悪く大学や研究所の敷地外に出た場合は，君の輝かしいキャリアは，残念ながら突然最後の日を迎えることになる．DMSO の代わりに C12 以上のアルキルメチルスルホキシドを使うと悪臭の問題からは逃れることができる．ここには典型的な DMSO 酸化の方法をあげる．

実験例 3-6 塩化オキザリルによる方法（Swern 酸化）

$$\text{TBSO}\diagdown\diagdown\diagdown\text{OH} \xrightarrow[\substack{\text{NEt}_3\text{ (5 eq)} \\ \text{CH}_2\text{Cl}_2 \\ 96\%}]{\substack{(\text{COCl})_2\text{ (1.2 eq)} \\ \text{DMSO (1.1 eq)}}} \text{TBSO}\diagdown\diagdown\diagdown\overset{\text{H}}{\underset{\text{O}}{\diagdown}}$$

塩化オキザリル（2.1 mL, 24 mmol, 1.2 当量）のジクロロメタン溶液（30 mL）を−78 ℃に冷却し，ジメチルスルホキシド（DMSO, 3.3 mL, 21 mmol, 1.1 当量）のジクロロメタン溶液（32 mL）を滴下する．激しいガスの発生がみられる．5 分後，4-(t-ブチルジメチルシリル)ブタン-1-オール（4.0 g, 20 mmol, 1.0 当量）のジクロロメタン溶液（26 mL）を加える．反応溶液を−78 ℃で 15 分かきまぜる．トリエチルアミン（14.0 mL, 100 mmol, 5.00 当量）を一気に加え，10 分間−78 ℃に保った後，徐々に室温に昇温する．ジクロロメタン（140 mL）を加えて反応混合物を薄め，飽和塩化アンモニウム（30 mL）で 1 回，食塩水（30 mL）で 2 回洗浄し，無水硫酸マグネシウムで乾燥する．濾過後，溶媒を減圧留去し（**悪臭注意！**），フラッシュクロマトグラフィー（シリカゲル／石油エーテル−酢酸エチル 9：1）で精製すると目的のアルデヒドが無色液体として得られる．収量 3.88 g．収率 96％．

【参考文献】 C. Taillier, B. Gille, V. Bellosta, J. Cossy, *J. Org. Chem.*, **70**, 2097-2108 (2005).

[*3][前ページ脚注] A. J. Mancuso, D. Swern, *Synthesis*, **1981**, 165；T. V. Lee, Oxidation Adjacent to Oxygen of Alcohols by Activated DMSO Methods. In "Comprehensive Organic Synthesis", B. M. Trost, Ed., Vol. 7, pp. 291-304, Pergamon Press：Oxford (1991).

実験例 3-7　DCC による方法（Moffatt 酸化）

アルコール誘導体(31.0 g, 0.10 mol)，ジシクロヘキシルカルボジイミド(DCC, 42.0 g, 0.21 mol)，DMSO(18.1 mL, 0.25 mol)およびピリジン(17.2 mL, 0.10 mol)をトルエン(500 mL)中に混合し，0℃でトリフルオロ酢酸(8.3 mL, 0.10 mol)を10分かけて滴下する．室温で10時間かきまぜた後，反応混合物をセライト上で濾過する．濾液を水，飽和炭酸水素ナトリウム水溶液，および食塩水で洗浄した後，無水硫酸マグネシウムで乾燥する．濾過後減圧濃縮して得られた粗生成物をカラムクロマトグラフィー(シリカゲル/ヘキサン-酢酸エチル 30:1)で精製すると目的物が得られるが，まだDCC由来の尿素がまじっている．これをヘキサンと混合して，不純物の尿素を沈殿させて濾過して除く．ヘキサンを減圧留去して得た残渣をもう一度カラムクロマトグラフィー(シリカゲル/ヘキサン-酢酸エチル 30:1)で精製すると目的のケトンが得られる．収量 23.4 g．収率 75%．

【参考文献】 Y. H. Jin, P. Liu, J. Wang, R. Baker, J. Huggins, C. K. Chu, *J. Org. Chem.*, **68**, 9012-9018(2003).

実験例 3-8　SO_3・ピリジンを用いる方法（Parikh-Doering 酸化）

アルコール誘導体(21 g, 28 mmol)をDMSO(150 mL)に溶かし，ジイソプロピルエチルアミン(150 mL)を加える．室温でSO_3・Py(20 g, 128 mmol)を加え，2時間かきまぜる．飽和炭酸水素ナトリウムを加え，混合物を酢酸エチルで抽出する．有機相を食塩水で洗浄後，無水硫酸マグネシウムで乾燥する．濾過後溶媒を減圧下で除去し，残渣をシリカゲルクロマトグラフィー(ヘキサン-酢酸エチル 3:2)で精製すると，エ

ノンが得られる．収量 15 g．収率 73%．

【参考文献】　Y. Hayashi, Y. Itoh, T. Fukuyama, *Org. Lett.*, **5**, 2235-2238 (2003).

実験例 3-9　無水トリフルオロ酢酸を用いる方法

アルコールの粗生成物 (5.283 g, HPLC 純度 94%, 10.22 mmol) を乾燥 THF (24.39 g) に懸濁させる．乾燥 DMSO (4.261 g, 54.6 mmol) を滴下すると，不均一溶液が均一溶液になるのでこれを -15℃ に冷却する．無水トリフルオロ酢酸 (TFAA, 3.450 g, 16.43 mmol) を 15 分かけて滴下する．この段階ではそれほど発熱は起こらない．無色の均一溶液になるので，これを -15℃ で 30 分かきまぜる．この後トリエチルアミン (4.44 g, 43.9 mmol) を 5 分以上かけて加える．滴下中反応温度は -15℃ から -10℃ に上昇する．淡黄色の反応溶液を室温で 1 時間かきまぜる．反応溶液を冷水 (100 mL) にゆっくり注ぎ，激しくかきまぜる．沈殿が生じるのでこれを濾別し，水 (50 mL) でよく洗浄してから，真空乾燥すると褐色の粉末状の生成物が得られる．収量 4.35 g．収率 88%．

【参考文献】　R. B. Appell, R. J. Duguid, *Org. Proc. Res. Dev.*, **4**, 172-174 (2000).

実験例 3-10　無水酢酸を用いる方法

アルコール誘導体 (886 g, 1.0 当量, 2.5 mol) の DMSO 溶液 (7.55 L) に無水酢酸 (5.05 L, 21.4 当量, 53.4 mol) を加える．混合物を室温で 18 時間かきまぜる．反応

混合物にエタノール(16.8 L)を加えて1時間かきまぜる．次いで水(4.2 L)を加え，アンモニア水(11 L)を反応溶液の温度を15～30℃に保てるように冷却しながらゆっくり加える．反応混合物に水(16.8 L)を加える．生じた固体を濾過し，水洗いをした後乾燥すると目的のケトンが褐色固体として得られる．収量 81.8 g．収率 93%．

【参考文献】 J. D. Albright, L. Goldman, *J. Org. Chem.*, **89**, 2416-2423(1967).

実験例 3-11 2,4,6-トリクロロ-[1,3,5]-トリアジン(TCT)による方法

TCT(0.66 g, 3.6 mmol)のTHF溶液(20 mL)を-30℃に冷却し，DMSO(1.25 mL, 17.6 mmol)を滴下する．30分後，反応溶液を-30℃に保ちかきまぜながら，N-ベンジルオキシカルボニル-2-アミノ-3-フェニルプロパン-1-オール(0.86 g, 3 mmol)のTHF溶液(10 mL)をゆっくり滴下する．さらに-30℃でかきまぜてから，トリエチルアミン(2 mL, 14.3 mmol)を加え15分かきまぜる．反応溶液を室温に昇温し，溶媒を減圧留去し，生じた残渣固体にエーテル(50 mL)を加える．1 M塩酸を加えて反応を停止し，有機層を分離する．有機相は飽和炭酸水素ナトリウム水溶液(15 mL)および食塩水で洗浄し，無水硫酸ナトリウムで乾燥する．濾過後減圧濃縮すると，純粋なN-ベンジルオキシカルボニル-2-アミノ-3-フェニルプロピオンアルデヒドが得られる．収量 0.77 g．収率 90%．

【参考文献】 L. De Luca, G. Giacomelli, A. J. Porcheddu, *Org. Chem.*, **66**, 7907-7909(2001).

実験例 3-12 NCS(*N*-クロロスクシンイミド)による方法 (Corey-Kim 酸化)

Corey-Kim 酸化はほかのDMSOによる酸化反応とは少々異なり，最初にジメチルスルフィド(DMS)の酸化を行って活性種を発生させているが，この活性種，クロロスルホニウムイオンは，Swern 酸化と同類の酸化活性種であり，DMSOによる反応の変法として本項目に加えた．

アルコール誘導体(1.5 L, 208 g, 280 mmol)のTHF溶液をフラスコに入れ, ジメチルスルフィド(37 g, 590 mmol)およびジイソプロピルエチルアミン(47 g, 364 mmol)を加える. 溶液を−13℃に冷却し, NCS(71 g, 532 mmol)のTHF溶液(240 mL)を, 反応溶液温度を−11〜−13℃に保ちながらゆっくり加える. 反応溶液を−15±5℃を保ちながら3時間かきまぜる. 酢酸イソプロピル(3 L)と0.5 Mの水酸化ナトリウム(1.2 L)を加え, 反応混合物を室温で1時間かきまぜる. 有機層を分離し, 5% 食塩水(600 mL)で2回, 飽和食塩水(600 mL)で2回洗浄する. 有機相を減圧濃縮すると, 黄色のアモルファス状の固体が得られるので, これを高真空下で乾燥すると白い泡状の固体となる. これを温水に懸濁させて濾過し, 乾燥すると3-ケトマクロリドが白色固体として得られる. 収量196 g. 収率94%.

【参考文献】 F. A. J. Kerdesky, R. Premchandran, G. S. Wayne, S.-J. Chang, J. P. Pease, L. Bhagavatula, J. E. Lallaman, W. H. Arnold, H. E. Morton, S. A. King, *Org. Proc. Res. Dev.*, **6**, 869-875 (2002).

■ Tamao(玉尾)-Fleming 酸化

実験例 3-13　C−Si 結合の C−O 結合への変換

シロキサン (706.3 mg, 1.0 mmol) と炭酸水素カリウム (300.2 mg, 3.0 mmol) をメタノール-THF (1:1 の混合溶媒, 10 mL) に懸濁させ, 過酸化水素水 (0.76 mL, 30% 水溶液, 5 mmol) を加える. 53℃に加熱後, 反応混合物を 0℃に冷却し, チオ硫酸ナトリウム (2.80 g, 17.7 mmol, 17.7 当量) を 40 分間かけて 4 回に分けて加える. ヨウ化カリウム-デンプン紙で残存した過酸化水素が消失するのを確認しながら, 反応混合物を室温で 2 時間かきまぜる. 沈殿した無機塩の固形物をセライトで濾過し, エーテル (25 mL) で洗浄する. 濾液の溶媒を除去し, 残渣の液体をカラムクロマトグラフィー (シリカゲル/ヘキサン-酢酸エチル 4:1, 後に 1:1 さらに 1:2) で 2 回精製すると目的のジオールが粘稠な無色液体として得られる. 収量 595.8 mg. 収率 90%.

【参考文献】 S. E. Denmark, J. J. Cottell, *J. Org. Chem.*, **66**, 4276-4284 (2001).

■ 超原子価ヨウ素化合物による酸化

A. Dess-Martin 酸化

Dess-Martin 酸化は官能基を多数含む化合物のアルコールの酸化方法として有力な方法である. 酸化剤は 1,1,1-トリアセトキシ-1,1-ジヒドロ-1,2-ベンゾヨードキソール-3(1*H*)-オンであり, Dess-Martin 酸化剤 (DMP) とよばれる. 酸化法にはいくつかの総説[*4]がある.

実験例 3-14　一般的な方法

DMP (579 mg, 1.37 mmol, 合成は 1 章を参照) をオキサゾリルアルキノール (214 mg, 0.44 mmol) のジクロロメタン溶液 (25 mL) に加える. 30 分後, 飽和炭酸水素ナトリウム水溶液および過剰量のチオ硫酸ナトリウム水溶液を反応混合物に加える. 固体成分が溶けた後, 混合物をジクロロメタンで抽出する. 有機相をまとめ, 飽和炭酸

[*4] R. M. Moriarty, O. Prakash, *Org. React.*, **54**, 273-418 (1999); S. De Munari, M. Frigerio, M. Santagostino, *J. Org. Chem.*, **61**, 9272-9279 (1996). DMP 生成のよく用いられる方法は S. D. Meyer, S. L. Schreiber, *J. Org. Chem.*, **59**, 7549-7552 (1994) 参照.

水素ナトリウム水溶液洗浄し，無水硫酸マグネシウムで乾燥する．沪別後溶媒を減圧留去してから，残渣の液体をフラッシュカラムクロマトグラフィー（シリカゲル/13 mm×20 cm，ヘキサン-酢酸エチル 3：2）で精製すると，目的のケトンが液体として得られる．収量 102 mg．収率 48%．

【参考文献】 E. Vedejs, D. W. Piotrowski, F. C. Tucci, *J. Org. Chem.*, **65**, 5498-5505 (2000)[*5].

実験例 3-15　Schreiber-Meyer の改良法

Dess-Martin 酸化は 1.1 当量の水が存在すると反応は加速されるが，過剰量の酸化剤や水の添加は反応加速に効果がないことが知られている．適正量の水の添加によって DMP が部分的に加水分解して，下図に示すようなより活性な酸化剤を生じるためと考えられている．正確にこの活性な酸化剤を発生させるためには，より高純度の DMP を用いて正確な量論比で反応をさせることが大切である．

アセトキシヨージナンオキシド

DMP (eq)	H$_2$O (eq)	反応時間(h)	収率
1.5	0	14	97%
1.5	1.1	0.5	97%
4.9	過剰	1.2	98%

ジクロロメタン（10 mL）に水（10 μL，0.55 mmol）を加え，ピペットで液を吸ったり出したりしながらよくかきまぜて，含水ジクロロメタンをつくる．*trans*-2-フェニルシクロヘキサノール（88.4 mg，0.502 mmol）と DMP（321 mg，0.502 mmol）を乾燥ジクロロメタン（3 mL）に溶かし，激しくかきまぜながら滴下漏斗から上記の含水ジクロロメタンを 30 分以上かけてゆっくり加える．透明溶液が含水ジクロロメタンを加えるにつれて徐々に濁ってくる．エーテルを加えてから，反応混合物の体積が数 mL になるまで濃縮し，残渣にエーテルを加える．これを 10% チオ硫酸ナトリウム水溶液と飽和炭酸水素ナトリウム水溶液の混合物（1：1, 15 mL），水（15 mL），および食塩水

[*5] 官能基の少ない化合物の酸化では収率は 90% 以上が普通である．

(10 mL)で洗浄する．これらの水相をもう一度エーテル(20 mL)で抽出する．有機相をすべて一緒にし，無水硫酸ナトリウム水溶液で乾燥する．沪過後濃縮してフラッシュクロマトグラフィー(ヘキサン-酢酸エチル20：1から10：1)で精製して，2-フェニルシクロヘキサノンを結晶として得る．収量84.7 mg．収率97%．

【参考文献】 S. D. Meyer, S. L. Schreiber, *J. Org. Chem.*, **59**, 7549-7552 (1994).

実験例 3-16　1-ヒドロキシ-1,2-ベンゾヨードキシル-3(1*H*)-オン(IBX)による酸化

ピペロニルアルコール(0.15 g, 1.00 mmol)に酢酸エチル(7 mL)を加え，濃度が0.14 Mの溶液を調製する．IBX(0.84 g, 3.00 mol，合成法は1章を参照)を加える．反応混合物を80℃に加熱した油浴につけて，激しくかきまぜる．TLCで反応をモニターしながら3時間15分反応させ，室温に冷却する．沈殿をガラスフィルターで沪別し，固形物を酢酸エチル(2 mL)で3回洗浄する．沪液と洗浄液をまとめて濃縮すると，ピペロナールがろう状の固体として得られる．収量0.14 g(^{1}H NMRによる純度>95%)．収率90%．

【参考文献】 J. D. More, N. S. Finney, *Org. Lett.*, **4**, 3001-3003 (2002).

■ Oppenauer 酸化

実験例 3-17　トリイソプロポキシアルミニウム/アセトンによる酸化反応

アルコール誘導体(40.1 g, 0.23 mol)をトルエン(180 mL)に溶かし，トリイソプロポキシアルミニウム(7.7 g, 0.038 mol)を含んだアセトン(105 mL)を加え，アルゴン雰囲気下で4時間半87℃で加熱還流する．冷却後，水(77 mL)を加え固形物を沪過する．有機層を分離し，水相をエーテル(250 mL)で3回抽出する．有機相をまとめて，

水(250 mL)で洗浄し,無水硫酸ナトリウムで乾燥する.沪別後溶媒を減圧留去すると液体が残る.これを減圧蒸留もしくは石油エーテル(低沸点分,50 mL)を加えて冷蔵庫で放置することで再結晶して,精製された目的ケトンを得る.収量 34.0 g.収率 87%.

> 【参考文献】 S. K. Bagal, R. M. Adlington, J. E. Baldwin, R. Marquez, A. Cowley, *Org. Lett.*, **5**, 3049-3052(2003).

■ Pummerer 転位

Pummerer 転位は DMSO によるアルコールの酸化とよく似た反応機構で,スルホキシドをアルデヒドやケトン誘導体に変換する反応である[*6].

実験例 3-18　スルホキシドの S,O-アセタールへの変換

セプタムとアルゴン導入口を取り付けた 10 mL の丸底フラスコに,スルホキシド (91 mg, 0.35 mmol)のトルエン溶液(3 mL)を入れる.無水酢酸(0.164 mL, 0.177 g, 1.74 mmol)と p-トルエンスルホン酸(2 mg, 0.001 mmol)を加え,冷却管をセットして 1 時間加熱還流する.反応混合物を室温に冷却し,減圧濃縮すると 113 mg の液体が得られる.これをシリカゲルカラムクロマトグラフィー(ヘキサン-酢酸エチル 20:1 から 10:1)で精製すると,無色液体の S,O-アセタールが得られる.収量 94 mg.収率 89%.

> 【参考文献】 M. D. Lawlor, T. W. Lee, R. L. Danheiser, *J. Org. Chem.*, **65**, 4375-4384(2000).

■ TEMPO による酸化

TEMPO(2,2,6,6-テトラメチルピペリジン-1-オキシル)は,共酸化剤の存在下,触媒量を作用させるとアルコールを酸化する.この方法のメリットは,多くの場合反応終了後濃縮するだけで,純粋な生成物が得られることである.共酸化剤としては,トリクロロシアヌル酸(TCCA),ジアセトキシヨードベンゼン(PhI(OAc)₂),メタクロ

[*6] 総説:(a) S. K. Bur, A. Padwa, *Chem. Rev.*, **104**, 2401-2432(2004). (b) A. Padwa, A. G. Waterson, *Curr. Org. Chem.*, **4**, 175-203(2000). (c) A. Padwa, D. E. Gunn, Jr., M. H. Osterhout, *Synthesis*, **1997**, 1353-1377. (d) O. DeLucchi, U. Miotti, G. Modena, *Org. React.*, **40**, 157-405(1991).

ロ過安息香酸(m-CPBA), 臭素酸ナトリウム, 次亜塩素酸ナトリウム, NCS が用いられる. アルコールの酸化ではアルデヒドやケトン, あるいはカルボン酸が得られるが, これらは反応条件によってつくり分けることができる. 以下に典型例を示す. この例では生成物のアルデヒドは精製することなく次の段階で用いられているので収率は2段階の収率である.

実験例 3-19　TEMPO/次亜塩素酸ナトリウムによるアルデヒドへの酸化

ジオール(735 mg, 3.93 mmol)のジクロロメタン溶液(35 mL)を 0 ℃に冷却し, TEMPO(13 mg, 0.080 mmol)と臭化カリウム(47 mg, 0.39 mmol)を加える. 激しくかきまぜながら, 次亜塩素酸ナトリウム水溶液(約 1.5 M, 4.0 mL, 5.9 mmol)を pH 8.6 の緩衝液(0.5 M の炭酸水素ナトリウム水溶液と 0.05 M の炭酸ナトリウム水溶液から作製, 25 mL)に溶かしたものを一度に加える. 反応は TLC でモニターし, アルコールが消失し, 反応溶液が黒くなるまで次亜塩素酸ナトリウム水溶液を追加する. 反応終了後, メタノール(1 mL)を加え, 水相をジクロロメタン(30 mL)で3回抽出する. 有機相をまとめ, 飽和食塩水で洗浄後, 無水硫酸ナトリウムで乾燥する. 濾過後, 溶媒を減圧留去すると, アルデヒドが得られる. これは精製することなく次の段階に用いることができる. 次の段階(オキシムへの変換)を経た後の2段階の収率は84%である.

【参考文献】　J. W. Bode, E. M. Carreira, *J. Org. Chem.*, **66**, 6410-6424 (2001).

■ TPAP(過ルテニウム酸テトラプロピルアンモニウム)を用いた酸化

TPAP は 1987 年に開発された酸化剤である. ルテニウムが高価なことと, 爆発性があることから, 酸化には触媒量を用い, 共酸化剤として NMO (N-メチルモルホリン-N-オキシド)を使う[*7].

[*7]　S. V. Ley, J. Norman, W. P. Griffith, S. P. Marsden, *Synthesis*, **1994**, 639-666.

アルコールからケトン類への酸化反応

実験例 3-20　TPAP/NMO によるアルデヒドへの酸化

アルゴン雰囲気下，$N^α$-Boc-4-*trans*-ヒドロキシ-L-プロリン(1 g, 3.47 mmol)と NMO (0.62 g, 15.6 mmol)をジクロロメタン(7 mL)に溶解, 粉砕したモレキュラーシーブス 4 Å(1.78 g)を加える. 室温でこの懸濁液に TPAP (63 mg)を一気に加え, 3 時間かきまぜる. 沪別後濃縮し, 得た黒色残渣をフラッシュクロマトグラフィー(ジクロロメタン-酢酸エチル 1:1)で精製し, 得た生成物をエーテル-ヘキサンから再結晶すると, 目的のケトンが得られる. 収量 0.9 g. 収率 90%.

【参考文献】 M. Tamaki, G. Han, V. J. Hruby, *J. Org. Chem.*, **66**, 3593-3599 (2001).

■ Wacker 酸化

Wacker 酸化は末端のビニル基をメチルケトンに変換する方法である[*8].

実験例 3-21　$PdCl_2/O_2$ によるメチルケトンの合成

塩化パラジウム(4 mg, 0.0236 mmol)と塩化銅(Ⅰ)(23 mg, 0.23 mmol)を DMF-水混合溶媒(7:1, 0.3 mL)に懸濁し, 酸素雰囲気下で1時間かきまぜる. アルケン(79 mg, 0.24 mmol)を DMF-水混合溶媒(7:1, 0.1 mL)に溶解したものを加え, 室温で一晩かきまぜる. 反応混合物に 20% 硫酸水素カリウム水溶液を加え, エーテルで3回抽出する. 有機相を飽和炭酸水素ナトリウムと飽和食塩水で洗浄して, 無水硫酸ナトリウムで乾燥する. 沪過後エバポレーターで濃縮し, 得た残渣をカラムクロマトグラフィー(ヘキサン-酢酸エチル 3:1)で精製してケトンを得る. 収量 71 mg. 収率 86%.

【参考文献】 H. Takahata, H. Ouchi, M. Ichinose, H. Nemoto, *Org. Lett.*, **4**, 3459-3462 (2002).

[*8] 総説：J. M. Takars, X.-t. Jiang, *Curr. Org. Chem.*, **7**, 369-396 (2003).

アルコールからカルボン酸への酸化

クロム酸-アミン錯体による酸化に関しては総説[*9]を参照されたい．

■ Jones 酸化

実験例 3-22 一般的な方法

HO～～～～～～～△
　　　CrO₃
　　　H₂SO₄
　　→ HOOC～～～～～～～△
　　　アセトン
　　　89%

アルコールのアセトン溶液(約 0.1 M)に Jones 試薬(8 M, 調製法は 1 章を参照)を, 反応溶液にクロムの橙色が残るまで滴下する．反応溶液をさらに 10 分かきまぜ, 水(40 mL)を加える．水溶液を石油エーテル(30 mL)で 4 回抽出する．抽出前にアセトンを減圧除去しておくとよい．有機相をまとめ, 飽和食塩水(50 mL)で洗浄して無水硫酸マグネシウムで乾燥する．濾過して濃縮するとカルボン酸が得られる．収率 89%．

【参考文献】 M. J. Cryle, P. R. Ortiz de Montellano, J. J. De Voss, *J. Org. Chem.*, **70**, 2455-2469 (2005).

■ TEMPO 酸化によるカルボン酸合成

実験例 3-23 TEMPO 酸化/亜塩素酸酸化によるカルボン酸の合成

　　　　　　　TEMPO (7 mol%)
　　　　　　　NaOCl (2 mol%)
　Ph-CH₂-CH(NHCbz)-CH₂OH　NaClO₂ (2 eq)
　　　　　　→　Ph-CH₂-CH(NHCbz)-COOH
　　　　　　　CH₃CN
　　　　　　　85%

アルコール誘導体(11.4 g, 40 mmol)と TEMPO(436 mg, 2.8 mmol)をアセトニトリル(200 mL)に溶かし, リン酸ナトリウム緩衝液(150 mL, 0.67 M, pH 6.7)を加え,

---

[*9] 総説：F. A. Luzzio, *Org. React.*, **53**, 1-221 (1998).

混合物を35℃に加熱する．亜塩素酸ナトリウム水溶液($NaClO_2$, 9.14 g, 80%, 80.0 mmol, 40 mL)と希次亜塩素酸ナトリウム水溶液(5.25% 次亜塩素酸ナトリウム水溶液1.06 mLを水で薄め20 mLにしたもの，2.0 mol%)を"別々の"滴下漏斗から2時間かけて一緒に加える(注意 **亜塩素酸ナトリウム水溶液と次亜塩素酸ナトリウムを混合して加えてはならない！**)．反応溶液を35℃でかきまぜ，反応が終了したら室温に戻す．水(300 mL)を加え，2 M 水酸化ナトリウム水溶液(48 mL)で pH を 8.0 に調整する．反応溶液を0℃のチオ硫酸ナトリウム水溶液(12.2 gを200 mLの水に溶かしたもの)に注ぐ．このとき反応温度が20℃を超えないように冷却する．生じた水溶液の pH は 8.5～9.0 になるはずである．30分間かきまぜた後，MTBE(200 mL)を加える．有機層を分離し，これは破棄する．水相に別のMTBE(300 mL)を加えてから，2 M 塩酸(100 mL)を加えて水相の pH を 3～4 に調整する．有機層を分離し，水(100 mL)で2回，飽和食塩水(150 mL)で1回洗浄し，無水硫酸ナトリウムで乾燥する．濾過後溶媒を減圧除去すると，ラセミ化していない Cbz-フェニルアラニンが得られる．収量 10.2 g．収率 85%．

【参考文献】 M. Zhao, J. Li, E. Mano, Z. Song, D. M. Tschaen, E. J. J. Grabowski, P. J. Reider, *J. Org. Chem.*, **64**, 2564-2566 (1999).

アルケンの酸化反応

■ ジメチルジオキシラン(DMDO)を用いた反応

注意 ジメチルジオキシランはたいへん強力な酸化剤なので，取扱いには細心の注意を払うこと．試薬の調製とそれを用いた酸化反応はドラフト内で行う．皮膚に接触させたり吸入したりすることは絶対に避けること．最低でも保護手袋(注意 **ゴム製は絶対にだめ！**)を二重にして操作せよ．DMDO を用いた酸化に関する総説[*10]を参照のこと．

実験例 3-24 DMDO の調製法

2 L の三つ口丸底フラスコに，回転子，200 mL の等圧型滴下漏斗(水 60 mL とアセトン 60 mL を入れておく)，グラスウールをゆるくつめた空気冷却器(20 cm)，固体導

[*10] W. Adam, C. R. Saha-Moller, C.-G. Zhao, *Org. React.*, **61**, 219-516 (2002).

入用の漏斗，窒素導入管(ガラス管を液の中に導入し窒素をバブルできるようにしておく)をセットする．空気冷却器の出口をジュワー型のドライアイス-アセトン冷却器につなぎ，反応容器から揮発成分を直接蒸留して集められるようにする．受け器フラスコは100 mL程度のものでよいが，これもドライアイス-アセトン浴につけてよく冷却しておく．受け器フラスコの出口にももうひとつジュワー型のドライアイス-アセトン冷却器トラップをつなぎ，トラップにはヨウ化カリウム水溶液を入れておく(色が紫色になったらヨウ素が生じていることになりDMDOがもれ出てきていることがわかる)．最初は，系の出口には空気中から湿気を吸い込まないように乾燥管をつけておく(後にアスピレーターをつなぐ)．

フラスコに水(80 mL)，アセトン(50 mL, 0.68 mol)および炭酸ナトリウム(96 g)を入れる．窒素を通じながら固体のオキソン(Oxone®, 180 g, 0.29 mol)を10～15 gに分けながら加える．滴下漏斗からアセトン-水も同時に加える．反応溶液を約30分間激しくかきまぜると，受け器フラスコに黄色のDMDOのアセトン溶液が蒸留されて集められる．さらに15分間反応系をアスピレーターで30 mmHg程度に弱く減圧し，反応溶液に残ったDMDOを集める．集められた黄色のDMDO溶液(62～76 mL)を無水硫酸ナトリウムで乾燥し，濾過する．無水硫酸ナトリウムを加えフリーザー(-25℃)に貯蔵する．DMDOの濃度の検定はフェニルメチルスルフィドを酸化させてガスクロマトグラフィーで定量することで求まる．普通0.07～0.09 M程度になるはずである．

【参考文献】　R. W. Murray, M. Singh, *Org. Synth., Coll. Vol.* **IX**, 288-293 (1998).

実験例 3-25　DMDOを使ったエポキシ化反応

trans-スチルベン(0.724 g, 4.02 mmol)のアセトン溶液(5 mL)にDMDO(0.062 Mアセトン溶液, 66 mL, 4.09 mmol)を室温で加える．ガスクロマトグラフィーで反応をチェックすると6時間程度でスチルベンの消失がみられる．アセトンをロータリーエバポレーターで留去すると白色固体が得られる．これをジクロロメタン(30 mL)に溶かし，無水硫酸ナトリウムで乾燥する．濾過し，濃縮すると純粋なスチルベンオキシドが得られる．収量0.788 g．収率100%．

【参考文献】 R. W. Murray, M. Singh, *Org. Synth., Coll. Vol.* **IX**, 288-293 (1998).

■ NBS(*N*-ブロモスクシンイミド)を用いたブロモヒドリン化

> 実験例 3-26　NBS を用いたブロモヒドリン化

アルケン(500 mg, 2.29 mmol, 1.0 当量)を THF-水(50 mL, 1:1)に溶かし, NBS (2 g, 28.1 mmol, 12.3 当量)を加え室温で 22 時間かきまぜる. 反応混合物を水(50 mL)で薄め, エーテル(100 mL)で 2 回抽出する. 有機相を一緒に水(50 mL)で 3 回洗浄して無水硫酸マグネシウムで乾燥する. 沪過後濃縮し, 得られた固体残渣をエーテル-石油エーテルから再結晶すると, 生成物が無色結晶として得られる. 収量 55 mg. 収率 76%.

【参考文献】 J. P. Kutney, A. K. Singh, *Can. J. Chem.*, **60**, 1842-1846 (1982).

■ Katsuki(香月)-Jacobsen エポキシ化反応

> 実験例 3-27　光学活性なエポキシドの合成

市販の家庭用漂白剤の次亜塩素酸ナトリウム水溶液(25 mL)に 0.05 M の Na_2HPO_3 緩衝液(10.0 mL)を加える. 溶液(次亜塩素酸濃度で 0.55 M)の pH を, 1 M 水酸化ナトリウム水溶液を数滴加えて 11.3 に調整する. 溶液を 0 ℃に冷却し, マンガン触媒(260 mg, 0.4 mmol)と *cis*-β-メチルスチレン(1.18 g, 10 mmol)をジクロロメタン溶液(10 mL)に溶かして 0 ℃に冷やした溶液を加える. 2 層系の反応溶液を室温で 3 時

間激しくかきまぜ，ガスクロマトグラフィーで反応を追跡する．3時間後，ヘキサン(100 mL)を加え，茶色の有機層を分離する．これを水(100 mL)で2回，飽和食塩水(100 mL)で1回洗浄し，無水硫酸ナトリウムで乾燥する．乾燥剤を沪別し，溶媒を減圧留去して得られる残渣をフラッシュクロマトグラフィーで精製するとエポキシドが得られる．得られたエポキシドをキラルシフト試薬 Eu(hfc)$_3$ を用いて ^{1}H NMR で光学純度を検定したところ，84%ee であった．収量 0.912 g．収率 68%．

【参考文献】 W. Zhang, E. N. Jacobsen, *J. Org. Chem.*, **56**, 2296-2298(1991).

■ *m*-CPBA を用いたエポキシ化反応

m-CPBA は市販の入手容易な酸化剤であるが，高温では分解することが知られている(97℃で分解が始まる)ので，冷蔵庫で保存し，反応条件はこれ以下の温度で行うべきである．よく用いられる反応温度はクロロホルムの還流温度かそれ以下である．詳しくは文献[*11] を参照せよ．

実験例 3-28　一般的なエポキシド合成

アルケン(3.73 g, 19.2 mmol)のジクロロメタン溶液(40 mL)に，*m*-CPBA(10.4 g, 70%, 42.4 mmol)のジクロロメタン溶液(80 mL)を加え，反応溶液を 0℃で 12 時間かきまぜる．2-メチル-2-ブテン(8.1 mL, 76.9 mmol)を加え混合物を 25℃にして 4 時間かきまぜ，過剰の *m*-CPBA を消費する．反応混合物に飽和炭酸水素ナトリウムを加え，ジクロロメタンで抽出する．有機相を飽和亜硫酸ナトリウム水溶液(30 mL)，5% 水酸化ナトリウム水溶液(30 mL×2)，水(30 mL×2)で洗浄して，無水硫酸マグネシウムで乾燥する．沪過後減圧濃縮して得られた粗エポキシドをフラッシュクロマトグラフィー(ヘキサン-酢酸エチル 10:1)で精製して，目的のエポキシドを無色液体として得る．収量 4.03 g．収率 99%．

【参考文献】 B. B. Snider, J. Zhou, *Org. Lett.*, **8**, 1283-1286(2006).

■ 四酸化オスミウムによるジオール化

四酸化オスミウムは毒性が高い．揮発性が高く，蒸気に触れると失明してしまう危

[*11] A. Kubota, H. Takeuchi, *Org. Proc. Res. Dev.*, **8**, 1076-1078(2004).

険があるのでドラフト中で防護して，注意して取り扱うこと．

実験例 3-29 触媒量の四酸化オスミウムによる cis-ジオール合成

$$\text{シクロヘキセン} \xrightarrow[\substack{\text{水-アセトン} \\ (5:2) \\ 91\%}]{\substack{\text{OsO}_4 (\text{触媒}) \\ \text{NMO}(1.55\text{ eq})}} \text{cis-シクロヘキサンジオール}$$

NMO・2H$_2$O(N-モルホリン-N-オキシド二水和物，18.2 g，155 mmol)を水-アセトン(5:2，70 mL)に溶解し，四酸化オスミウム(80 mg)の t-ブチルアルコール溶液(8 mL)を加える．この溶液にシクロヘキセン(10.1 mL，100 mmol)を加えると，やや発熱するので，水浴で反応溶液を室温に保つ．窒素雰囲気下，室温で一晩かきまぜると反応が終わる．ヒドロサルファイトナトリウム(Na$_2$S$_2$O$_4$，1 g)とケイ酸マグネシウム(マグネソール，12 g)および水(80 g)を加え，マグネソールを濾過する．濾液を 1 M 硫酸を用いて pH 7 に調整する．減圧下でアセトンを留去し，水相の pH を 2 に調整する．水溶液に食塩を加えて飽和させ，酢酸エチルで抽出する．水相はブタノールを加え，共沸させて水を除き，さらに残った液体を濃縮してから酢酸エチルで抽出する．酢酸エチル抽出液を一緒にし，乾燥してから減圧下で溶媒を除去すると，ジオール 11.2 g(96.6%)が固体として得られる．これをエーテルから再結晶すると，目的の cis-シクロヘキサンジオールが得られる．収量 10.6 g．収率 91%．融点 95～97 ℃．

【参考文献】 V. Van Rheenen, R. C. Kelly, D. Y. Cha, *Tetrahedron Lett.*, **17**, 1973-1976(1976).

■ Sharpless の不斉ジオール化

不斉ジオール化に必要な AD-mix α と AD-mix β は市販されているのでそれを用いるとよい．AD-mix α は (DHQ)$_2$PHAL，K$_3$Fe(CN)$_6$，K$_2$CO$_3$，および K$_2$OsO$_4$・2H$_2$O を，AD-mix β は (DHQD)$_2$PHAL，K$_3$Fe(CN)$_6$，K$_2$CO$_3$，および K$_2$OsO$_4$・2H$_2$O をそれぞれ混合したキット試薬である．ただしスケールが大きい場合(>1 g)は，キット試薬を使わずに各成分をそれぞれ加えたほうがよい結果が得られる．総説として文献[12]を参考にするとよい．

---

[12] 総説：(a) M. C. Noe, M. A. Letavic, S. L. Snow, *Org. React.*, **66**, 109-625(2005). (b) H. C. Kolb, M. S. VanNieuwenhze, K. B. Sharpless, *Chem. Rev.*, **94**, 2483-2547(1994).

実験例 3-30　不斉ジオール化

$$\text{シクロヘキシル-CH=CH-C(O)-OEt} \xrightarrow[\substack{H_2O-t\text{-BuOH} \\ (1:1) \\ 76\%}]{\substack{(DHQD)_2PHAL(1\text{ mol}\%) \\ K_2OsO_4 \cdot 2H_2O(0.4\text{ mol}\%) \\ K_3Fe(CN)_6(3\text{ eq}) \\ K_2CO_3(3\text{ eq}) \\ CH_3SO_2NH_2(1\text{ eq})}} \text{シクロヘキシル-CH(OH)-CH(OH)-C(O)-OEt}$$

水-t-ブチルアルコール混合溶媒(1:1, 1 L)に(DHQD)$_2$PHAL(800 mg, 1.03 mmol), K$_3$Fe(CN)$_6$(101.5 g, 308 mmol), および炭酸カリウム(42.6 g, 308 mmol)を 0 ℃で混合し, K$_2$OsO$_4$·2H$_2$O(158 mg, 0.411 mmol)を加え, 最後にメタンスルホンアミド(9.8 g, 102.8 mmol)を加える. 10 分かきまぜた後に, 0 ℃で 3-シクロヘキシルアクリル酸エチル(18.7 g, 102.8 mmol)を一度に加え, 0 ℃で 18 時間かきまぜる. 亜硫酸ナトリウム(154 g)を加え反応を停止する. 室温でさらに 1 時間かきまぜてから, ジクロロメタン(300 mL)で 3 回抽出する. 有機相を 2 M 水酸化カリウム水溶液で洗浄してから, 無水硫酸マグネシウムで乾燥する. 沪過後溶媒を減圧留去すると粗ジオールが得られるので, これをヘプタンから再結晶して, 白色固体の生成物を得る. 収量 17.0 g. 収率 76％.

【参考文献】　M. Alonso, F. Santacana, L. Rafecas, A. Riera, *Org. Proc. Res. Dev.*, **9**, 690-693 (2005).

■ Sharpless 不斉アミノヒドロキシル化反応

この反応に使われる窒素源は以下ものがある.

$$\underset{R=p\text{-Tol ; Me}}{R-S(O)_2-NClNa} \quad EtO-C(O)-NClNa \quad BnO-C(O)-NClNa \quad TMS\text{-}CH_2CH_2CH_2\text{-}C(O)-NClNa \quad CH_3-C(O)-NBrLi$$

Sharpless はこれらの不斉反応の開発で 2001 年に Noyori(野依)と Knowles とともにノーベル化学賞を受賞した.

実験例 3-31　不斉アミノヒドロキシル化

水酸化リチウム一水和物 (7.59 g, 181 mmol) の水溶液 (335 mL) に $K_2OsO_4 \cdot 2 H_2O$ (2.6 g, 7.1 mmol, 4 mol%) を加えかきまぜる. t-ブチルアルコール (665 mL) と (DHQ)$_2$PHAL (6.91 g, 8.87 mmol, 5 mol%) を加え, 10 分間かきまぜると透明な均一溶液となる. 溶液に水 (665 mL) を加えて薄め, 氷浴につけて 0 ℃に冷却する. ケイ皮酸エステル誘導体 (50.0 g, 177 mmol) のアセトニトリル溶液 (335 mL) と N-ブロモアセトアミド (26.91 g, 195.1 mmol) を一度に加え, 反応混合物を 0～5 ℃に保って激しくかきまぜる. 24 時間かきまぜた後, 反応混合物を炭酸ナトリウム (89 g) を加えて室温で 30 分かきまぜ, 酢酸エチル (1 L) で抽出する. 有機層を分離し, 水相を酢酸エチルで 3 回抽出する. 有機相をまとめ, 食塩水で洗浄した後, 無水硫酸マグネシウムで乾燥する. 沪別後溶媒を減圧して除き, 得られた粗生成物をシリカゲルフラッシュクロマトグラフィー (ヘキサン-酢酸エチル 1：1) で精製すると, 副生成物であるジオールが 10% 得られ, 次いで目的のアミノアルコール誘導体が白色結晶として得られる. 収量 40 g. 収率 70%.

【参考文献】　S. H. K. Reddy, S. Lee, A. Datta, G. I. Georg, *J. Org. Chem.*, **66**, 8211-8214 (2001).

■ Katsuki(香月)-Sharpless 不斉エポキシ化反応

Katsuki(香月)-Sharpless エポキシ化反応は, 生成物の予想が可能な不斉反応ではおそらく最初のものであろう. 総説[13]を参照するとよい.

---

[13]　総説：(a) T. Katsuki, V. Martin, *Org. React.*, **48**, 1-299 (1996). (b) D. S. Pfenniger, *Synthesis*, **1986**, 89-116.

> **実験例 3-32** Sharpless の不斉エポキシ化反応

$$\text{geraniol} \xrightarrow[\substack{\text{TBHP}(1.5\,\text{eq}),\ \text{MS 4 Å, CH}_2\text{Cl}_2 \\ -20\,^\circ\text{C} \to 0\,^\circ\text{C},\ 1\,\text{h} \\ 91\%}]{\substack{\text{L-}(+)\text{-DET}(7.4\,\text{mol\%}) \\ \text{Ti}(Oi\text{-Pr})_4\,(5\,\text{mol\%})}} \text{2,3-epoxygeraniol}$$

活性化したモレキュラーシーブス 4 Å(1.80 g, ゲラニオールの 15〜20 wt%)をジクロロメタン(100 mL)に懸濁させて, －10 ℃に冷却する. L-(+)-酒石酸ジエチル (1.00 g, 4.8 mmol), チタン(Ⅳ)テトライソプロポキシド(0.91 g, 3.2 mmol), および TBHP(19.4 mL, 97 mmol, 5.0 M のジクロロメタン溶液)をこの順に反応溶液に加える. 10 分間かきまぜた後, －20 ℃に冷却し, 蒸留したゲラニオール(10.0 g, 65 mmol)のジクロロメタン溶液(10 mL)を 15 分かけて加える. 45 分間 －15〜－20 ℃でかきまぜてから, 反応溶液を 0 ℃にする. さらに 5 分間 0 ℃でかきまぜた後, 反応溶液に水(20 mL)と食塩を飽和させた 30% 水酸化ナトリウム水溶液(4.5 mL)をこの順に加えて反応を止める. 10 分間激しくかきまぜてから, ジクロロメタン層と水層を分離する. 水相をジクロロメタンで抽出し, 有機相を一緒にして, 無水硫酸マグネシウムで乾燥する. 沪過して溶媒を減圧濃縮し, 得た粗生成物をクーゲルロールで減圧蒸留(沸点 100 ℃/0.1 mmHg)すると, エポキシドが無色液体として得られる. 収量 10.3 g. 収率 91%.

【参考文献】 D. F. Taber, G. Bui, B. Chen, *J. Org. Chem.*, **66**, 3423-3426(2001).

■ Shi の不斉エポキシ化反応

この反応については総説[*14]を参考にせよ.

[*14] Y. Shi, *Acc. Chem. Res.*, **37**, 488-496(2004).

実験例 3-33 Shi の不斉エポキシ化

オキソン=2 KHSO$_5$・KHSO$_4$・K$_2$SO$_4$

EDTA ニナトリウム塩の水溶液(1×10^{-4} M, 2.5 mL)と硫酸水素テトラブチルアンモニウム(10 mg, 0.03 mmol)を, 0 ℃に冷やしたアルケン(77 mg, 0.5 mmol)のアセトニトリル溶液(2.5 mL)加えて, 激しくかきまぜる. オキソン®(1.5 g, 2.5 mmol)と炭酸水素ナトリウム(0.65 g, 7.75 mmol)をよく粉砕して混合し, この一部を反応溶液に加え, pH を 7 以上にする. キラルケトン(38 mg, 0.125 mmol)のアセトニトリル溶液(1.25 mL)を加える. 残りのオキソン®/炭酸水素ナトリウムを 4 時間半以上かけて徐々に加える. 反応溶液を 0 ℃でさらに 7 時間半, 室温で 12 時間かきまぜる. 反応混合物に水を加えて薄め, 酢酸エチルで抽出する. 有機相をまとめ, 飽和食塩水で洗浄後, 無水硫酸ナトリウムで乾燥する. 沪過して濃縮した残渣をフラッシュクロマトグラフィーで精製すると無色液体のエポキシドが得られる. 収量 65 mg. 収率 77％. 光学純度 93％ee(ガスクロマトグラフィーで決定. 絶対配置は決められていない).

【参考文献】 X.-Y. Wu, X. She, Y. Shi, *J. Am. Chem. Soc.*, **124**, 8792-8793 (2002).

■ VO(acac)$_2$/TBHP によるアリルアルコールの酸化

実験例 3-34 VO(acac)$_2$/TBHP によるエポキシ化

アリルアルコール(688 mg, 1.05 mmol)のベンゼン溶液(25 mL)にバナジルアセチルアセトナート(58 mg, 0.22 mmol)と TBHP(1.0 M のトルエン溶液, 2.2 mL, 2.2 mmol)を加える. 赤色の不均一系の反応混合物を 2 時間激しくかきまぜる. 飽和チオ硫酸ナトリウム水溶液(25 mL)を加え, 有機層を分離し, 無水硫酸ナトリウムで乾燥する. 沪過後溶媒を減圧除去し, 褐色の残渣をフラッシュクロマトグラフィー(ヘキサン-酢酸エチル 55 : 45)で精製してエポキシドを得る. 1.2 : 1 のジアステレオマー混合物. 収量 605 mg. 収率 86％.

【参考文献】 J. B. Shotwell, E. S. Krygowski, J. Hines, B. Koh, E. W. D. Huntsman, H. W. Choi, J. S. Schneekloth, Jr., J. L. Wood, C. M. Crews, *Org. Lett.*, **4**, 3087-3089(2002).

アルデヒドおよびケトンからカルボン酸とその誘導体への酸化

■ Baeyer-Villiger 酸化[*15]

この反応を行うためにこれまでは, 90％のトリフルオロ過酢酸あるいは 90％の過酸化水素水が多用されてきたが, これらは爆発性があって危険なことと, 試薬自身が手に入りにくくなったことで, 従来法がやりづらくなってきた. 代わりにより安全な酸化剤を用いる変法をここにあげる. この反応で転位しやすいのはより正電荷を安定化する官能基(言い換えれば電子供与性基)を有する置換基である. 転位可能なアルキル基が第二級と第三級の可能性がある場合は, 第三級アルキル基が優先して転位する.

実験例 3-35 ケトンからラクトンへの変換

ケトン(200 mg, 1.31 mmol)のジクロロメタン溶液(10 mL)に室温でスカンジウムトリフラート(32 mg, 0.066 mmol, 0.05 当量)を加える. 10 分後 *m*-CPBA(450 mg, 2.63 mmol, 2 当量)を加える. 反応混合物を 3 時間かきまぜる. 亜硫酸ナトリウムを含む飽和炭酸水素ナトリウムを加えて反応を停止し, 10 分間かきまぜてから有機層を分離し, 水相を抽出する. 有機相を一緒にし, これを飽和食塩水で洗浄してから無水硫酸マグネシウムで乾燥する. 沪過後溶媒を減圧除去してから, 残渣をフラッシュク

[*15] 総説：(a) M. D. Mihovilovic, F. Rudroff, B. Grotzl, *Curr. Org. Chem.*, **8**, 1057-1069(2004)(不斉反応に関して). (b) G. Strukul, *Angew. Chem. Int. Ed.*, **37**, 134-142(1998)(不斉反応に関して). (c) G. R. Krow, *Org. React.*, **43**, 251-798(1993)(一般的な反応について).

ロマトグラフィー(ヘキサン-酢酸エチル 7:3)で精製して無色液体のラクトンを得る．収量 158 mg．収率 71%．

【参考文献】　C. L. Chandler, A. J. Phillips, *Org. Lett.*, **7**, 3493-3495 (2005).

■ 亜塩素酸ナトリウムによる酸化

実験例 3-36　アルデヒドの酸化によるカルボン酸の合成

アルデヒド(87 mg，0.37 mmol)と 2-メチル-2-ブテン(400 μL，3.74 mmol)を t-ブチルアルコール(4 mL)および水(3 mL)に溶かし，Na_2HPO_4(225 mg，1.87 mmol)の水溶液(0.5 mL)を加える．$NaClO_2$(102 mg，1.12 mmol)の水溶液(0.5 mL)を室温で加え，反応混合物を 30 分間かきまぜる．反応混合物に食塩水(5 mL)を加え，クロロホルム(15 mL)で 4 回抽出する．有機相をまとめ，無水硫酸マグネシウムで乾燥する．乾燥剤を沪別後，減圧濃縮し，得られた粗生成物をフラッシュクロマトグラフィー(シリカゲル/酢酸エチル-ヘキサン-酢酸 1:1:0.02)で精製すると，無色液体のカルボン酸が得られる．収量 87.2 mg．収率 95%．

【参考文献】　K. C. Nicolaou, A. F. Stepan, T. Lister, A. Li, A. Montero, G. S. Tria, C. I. Turner, Y. Tang, J. Wang, R. M. Denton, D. J. Edmonds, *J. Am. Chem. Soc.*, **130**, 13110-13119 (2008).

窒素や硫黄などのヘテロ元素官能基の酸化

■ アミンのニトロンへの酸化

実験例 3-37　ニトロンの合成

溶液 A：アミン(68.3 g，0.35 mol)をジクロロメタン(1,750 mL)に溶かし，5 ℃

に冷却したもの
溶液 B：m-CPBA(175.1 g, 0.7 mol；24%の水と 7%の 3-クロロ安息香酸を含む)をジクロロメタン(1,750 mL)に溶かし，5℃に冷却したもの

溶液 B を温度を 5～10℃に保ちながら，45 分かけて溶液 A に滴下する．反応混合物を 10～15℃でさらに 30 分かきまぜる．原料アミンの残存量が 6%以下になったら反応終了とする．反応混合物を 10%炭酸ナトリウム水溶液(750 mL)で洗浄する．有機層を分離し，10%亜硫酸ナトリウム水溶液(280 mL)と混合し，1 時間激しくかきまぜる(注意 水相は亜硫酸ナトリウムで処理してから捨てること)．有機相を半量まで濃縮し，トルエン(1,050 mL)を加える．溶液を 80℃に加熱し，残存しているジクロロメタンを蒸留によって除去する．還流がとまるまで 80℃に過熱する．こうして得られたニトロンのトルエン溶液(HPLC により 95.5%)は次の付加環化段階にそのまま使用する．

【参考文献】 F. Stappers, R. Broeckx, S. Leurs, L. Van Den Bergh, J. Agten, A. Lambrechts, D. Van den Heuvel, D. De Smaele, *Org. Proc. Res. Dev.*, **6**, 911-914(2002).

■ スルフィドからスルホキシドへの酸化

多くの方法が知られているが，温度と化学量論をちゃんと守らないとスルホンへの酸化まで起こってしまうので注意が必要である[*16].

実験例 3-38 スルホキシドの合成

スルフィド(8.11 g, 15.5 mmol)のジクロロメタン溶液(150 mL)に −78℃で 90% m-CPBA(2.97 g, 15.5 mmol)を加える．反応混合物を −78℃で 4 時間かきまぜる．−20℃に昇温し飽和炭酸ナトリウム水溶液を加えて反応を停止する．有機相を飽和炭酸ナトリウム水溶液と食塩水で洗浄し，無水硫酸ナトリウムで乾燥する．沪過後溶媒を除去し，残渣をヘキサン-酢酸エチルから再結晶してスルホキシドを得る．収量 7.00 g．収率 84%．

【参考文献】 D. Crich, A. Banerjee, Q. Yao, *J. Am. Chem. Soc.*, **126**, 14930-14934(2004).

[*16] S. Uemura, Oxidation of Sulfur, Selenium and Tellurium. In "Comprehensive Organic Synthesis", B. M. Trost, Ed., Vol. 7, pp. 758-769. Pergamon Press：Oxford(1991)および P. Kowalksi, K. Mitka, K. Ossowska, Z. Kolarska, *Tetrahedron*, **61**, 1933-1953(2005).

■ スルフィドからスルホンへの酸化

上記の反応と似た条件で酸化できる．

実験例 3-39 スルホンの合成

オキソン®(3 eq), THF-MeOH-H₂O (1:1:1), 99%

スルフィド(7.47 g, 33.3 mmol)の THF 溶液(22 mL)にメタノール(22 mL)と水(22 mL)を加える．0 ℃に冷却しオキソン®(57.3 g, 93.2 mmol)を少しずつ加える．加え終わって5分間反応混合物を0 ℃に保ち，室温で30分かきまぜる．反応混合物を水(500 mL)に注ぎ，ジクロロメタン(150 mL)で3回抽出する．有機相をひとまとめにし，無水硫酸ナトリウムで乾燥した後，乾燥剤を沪過，濃縮するとスルホンの白色固体が得られる．収量 8.54 g．収率＞99%．

【参考文献】 E. A. Voight, P. A. Roethle, S. D. Burke, *J. Org. Chem.*, **69**, 4534-4537 (2004).

■ Kagan の不斉酸化

スルホキシドへの不斉酸化は最近進歩してきた領域であり，今でも挑戦的な反応であるものの，高い光学純度のスルホキシドが得られる系もある．この反応は水の添加量が大切である．

実験例 3-40 不斉酸化によるスルホキシドの合成

クメンヒドロペルオキシド(1.05 eq), D-DET(2 eq), Ti(O*i*-Pr)₄(1 eq), H₂O(1 eq), CH₂Cl₂, 91%

D-(−)-酒石酸ジエチル(12.04 g, 58.4 mmol)をジクロロメタン(109 mL)に溶かす．含水量をカールフィッシャー水分測定器で測定する．この溶液を不活性ガス雰囲気下で乾燥したガラス器具中に移し，スルフィド(10.85 g, 29.2 mmol)を溶かすと淡黄色の溶液になる．チタン(Ⅳ)テトライソプロポキシド(8.96 mL, 29.2 mmol)を加え，水を加える．水の量は先ほどの定量した分を含めて全部で1当量(この場合は 525.6 mg

で1当量)になるように加える．反応溶液を−15℃に冷却し，クメンヒドロペルオキシド(5.56 mL, 80%, 30.7 mmol)を60分かけて滴下する．反応完結まで5～16時間かかる．反応が終了したら，3 M 塩酸(60 mL, 200 mmol, 6.84当量)を加えて混合物を20℃に昇温する(注意　**この塩酸の添加では発熱するのでよく冷却すること**)．混合物を20℃で1時間かきまぜ，淡黄色のジクロロメタン層を分離し，これを反応容器に戻す．この有機相に4 M の水酸化ナトリウム水溶液(66 mL, 264 mmol, 9.04当量)を加え，40℃で1時間加熱して，20℃に戻す(注意　**この水酸化ナトリウムの添加は，最初は有機層に微量残存する塩酸のために発熱的となることもある**)．分液し(下がジクロロメタン層)，有機相を水(66 mL)で2回洗浄し，乾燥，濃縮するとスルホキシドが淡黄色の液状物質として得られる．収量 10.34 g．収率 91.4%．光学純度 93.6% ee．

【参考文献】　S. A. Bowden, J. N. Burke, F. Gray, S. McKown, J. D. Moseley, W. O. Moss, P. M. Murray, M. J. Welham, M. J. Young, *Org. Proc. Res. Dev.*, **8**, 33-44(2004).

4
還 元 反 応

アルコールからアルカンへの還元

■ トリブチルスズ/AIBN を用いたラジカル的還元
（Barton-McCombie 反応）

Barton-McCombie 反応（または Barton 脱ヒドロキシル化反応）は 2 段階でアルコールをアルカンへと変換する反応である．第 1 段階でアルコールをメチルキサントゲン酸エステル，またはイミダゾリルチオカルバマートに変換し，第 2 段階でトリブチルスズラジカルによって，アルキルラジカルを発生させて水素へと置換する．トリストリメチルシリルシラン（TTTMS）を代わりに用いてもよい[*1]．

実験例 4-1　メチルキサントゲン酸エステルを用いる方法

β-ヒドロキシ-N-メチル-O-メチルアミド（0.272 g，1.55 mmol）の THF 溶液（30 mL）に二硫化炭素（6.75 mL，112 mmol）およびヨウ化メチル（6.70 mL，108 mmol）を 0 ℃で加える．15 分かきまぜた後，水素化ナトリウム（60%，136.3 mg，3.4 mmol）を

[*1]　総説：(a) S. W. McCombie, In "Comprehensive Organic Synthesis", B. M. Trost, I. Fleming, Eds., Vol. 8, Chapter 4.2：Reduction of Saturated Alcohols and Amines to Alkanes, pp. 818-824, Pergamon Press：Oxford, U. K.(1991)．(b) D. Crich, L. Quintero, *Chem. Rev.*, **89**, 1413-1432(1989)．

加える．20分間0℃でかきまぜた後，砕いた氷(60 g)を加えて反応を停止する(注意 水素が発生する！)．混合物を室温に戻し，有機層を分離して，水相をジクロロメタン(15 mL)で4回抽出する．有機相をまとめ，無水硫酸ナトリウムで乾燥する．沪別後減圧濃縮し，カラムクロマトグラフィー(ヘキサン-酢酸エチル 20：1)で精製すると，キサントゲン酸エステル誘導体が得られる．収量0.354 g．収率86％．

キサントゲン酸エステル誘導体(2.95 g，11.1 mmol)のトルエン溶液(100 mL)にトリブチルスズ(15.2 mL，56.5 mmol)とAIBN(0.109 g，0.664 mmol)を加え，1時間加熱還流する．反応溶液を冷却後減圧濃縮し，残渣を直接カラムクロマトグラフィー(シリカゲル/ヘキサン，後にヘキサン-酢酸エチル 10：1)で精製すると，N-メチル-O-メチルアミドが得られる．収量1.69 g．収率96％．

【参考文献】　M. A. Calter, W. Liao, J. A. Struss, *J. Org. Chem.*, **66**, 7500-7504 (2001).

実験例 4-2　イミダゾリルチオカルバマートを経由する方法

β-ヒドロキシメチルエステル誘導体(10.0 g，25 mmol)と1,1′-チオカルボニルジイミダゾール(9.0 g，50 mmol)を無水THF(130 mL)に溶解し，16時間加熱還流する．溶媒を減圧留去し，残渣を酢酸エチル(100 mL)に溶かす．これを0.5 M塩酸(100 mL)で3回洗浄し，無水硫酸ナトリウムで乾燥する．沪別後減圧濃縮し，得た残渣をヘキサン-酢酸エチルから再結晶すると，イミダゾリルチオカルバマートが得られる．収量7.6 g．収率60％．沪液を濃縮し，残渣をフラッシュクロマトグラフィー(ヘキサン-酢酸エチル)で精製すると，さらに1.4 g (11％)のイミザゾリルチオカルバマートが得られる．

イミダゾリルチオカルバマート(5.0 g，9.8 mmol)のトルエン溶液(130 mL)を100

℃に加熱し,トリブチルスズ(3.4 mL, 12.6 mmol)および AIBN(0.1 g, 0.06 mmol)を加える.混合物をさらに10分間100℃で反応させる.反応混合物を減圧濃縮し,残渣をアセトニトリル(100 mL)に溶かして,ヘキサン(100 mL)で3回洗浄する(スズ化合物が除かれる).アセトニトリル相を濃縮し,残渣をフラッシュクロマトグラフィー(ヘキサン,後にヘキサン-酢酸エチル 1:1)で精製すると,シクロペンタンが得られる.収量3.6 g.収率95%.

【参考文献】 P. Chand, P. L. Kotian, A. Dehghani, Y. El-Kattan, T.-H. Lin, T. L. Hutchison, Y. S. Babu, S. Bantia, A. J. Elliott, J. A. Montgomery. *J. Med. Chem.*, **44**, 4379-4392(2001).

アルデヒド,アミド,ニトリルのアミンへの還元反応

■ 水素化トリアセトキシホウ素ナトリウムを用いたアルデヒドの還元的アミノ化

アルデヒドをアミンに変換するのにもっともよい方法は還元的アミノ化である.アルデヒドとアミンは,反応してイミンを形成することが知られているが,これを還元してアミンに変換する反応である.還元剤としてはここにあげる水素化トリアセトキシホウ素ナトリウム($NaBH(OAc)_3$)のほかに水素化シアノホウ素ナトリウム($NaBH_3CN$)がある.これらの還元剤は水素化ホウ素ナトリウムよりも還元力が弱く,アルデヒドを還元する速度がイミンを形成のそれよりも遅いので,アルデヒドをアルコールに変換することなくイミンを経由してアミンを与えることができる.反応を加速するためにはイミンの形成をしやすくすればよく,このために0.1~3当量の酢酸を添加して反応を進ませている[*2].

[*2] 総説:(a) E. W. Baxter, A. B. Reitz, *Org. React.*, **59**, 1-714(2002). (b) R. O. Hutchins, In "Comprehensive Organic Synthesis", B. M. Trost, I. Fleming, Eds., Vol. 8, Chapter 1.2: Reduction of C=N to CHNH by Metal Hydrides, pp. 25-54, Pergamon Press: Oxford, U. K.(1991).

> 実験例 4-3

アルデヒド (0.67 g, 1.66 mmol) の 1,2-ジクロロエタン溶液 (25 mL) にトリエチルアミン (0.32 mL, 2.22 mmol) と H-Phe-Leu-OMe (0.72 g, 2.16 mmol) を加える. 5 分間かきまぜた後, 水素化トリアセトキシホウ素ナトリウム (0.57 g, 2.67 mmol) を一度に加え, さらに 45 分かきまぜる. 飽和炭酸水素ナトリウム水溶液を加えて反応を停止し, 水層と有機層を分離し, 水相はジクロロメタンで抽出する. 有機相をまとめて食塩水で洗浄してから, 無水硫酸マグネシウムで乾燥する. 沪過後溶媒を減圧留去し, 残渣をフラッシュクロマトグラフィー (ヘキサン-酢酸エチル 3:1, 後に 1:1) で精製すると, 目的の第二級アミンが黄色みがかったオイルとして得られる. 収量 0.93 g. 収率 82%.

【参考文献】 D. Blomberg, M. Hedenstrom, P. Kreye, I. Sethson, K. Brickmann, J. Kihlberg, *J. Org. Chem.*, **69**, 3500-3508 (2004).

■ 水素化アルミニウムリチウムによるアミドの還元

水素化アルミニウムリチウム (LAH) を使った還元については次ページも参照せよ.

> 実験例 4-4

LAH (76 mg, 2.0 mmol) を乾燥 THF (5 mL) に懸濁し, オクタヒドロインドロン (259 mg, 1.0 mmol) を加え, 反応混合物を 3 時間加熱還流する. 反応溶液をよく冷やしながら, 水 (1 mL), 8% 水酸化ナトリウム水溶液 (3 mL), および水 (3 mL) を滴下漏斗か

らゆっくり，注意深く加えて反応を止める．|注意| LAH の反応を止めるとき（水などの添加）はたいへん発熱的なうえに，可燃性の水素をたいへん激しく発生する．したがって，水を加える前に十分に反応容器を氷浴で冷却し，滴下漏斗などを使ってできるかぎりゆっくり加えること．また，水素発生も激しいので，反応容器が密閉系にならないように，発生した大量の水素の逃げ道（たいへん大きな体積の発生が急激に起こる！）を確保しておくこと．水を加え終わった反応混合物にはアルミナの白色固体が残っている可能性があるが，このスケールの実験であれば，とくに除くことなく（濾過などで除いてもよいが，このアルミナ上には生成物が大量に吸着されていると考えるべきである），ジクロロメタン（20 mL）で 3 回抽出し，有機相を乾燥してから濃縮して得られるオイルをカラムクロマトグラフィー（クロロホルム–メタノール 10：1）で精製するとオクタヒドロインドールが黄色がかった液体として得られる．収量 241 mg．収率 98％．

【参考文献】 T. Yasuhara, K. Nishimura, M. Yamashita, N. Fukuyama, K. Yamada, O. Muraoka, K. Tomioka, *Org. Lett.*, **5**, 1123-1126 (2003).

■ 水素化アルミニウムリチウムによるニトリルの還元

水素化アルミニウムリチウム（LAH）を使った還元については次頁も参照せよ．

実験例 4-5

LAH のエーテル溶液（1.0 M，36.5 mL，36.5 mmol）を 0 ℃に冷却し，シアノエチルインドール（2.78 g，16.3 mmol）のエーテル溶液をゆっくり加える．反応混合物を 3 時間加熱還流する．0 ℃に冷却し，水（20 mL）と 1 M 水酸化ナトリウム水溶液（40 mL）を注意深く加え反応を停止する．有機層を分離し，水相をエーテルで抽出する．有機相をひとまとめにし，食塩水で洗浄したあと，水酸化カリウムで乾燥する．濾過してから減圧濃縮すると，ホモトリプタミンが黄色の液体として得られる．収量 2.6 g．収率 92％．得られたホモトリプタミンは放置すると結晶化する．ホモトリプタミンを最少量のエタノールに溶かし，塩化水素の飽和エーテル溶液を加えると，塩酸塩の沈殿を生成する．塩酸塩はエタノールから再結晶できる．

【参考文献】 M. E. Kuehne, S. D. Cowen, F. Xu, L. S. Borman, *J. Org. Chem.*, **66**, 5303-5316 (2001).

カルボン酸およびその誘導体の還元によるアルコールの合成

■ 水素化アルミニウムリチウムによる還元

　水素化アルミニウムリチウム(LAH)は強力な還元剤なので，ほぼすべての官能基を無差別に還元してしまう．すなわちカルボン酸，アミド，エステル，ラクトン，ケトン，アルデヒド，エポキシド，ニトリルはすべて還元されてしまい，アルコールもしくはアミンになる．LAHを用いる還元反応[*3]では，LAHが水ときわめて激しく反応することを覚えておかねばならない．とりわけ反応をとめるときには過剰に加えたLAHをつぶさねばならないので，細心の注意を払って慎重に操作すべきである．酢酸エチルの添加によってLAHをつぶせない場合は，水，水酸化ナトリウム水溶液，水をこの順にゆっくり注意深く反応溶液に加える．このとき反応溶液を十分に冷却し（一般には0℃），滴下漏斗を使ってゆっくり加え，発生した水素の逃げ道を確保して行うこと．

実験例 4-6　カルボン酸の還元

　LAH(6.50 g, 171 mmol)のTHF懸濁液(90 mL)を0℃に冷やし，ジカルボン酸(3.40 g, 17.0 mmol)のTHF溶液(30 mL)をゆっくり加える．反応混合物を1時間加熱還流した後，0℃に冷却し，水(13 mL)および10%水酸化ナトリウム水溶液(10 mL)をこの順でゆっくり加える．注意　この段階の操作には細心の注意を払うこと．猛烈な発熱と激しい水素発生が起こるので，反応混合物はあらかじめ十分の量の氷水で冷却したうえで，ゆっくりと水を加えること．発生した水素の逃げ道も確保すること．混合物を無水硫酸マグネシウム上で濾過し，濾液を減圧濃縮するとジオールが得られる．収量2.65 g．収率91%．

[*3] 総説：(a) J. Seyden-Penne, "Reductions by the Alumino-and Borohydrides in Organic Synthesis", 2nd ed. Wiley-VCH：New York(1997). (b) H. C. Brown, S. Krishnamurthy, *Tetrahedron*, **35**, 567-607(1979). (c) W. G. Brown, *Org. React.*, **6**, 469-509(1952).

【参考文献】 T. J. Brocksom, F. Coelho, J.-P. Depres, A. E. Greene, M. E. Freire de Lima, O. Hamelin, B. Hartmann, A. M. Kanazawa, Y. Wang, *J. Am. Chem. Soc.*, **124**, 15313-15325 (2002).

実験例 4-7　エステルの還元

窒素雰囲気下，LAH(0.797 g, 21.0 mmol)の無水 THF 懸濁液を 0℃に冷却し，メチルエステル誘導体(3.35 g, 14.0 mmol)の無水 THF 溶液(50 mL)をゆっくり加える．滴下終了後，氷水浴を取り除き，反応混合物を室温で 16 時間かきまぜる．TLC (ヘキサン-酢酸エチル 2：1)上で原料エステルが消失したら，反応混合物を 0℃に冷やし，水(0.8 mL)，15％ 水酸化ナトリウム水溶液(0.8 mL)および水(2.4 mL)をこの順に加える．注意 この段階の操作には細心の注意を払うこと．**猛烈な発熱と激しい水素発生が起こるので，反応混合物はあらかじめ十分の量の氷水浴で冷却したうえで，ゆっくりと水を加えること．発生した水素の逃げ道も確保すること．**混合物を 30 分かきまぜた後，酢酸エチル(100 mL)を加え，セライトで濾過する．濾液を減圧濃縮すると，ベンジルアルコールが白色固体として得られる．収量 3.0 g．収率 100％．

【参考文献】 M. R. Barbachyn, G. J. Cleek, L. A. Dolak, S. A. Garmon, J. Morris, E. P. Seest, R. C. Thomas, D. S. Toops, W. Watt, D. G. Wishka, C. W. Ford, G. E. Zurenko, J. C. Hamel, R. D. Schaadt, D. Stapert, B. H. Yagi, W. J. Adams, J. H. Friis, J. G. Slatter, J. P. Sams, N. L. Olien, M. J. Zaya, L. C. Wienkers, M. A. Wynalda, *J. Med. Chem.*, **46**, 284-302(2003).

■ アランによる還元[*4]

アランの発生は反応系中で行う．アランの還元は不飽和エステルの 1,2 還元にとくに優れた結果を与える．またハロゲンやニトロ基があってもエステルのみを還元できる選択的な試薬である．

[*4] 総説：(a) J. Seyden-Penne, "Reductions by the Alumino- and Borohydrides in Organic Synthesis", 2nd ed., Wiley-VCH：New York(1997). (b) H. C. Brown, S. Krishnamurthy, *Tetrahedron*, **35**, 567-607(1979).

実験例 4-8

PhS-CH(CH₃)-CH=CH-CO₂Me →(LiAlH₄ (1 eq), AlCl₃ (1.5 eq), エーテル, 0 ℃, 93%)→ PhS-CH(CH₃)-CH=CH-CH₂OH

LAH(0.60 g, 16 mmol)の無水エーテル懸濁液(50 mL)を 0 ℃に冷却し，塩化アルミニウム(3.2 g, 24 mmol)の無水エーテル溶液(40 mL)を 10 分以上かけて滴下する．この操作でアラン(AlH₃)が発生する．この反応混合物を 30 分かきまぜてから，α, β-不飽和エステル誘導体(3.7 g, 16 mmol)の無水エーテル溶液(25 mL)を 0 ℃で 10 分以上かけて加える．反応混合物を 0 ℃で 1 時間かきまぜる．小片の氷を注意深く加える．生じた固体を濾別し，濾液を減圧濃縮するとアリルアルコール誘導体を粘性の高い液体として得る．収量 3.12 g. 収率 93%．

【参考文献】 S. Raghavan, S. R. Reddy, K. A. Tony, Ch. N. Kumar, A. K. Varma, A. Nangia, *J. Org. Chem.*, **67**, 5838-5841(2002).

◼ ボランによる還元[*5]

ボランは THF 錯体($BH_3 \cdot THF$)あるいはジメチルスルフィド錯体($BH_3 \cdot SMe_2$)の THF 溶液が市販されているのでそれを用いる．これらの反応性にはほとんど差はなく，ジメチルスルフィド錯体のほうが安定かつ安価なのでよく使われる．エステルやニトリルが存在しても，カルボン酸だけがボランによって選択的に還元される反応は特筆すべき便利な反応である．

実験例 4-9

HO₂C-(CH₂)₆-CH₂-CO₂Me →($BH_3 \cdot THF$ (1 eq), THF, -18 ℃→室温, 88%)→ HOCH₂-(CH₂)₆-CH₂-CO₂Me

回転子を入れた 250 mL の丸底フラスコに，アジピン酸モノメチルエステル(5.0 g, 24.7 mmol)の THF 溶液(12 mL)を入れ，-18 ℃(食塩-氷で冷やす)に冷却してから，ボラン THF 錯体(1.0 M THF 溶液, 24.7 mL, 24.7 mmol)を 20 分かけて加える．反応溶液をかきまぜながら徐々に室温に戻す．反応の進行を ^{13}C NMR でモニターする．

[*5] 総説：(a) J. Seyden-Penne, "Reductions by the Alumino- and Borohydrides in Organic Synthesis", 2nd ed. Wiley-VCH：New York(1997). (b) H. C. Brown, S. Krishnamurthy, *Tetrahedron*, **35**, 567-607(1979). (c) C. F. Lane, *Chem. Rev.*, **76**, 773-799(1976).

4時間後，反応混合物に水(50 mL)を加えて反応を停止し，炭酸カリウム(5.9 g)を加える．反応混合物にエーテル(100 mL)を加え，有機層を分離し，水相をエーテル(100 mL)で3回抽出する．有機相をひとまとめにし，食塩水で洗浄後，無水硫酸ナトリウムで乾燥する．沪過後溶媒を減圧留去し，残渣をシリカゲルクロマトグラフィー(石油エーテル-酢酸エチル 7：3)で精製すると，黄色の液体として生成物を得る．収率88％(原料の純度が85％であることで補正した値)．

【参考文献】 B. W. Gung, H. Dickson, *Org. Lett.*, **4**, 2517-2519(2002).

■ 水素化ホウ素リチウムによる還元[*6]

水素化ホウ素リチウム($LiBH_4$)は水素化ホウ素ナトリウム($NaBH_4$)と水素化リチウムアルミニウム($LiAlH_4$)の中間の還元力を有する還元剤である．固体とTHF溶液が市販されているが，溶液のほうが圧倒的に使いやすい．LAHとは異なり発火の心配もないので，使いやすい還元剤である．

実験例 4-10　カルボン酸の還元

$$Bn-\underset{NH_2}{\overset{}{C}H}-\underset{O}{\overset{}{C}}-OH \xrightarrow[\text{THF, 0℃→室温}]{\text{LiBH}_4\text{(2 eq)}\ \text{TMSCl(4 eq)}}_{99\%} Bn-\underset{NH_2}{\overset{}{C}H}-CH_2-OH$$

水素化ホウ素リチウム(1.32 g, 60.54 mmol)のTHF溶液(30 mL)に，0℃で塩化トリメチルシリル(15.40 mL, 121.1 mmol)を加える．反応溶液を室温にして15分間かきまぜた後，再び0℃に冷却する．(S)-フェニルアラニン(5.00 g, 30.27 mmol)を加える．氷浴を外して室温で反応溶液を16時間かきまぜる．反応溶液を0℃に冷却し，メタノール(45 mL)をゆっくり加え，2.5 M 水酸化ナトリウム水溶液(25 mL)を加える．有機溶媒を減圧除去し，残渣の水相をクロロホルム(50 mL)で5回抽出する．有機相を一緒にし，無水硫酸ナトリウムで乾燥する．乾燥剤を沪過して，クロロホルムを減圧留去すると，(S)-フェニルアラニノールを白色固体として得る．収量4.55 g．収率99％．

【参考文献】 M. G. Organ, Y. V. Bilokin, S. Bratovanov, *J. Org. Chem.*, **67**, 5176-5183(2002).

[*6] 総説：(a) J. Seyden-Penne, "Reductions by the Alumino- and Borohydrides in Organic Synthesis", 2nd ed., Wiley-VCH：New York(1997). (b) H. C. Brown, S. Krishnamurthy, *Tetrahedron*, **35**, 567-607(1979).

4　還元反応

実験例 4-11　ラクトンの還元

$$\text{ラクトン} \xrightarrow[\text{THF, 0℃→室温}]{\text{LiBH}_4\,(2.4\,\text{eq})} \text{ジオール}$$
98%

ラクトン (3.40 g, 13.18 mmol) の無水 THF 溶液 (10 mL) に水素化ホウ素リチウムの THF 溶液 (2 M, 16 mL, 32 mmol) を 0 ℃で加える．反応溶液を室温で一晩かきまぜる．反応溶液を冷たい飽和塩化アンモニウム溶液 (300 mL) とエーテル (300 mL) の混合物に注ぎ，有機層を分離してから水相をエーテルで抽出する．エーテル相をひとまとめにし，水および飽和食塩水で洗浄した後，無水硫酸マグネシウムで乾燥する．乾燥剤を沪別後エーテルを減圧留去し，残渣をカラムクロマトグラフィー (ヘキサン-酢酸エチル 3:1 から 3:2) で精製すると，無色液体のジオールが得られる．収量 3.391 g．収率 98%．

【参考文献】 A. Ahmed, E. K. Hoegenauer, V. S. Enev, M. Hanbauer, H. Kaehlig, E. Ohler, J. Mulzer, *J. Org. Chem.*, **68**, 3026-3042 (2003).

■ 水素化ホウ素ナトリウム/三フッ化ホウ素エーテル錯体を用いた還元

実験例 4-12

$$\xrightarrow[\text{THF, 0℃→室温}]{\text{NaBH}_4\,(3\,\text{eq})\;\;\text{BF}_3\cdot\text{Et}_2\text{O}\,(3\,\text{eq})}$$
89%

2-カルボキシメチル-4-ニトロ安息香酸 (10.0 g, 44.4 mmol) の THF 溶液 (220 mL) に水素化ホウ素ナトリウム (5.06 g, 133 mmol) を数回に分けて加える．反応混合物を 0 ℃に冷却して，三フッ化ホウ素エーテル錯体 (21.3 mL, 133 mmol) を 1 時間かけて滴下する．反応溶液を室温 (25 ℃) で 16 時間かきまぜる．反応溶液を 0 ℃に冷却し，注意深く 1 M 水酸化ナトリウム水溶液 (178 mL) を加えて反応を停止する．混合物を 3 時間かきまぜ，THF を減圧留去する．残った水溶性の懸濁液を 0 ℃に冷却し，生成した固体を沪過する．得た固体を乾燥させると，ジオールが白色固体として得られる．収量 7.78 g．収率 89%．

【参考文献】 G. J. Quallich, T. W. Makowski, A. F. Sanders, F. J. Urban, E. Vazquez, *J. Org.*

Chem., **63**, 4116-4119(1998).

■ 水素化ホウ素ナトリウム/ヨウ素を用いたアミノ酸の還元

アミノ酸の還元には種々の方法があるが，費用と安全性，および大量合成の容易さのことを考えると，以下の方法をまずは試すのがよいだろう．

実験例 4-13

$$\underset{NH_2}{\overset{}{\text{（構造式）}}}\text{CO}_2\text{H} \xrightarrow[\text{THF, 0 ℃, 還流}]{\text{NaBH}_4 \text{(2.4 eq), I}_2 \text{(1 eq)}} \underset{NH_2}{\overset{}{\text{（構造式）}}}\text{CH}_2\text{OH}$$
84%

滴下漏斗二つと冷却管をセットした 1 L の三つ口フラスコに，回転子を入れる．アルゴン雰囲気下，フラスコに水素化ホウ素ナトリウム(6.92 g, 183 mmol)と THF(200 mL)を加える．L-t-ロイシン(10.0 g, 76 mmol)を滴下漏斗から一気に加え，加え終わったら，滴下漏斗をはずしてガラス栓をし，フラスコを氷浴につけて 0 ℃に冷却する．ヨウ素(19.3 g, 76 mmol)を THF(50 mL)に溶かしたものを滴下漏斗に入れ，30 分以上かけながら反応溶液にゆっくり滴下する．このとき激しく水素が発生するので，発生したガスの逃げ道を確保しながら滴下を行うこと．ヨウ素の滴下が終了したら，ガスの発生が止むので，反応溶液を 18 時間加熱還流する．反応溶液を室温に冷却し，メタノールを滴下漏斗を使って注意深く加えて反応を停止する．反応溶液は透明になるはずである．さらに 30 分間かきまぜてから，反応溶液をロータリーエバポレーターで減圧濃縮すると，白色の糊状固体が得られる．20% KOH 水溶液(150 mL)を加えてこれを溶解し，生じた水溶液をジクロロメタン(150 mL)で 3 回抽出する．有機層をまとめ，無水硫酸ナトリウムで乾燥する．乾燥剤を沪別後減圧濃縮すると白色の半固体状生成物が得られるので，これをクーゲルロールで減圧蒸留すると，目的の L-t-ロイシノールが白色固体として得られる．収量 7.53 g．収率 84%．bp 90 ℃/0.2 mmHg．$[\alpha]_D$ +37° (c = 1, EtOH)．

【参考文献】　M. J. McKennon, A. I. Meyers, K. Drauz, M. Schwarm, *J. Org. Chem.*, **58**, 3568-3571(1993).

エステルなどのカルボン酸誘導体のアルデヒドへの還元

■ 水素化ジイソブチルアルミニウム

水素化ジイソブチルアルミニウム(DIBAL-H)は低温でカルボニル基を還元できる

ので，ケトンの立体選択的な還元も可能である便利な還元剤である．－70℃で作用させると，飽和エステルはアルデヒドに還元できることもある．一方不飽和エステルは注意深く還元してもアルデヒドの段階で還元をとめるのは難しいので，2当量作用させてアリルアルコールまで還元するのが現実的である．アルデヒドで確実にとめるためには Weinreb アミド(N-メチル-O-メチルヒドロキシアミド)に変換して還元するのがよい．分子内エステルであるラクトンは，DIBAL-H で還元するとラクトールになる．DIBAL-H は石油エーテル(ヘキサンとして表示されている)，トルエン，ジクロロメタン溶液のものが市販されている．微妙に反応性が違うので，用いたい反応に応じて，これらを使い分けるとよい．水素化ジイソブチルアルミニウムを用いた還元反応の総説[*7]がある．

実験例 4-14　エステルの還元

MeO-C(=O)-CH2-CH(OTBS)-CH(TBS)-CH2-CH=CH-I　—DIBAL-H (1.2 eq), CH₂Cl₂, −78 ℃, 94%→　H-C(=O)-CH2-CH(OTBS)-CH(TBS)-CH2-CH=CH-I

|注意| この反応は温度管理がきわめて重要である．反応溶液の温度を直接モニターできるように，溶液内に温度計を差し込んでおくこと．メチルエステル誘導体(3.72 g，6.87 mmol)のジクロロメタン溶液(70 mL)を−78℃に冷却し，DIBAL-H(1.0 M のトルエン溶液，8.2 mL，8.2 mmol)を，**反応溶液の温度が−78℃を超えないように**，ゆっくりと加える．反応溶液をこの温度でで30分かきまぜた後，メタノール(3 mL)を加えて反応を停止する．飽和ロッシェル塩(酒石酸ナトリウムカリウム)水溶液(130 mL)を加え，液液2層混合物を一晩かきまぜる．有機層を分離し，水相をジクロロメタン(40 mL)で3回抽出する．有機相を一緒にし，食塩水で洗浄した後，無水硫酸マグネシウムで乾燥する．沪過後濃縮し，得られた粗生成物をカラムクロマトグラフィー(シリカゲル/ヘキサン-酢酸エチル 20：1)で精製し，無色液体のアルデヒドを得る．収量 3.28 g．収率 94%．

【参考文献】　T. A. Dineen, W. R. Roush, *Org. Lett.*, **6**, 2043-2046(2004).

[*7] 総説：(a) J. Seyden-Penne, "Reductions by the Alumino- and Borohydrides in Organic Synthesis", 2nd ed., Wiley-VCH：New York(1997). (b) H. C. Brown, S. Krishnamurthy, *Tetrahedron*, **35**, 567-607(1979). (c) E. Winterfeldt, *Synthesis*, **1975**, 617-630.

実験例 4-15　Weinreb アミドの還元

[反応式: N-メトキシ-N-メチルアミド (BnO, OTBS, OTMS 基を含む) を DIBAL-H (1.4 eq), THF, −78 ℃ で還元してアルデヒドを得る。収率 93%]

　N-メチル-O-メチルヒドロキシアミド(1.65 g, 3.06 mmol)の THF 溶液(30 mL)を−78 ℃に冷却し, DIBAL-H(1.5 M トルエン溶液, 2.90 mL, 4.35 mmol)を加える. 反応溶液を 45 分かきまぜ, 飽和酒石酸ナトリウムカリウム水溶液(100 mL)を加え, 生じた水溶液をエーテルで抽出する. 有機相を乾燥, 濃縮し, 得た残渣をフラッシュクロマトグラフィーで精製することで, 目的のアルデヒドを無色液体として得る. 収量 1.37 g. 収率 93%.

　【参考文献】　J. A. Lafontaine, D. P. Provencal, C. Gardelli, J. W. Leahy, *J. Org. Chem.*, **68**, 4215-4234(2003).

実験例 4-16　ラクトンの還元

[反応式: MOMO 基を持つ γ-ラクトンを DIBAL-H (1.1 eq), CH$_2$Cl$_2$/Ph-Me, −78 ℃ で還元してラクトールを得る。収率 76%]

　γ-ラクトン(0.880 g, 5.47 mmol)の無水ジクロロメタン溶液(30 mL)を−78 ℃に冷却し, DIBAL-H(1.5 M トルエン溶液, 4.0 mL, 6.0 mmol)を加え, 反応混合物を−78 ℃で 30 分かきまぜる. 固体の塩化アンモニウム(0.4 g)とメタノール(1 滴)を加え, 混合物を短いシリカゲルカラムを通過させる(溶出液は酢酸エチル-メタノール 20:1). 溶出液を減圧濃縮し, 残渣をカラムクロマトグラフィー(シリカゲル/ヘキサン-酢酸エチル 1:1)で精製すると, ラクトールを無色液体として得る. 収量 0.621 g. 収率 76%.

　【参考文献】　J. D. White, P. Hrnciar, *J. Org. Chem.*, **65**, 9129-9142(2000).

実験例 4-17　ニトリルの還元

炎であぶって乾燥させた 25 mL の丸底フラスコに，窒素雰囲気下でニトリル(0.150 g, 0.510 mmol)の無水トルエン溶液(6.5 mL)を入れ，-78 ℃に冷却してから，DIBAL-H(1.5 M トルエン溶液，0.68 mL, 1.02 mmol)をゆっくり加える．反応溶液は赤橙色になるので，1 時間以上かけて室温に昇温する．アセトン(0.2 mL)，酢酸エチル(0.2 mL)，pH 7 のリン酸緩衝液(0.2 mL)をこの順序で加え，反応混合物を 20 分以上激しくかきまぜる．無水硫酸ナトリウムを加えてさらに 20 分間激しくかきまぜる．生じた黄色の溶液を，濾紙あるいはグラスフィルター上にシリカゲルと無水硫酸ナトリウムを敷いて濾過する．濾液を濃縮し，残渣をクロマトグラフィー(ヘキサン-酢酸エチル 4:1)で精製すると(原著ではラジアルクロマトグラフィー[充填剤を樹脂製の内筒に詰めて使用時に金属のホルダーに入れ外周から圧力をかけて使用するカラムを用いたクロマトグラフィーのこと]を利用しているが，普通のカラムクロマトグラフィーでも精製できる)，アルデヒドを黄色の粘性のある液体として得る．収量 0.140 g. 収率 92%.

【参考文献】　M. B. Andrus, E. L. Meredith, E. J. Hicken, B. L. Simmons, R. R. Glancey, W. Ma, *J. Org. Chem.*, **68**, 8162-8169(2003).

■ トリエチルシランと Pd/C を用いた還元(Fukuyama(福山)還元)[*8]

Fukuyama(福山)還元は，穏和な還元条件でチオエステルだけをアルデヒドに還元する方法で，エステル，アミド，ラクトン，アセトニドなどがあっても選択的な還元を行える．

[*8]　総説：T. Fukuyama, H. Tokuyama, *Aldrichim. Acta*, **37**, 87-96(2004).

実験例 4-18

チオエステル誘導体(800 mg, 2.92 mmol)と 10% Pd/C(320 mg, 0.029 mmol)のアセトン懸濁液(7.5 mL)に，トリエチルシラン(1.4 mL, 8.77 mmol)を加え，アルゴン雰囲気下，室温で3時間かきまぜる．触媒をセライト上で濾過し，濾液を減圧濃縮して，カラムクロマトグラフィー(シリカゲル/ヘキサン-酢酸エチル 2：1，後に 1：1)で精製して無色液体の目的生成物を得る．アルデヒドとエノールの平衡混合物である．収量 630 mg．収率 100%．

【参考文献】 H. Takayama, R. Fujiwara, Y. Kasai, M. Kitajima, N. Aimi, *Org. Lett.*, **5**, 2967-2970(2003).

ケトンあるいはアルデヒドからアルコールへの還元

■ 水素化アルミニウムリチウムを用いる方法

実験例 4-19

窒素雰囲気下，LAHのTHF溶液(1.0 M, 1.01 mmol)に，-78℃でケトン(596 mg, 1.01 mmol)のTHF溶液(6 mL)を加える．1時間後，飽和酒石酸ナトリウムカリウム水溶液(6 mL)を**注意深く加える**．混合物を室温で1時間かきまぜる．水(6 mL)を加えて混合物を薄め，エーテル(25 mL)で3回抽出する．有機相をまとめて，無水硫酸マグネシウム上で乾燥し，乾燥剤を除いて減圧濃縮してから，残渣をフラッシュクロマトグラフィー(ヘキサン-酢酸エチル 5：1，後に 1：1)で精製して，エクアトリアル

アルコール (330.5 mg, 55%) およびアキシアルアルコール (266.1 mg, 45%) をそれぞれ得る. 無色液体.

【参考文献】 D. A. Evans, D. L. Rieger, T. K. Jones, S. W. Kaldor, *J. Org. Chem.*, **55**, 6260-6268 (1990).

注意 還元の立体選択性については"実験例 4-26"と比べてみよう.

■ 水素化ホウ素ナトリウム[*9]

水素化ホウ素ナトリウムは穏和で安価な還元剤として広く用いられる. アルコール溶媒中では, エステル, ラクトン, カルボン酸, アミドが存在していても, ケトンとアルデヒドだけを選択的に還元できるので便利である. 還元力は溶媒や添加剤によってコントロールできる.

実験例 4-20

メタノール (60 mL) 中, アミドケトン (1.70 g, 3.86 mmol) と水素化ホウ素ナトリウム (293 mg, 7.72 mmol) を混合し, -10 ℃ で 25 分間かきまぜる. 飽和炭酸水素ナトリウム水溶液 (40 mL) およびジクロロメタン (80 mL) を加え, 混合物を 0 ℃ で 5 分間かきまぜる. 有機層を分離し, 水相をジクロロメタン (40 mL) で 3 回抽出する. 有機相をまとめ, 無水硫酸ナトリウムで乾燥する. 乾燥剤を沪過して溶媒を減圧除去すると, 白色固体の第二級アルコールを得る. 収量 1.68 g. 収率 95%.

【参考文献】 A. Deiters, K. Chen, C. T. Eary, S. F. Martin, *J. Am. Chem. Soc.*, **125**, 4541-4550 (2003).

■ 水素化ホウ素ナトリウム/塩化セリウム(CeCl₃)を用いた還元 (Luche 還元)

Luche 還元は α, β-不飽和ケトンを選択的に 1, 2 還元するための優れた方法である.

[*9] 総説: (a) J. Seyden-Penne, "Reductions by the Alumino- and Borohydrides in Organic Synthesis", 2nd ed., Wiley-VCH : New York (1997). (b) H. C. Brown, S. Krishnamurthy, *Tetrahedron*, **35**, 567-607 (1979).

ケトンはアルデヒドが存在していても選択的に還元される．

実験例 4-21

回転子をセットした 100 mL のフラスコに，エノン (555 mg，1.32 mmol) のジクロロメタン溶液 (6 mL) を入れ，窒素雰囲気下で -78 ℃ に冷却する．0.4 M の塩化セリウムのメタノール溶液 (10 mL，4 mmol) を加える．しばらくかきまぜてから，水素化ホウ素ナトリウム (75 mg，1.98 mmol) を加え，TLC 上でアルコールだけが検出されるようになるまで約 2 時間 -78 ℃ でかきまぜる．反応溶液にエーテル (15 mL) を加え，1 M 硫酸水素ナトリウム水溶液 (4 mL) を加えて反応を停止する．混合物を 20 分かきまぜて，有機層を分離する．水相をエーテル (10 mL) で 4 回抽出する．有機相をまとめ，飽和食塩水で洗浄してから，無水硫酸ナトリウムで乾燥する．濾過後減圧濃縮し，得られた粗生成物をフラッシュクロマトグラフィーで精製すると還元が立体選択的に進行した目的アルコールが得られる．このアルコールはアノマー位に起因する二つのジアステレオマー混合物である．無色液体．収量 477 mg．収率 86％．

【参考文献】 M. H. Haukaas, G. A. O'Doherty, *Org. Lett.*, **3**, 401-404 (2001).

■ **水素化ホウ素亜鉛**[*10]

亜鉛イオンのルイス酸性のために，キレーション制御を利用した α-もしくは β-ヒドロキシケトンの立体選択的還元にきわめて有効な試薬である．

実験例 4-22

マグネチックスターラーの回転子をセットした 500 mL の丸底フラスコに，ケトエステル誘導体 (1.91 g，7.88 mmol) のジクロロメタン溶液 (158 mL) を入れ，-78 ℃ に

[*10] (a) S. Narasimhan, R. Balakumar, *Aldrichim. Acta*, **31**, 19-26 (1998). (b) J. Seyden-Penne, "Reductions by the Alumino- and Borohydrides in Organic Synthesis", 2nd ed., Wiley-VCH : New York (1997).

冷却する．かきまぜながら，調製したばかりの水素化ホウ素亜鉛(0.2 M の THF 溶液，60 mL，12 mmol)をゆっくり滴下し，$-78\,°C$で2時間かきまぜる．飽和塩化アンモニウム水溶液(100 mL)を加えて反応を停止し，混合物を室温に昇温して12時間かきまぜる．有機層を分離し，水相を酢酸エチルで3回抽出する．有機相をひとまとめにし，無水硫酸マグネシウムで乾燥する．乾燥剤を沪別し，溶媒を減圧留去して得たオイルをフラッシュクロマトグラフィー(シリカゲル/ヘキサン-酢酸エチル 2：1，後に1：1)で精製すると，無色液体のジオールを得る．収量1.54 g．収率80％．ジアステレオマー比15：1以上．

【参考文献】 L. A. Dakin, J. S. Panek, *Org. Lett.*, **5**, 3995-3998 (2003).

■ 水素化ジイソブチルアルミニウム(DIBAL-H)による還元

DIBAL-H の還元は105ページも参考にせよ．

実験例 4-23

アルゴン雰囲気下，イノン(0.893 g，2.20 mmol)の THF 溶液(15 mL)を$-78\,°C$に冷却し DIBAL-H(1.0 M のジクロロメタン溶液，4.40 mL，4.40 mmol)を滴下し，30分間かきまぜる．酢酸エチル(1 mL)を加えて反応を停止し，飽和酒石酸カリウムナトリウム水溶液(15 mL)を加えて，生じた不均一溶液を室温で12時間激しくかきまぜる．2層溶液の有機層を分離し，水相をエーテル(30 mL)で3回抽出する．有機相をまとめ，飽和食塩水(30 mL)で洗浄してから無水硫酸ナトリウムで乾燥する．沪過，減圧留去後，得られた淡黄色オイルをシリカゲルクロマトグラフィー(ヘキサン-酢酸エチル 2：1)で精製してジオールを得る．収量0.880 g．収率98％．

【参考文献】 D. A. Evans, J. T. Starr, *J. Am. Chem. Soc.*, **125**, 13531-13540 (2003).

■ 水素化トリ(*t*-ブトキシ)アルミニウムリチウム[*11]

水素化トリ(*t*-ブトキシ)アルミニウムリチウムは立体的にかさ高い還元剤であり，低温条件で作用させると，ケトンやエステルが存在してもアルデヒドのみを選択的に

[*11] 総説：(a) J. Seyden-Penne, "Reductions by the Alumino- and Borohydrides in Organic Synthesis", 2nd ed., Wiley-VCH：New York (1997). (b) J. Malek, *Org. React.*, **34**, 1-317 (1985).

還元できる．アセタール，エポキシド，ハロゲン化アルキル，ニトロ化合物はこの還元剤では影響を受けない．

実験例 4-24

ケトン(20.4 g, 46.9 mmol)の THF 溶液(500 mL)を 0 ℃に冷却し，水素化トリ(t-ブトキシ)アルミニウムリチウム[LiAlH(Ot-Bu)₃](1.0 M の THF 溶液，61.0 mL, 61.0 mmol)を加える．反応混合物を 0 ℃で 30 分間かきまぜ，25 ℃で 30 分かきまぜる．反応を TLC で追跡し，原料が消失したら飽和塩化アンモニウム水溶液(200 mL)を加えて反応を停止し，酢酸エチル(300 mL)を加える．混合物を 25 ℃で 2 時間かきまぜ，酢酸エチル(300 mL)で 3 回抽出する．有機相をまとめて，食塩水で洗浄し，無水硫酸マグネシウムで乾燥する．沪過後濃縮し，得た粗生成物をフラッシュクロマトグラフィー(シリカゲル/ヘキサン-酢酸エチル 3：1)で精製して，白色固体のアルコール誘導体を得る．収量 19.4 g．収率 95%．

【参考文献】 K. C. Nicolaou, J. A. Pfefferkorn, S. Kim, H. X. Wei, *J. Am. Chem. Soc.*, **121**, 4724-4725(1999).

■ L-セレクトリド[*12]

L-セレクトリドは立体的にかさ高い還元剤なので，立体選択的にケトンを還元するのによく用いられる．溶液として市販されているので，それを用いるのがよい．対カチオンがカリウムである K-セレクトリドもあるが，選択性にとくに大きな違いはない．

[*12] 総説：J. Seyden-Penne, "Reductions by the Alumino- and Borohydrides in Organic Synthesis", 2nd ed., Wiley-VCH：New York(1997).

実験例 4-25 立体選択的なケトンの還元

```
            O     L-セレクトリド             OH                      OH
            ‖      (2 eq)                   |                       |
   ⌐O⌐‾\_/‾\__C₁₃H₂₇  ─────────→  ⌐O⌐‾\_/‾\__C₁₃H₂₇   +   ⌐O⌐‾\_/‾\__C₁₃H₂₇
   |   N         THF, 0 ℃→室温       |   N                   |   N
       Boc        85% (18:1)             Boc                     Boc
                                                           L-セレクトリド
        他の還元剤                  収率およびジアス         LiBH(s-Bu)₃
                                   テレオマー比
        NaBH₄, CeCl₃                90% (1:1.8)
        DIBAL-H                     89% (1:1.1)
        BH₃·SMe, オキサザボロリジン   84% (2.3:1)
        LiAlH₄, chirald®            87% (5.2:1)
```

エノン(101 mg, 0.23 mmol)の無水 THF 溶液(10 mL)を 0 ℃に冷却し, L-セレクトリド(1.0 M の THF 溶液, 0.46 mL, 0.46 mmol)を滴下する. 反応溶液を 0 ℃で 30 分かきまぜ, 室温でさらに 30 分かきまぜる. 反応混合物に酢酸エチル(100 mL)を加えて薄め, 短いシリカゲルカラムで沪過する. シリカゲルを酢酸エチルでよく洗浄し, 沪液と混合して, 有機溶媒を減圧留去する. 残渣をカラムクロマトグラフィー(ヘキサン-酢酸エチル 3:1)で精製すると, 無色液体の *anti*-アルコール誘導体が主生成物として得られる. 収量 86 mg. 収率 85%. 副生成物として *syn*-アルコール誘導体が 4.8 mg (4.7%)得られる. 立体選択性は 18:1 である.

【参考文献】 J. Chun, H.-S. Byun, G. Arthur, R. Bittman, *J. Org. Chem.*, **68**, 355-359 (2003).

■ ヨウ化サマリウムと 2-プロパノールを用いる還元 (Meerwein-Ponndorf-Verley 還元)[*13]

この方法は, Meerwein-Ponndorf-Verley 還元の改良方法である. 以下の例は"実験例 4-19"で取り上げたものと同じなので比較してみるとよいだろう.

[*13] 総説：(a) C. F. de Graauw, J. A. Peters, H. van Bekkum, J. Huskens, *Synthesis*, **10**, 1007-1017 (1994). (b) R. M. Kellogg, In "Comprehensive Organic Synthesis", B. M. Trost, I. Fleming, Eds., Vol. 8, Chapter 1.3：Reduction of C=X to CHXN by Hydride Delivery from Carbon, pp. 88-91, Pergamon Press：Oxford, U. K. (1991). (c) A. L. Wilds, *Org. React.*, **2**, 178-223 (1944).

実験例 4-26

R=H, R₁=OH
R=OH, R₁=H

　窒素雰囲気下，ケトン(10.73 g, 18.2 mmol)の THF 溶液(62 mL)に室温で 2-プロパノール(13.9 mL, 182 mmol)とヨウ化サマリウム(0.1 M の THF 溶液, 2.73 mL, 0.273 mmol)を加える．反応溶液が深緑色になるので，これを室温で 18 時間かきまぜる．飽和炭酸水素ナトリウム水溶液(60 mL)を加え反応を停止し，エーテル(120 mL)を加えて，有機層を分離する．有機相を飽和炭酸水素ナトリウム(60 mL)で洗浄する．水相をひとまとめにし，エーテル(60 mL)で 2 回抽出する．有機相をひとまとめにし，1.5 M の亜硫酸ナトリウム(60 mL)および食塩水(60 mL)で洗浄する．無水硫酸マグネシウムで乾燥して，濾過濃縮を経て得た粗生成物をフラッシュクロマトグラフィー(ヘキサン-酢酸エチル 82：18，後に 1：1)で精製すると，無色液体のエクアトリアルアルコール(10.56 g, 98％)およびアキシアルアルコール(0.14 g, 1％)が得られる．

　【参考文献】　D. A. Evans, D. L. Rieger, T. K. Jones, S. W. Kaldor, *J. Org. Chem.*, **55**, 6260-6268(1990).

■ 水素化トリアセトキシホウ素テトラメチルアンモニウムを用いた還元

　水素化トリアセトキシホウ素テトラメチルアンモニウムは，しばしば β-ヒドロキシケトンから *anti*-1,3-ジオールを選択的に得るために用いられる．

実験例 4-27

　水素化トリアセトキシホウ素テトラメチルアンモニウム(1.54 g, 5.85 mmol)をア

セトニトリル(2 mL)に懸濁させ，室温で酢酸(2 mL)を加える．反応混合物を室温で 30 分かきまぜた後，−40 ℃に冷却し，β-ヒドロキシケトン(300 mg, 0.731 mmol)の アセトニトリル溶液(2 mL)を滴下して加える．カンファースルホン酸(85 mg, 0.366 mmol)を酢酸-アセトニトリル混合溶媒(1:1, 4 mL)に溶かしたものを加え，混合物を 18 時間かけて−22 ℃に昇温する．反応混合物を飽和炭酸水素ナトリウム水溶液(50 mL)に注ぎ，飽和酒石酸ナトリウムカリウム(50 mL)を加える．エーテル(100 mL)を 加えて反応混合物を室温で 8 時間激しくかきまぜる．エーテル相を分離し，水相を酢 酸エチル(50 mL)で 3 回抽出する．有機相をひとまとめにし，水(50 mL)および食塩 水(50 mL)で洗浄して，無水硫酸マグネシウムで乾燥する．乾燥剤を沪別後，溶媒を 減圧濃縮すると無色液体の anti-1,3-ジオールが得られる．収量 300 mg．収率 99.5%．ジアステレオマー比 >97:3．

【参考文献】 I. Paterson, O. Delgado, G. J. Florence, I. Lyothier, M. O'Brien, J. P. Scott, N. Sereinig, *J. Org. Chem.*, **70**, 150-160(2005).

■ Corey-Bakshi-Shibata(柴田)還元(CBS 還元)[*14]

Corey-Bakshi-Shibata(柴田)還元(CBS 還元)はアリールケトン，ジアリールケト ン，およびジアルキルケトンの触媒的不斉還元の有力な手法である．また，環状およ び鎖状の α,β-不飽和ケトン，α,β-イノンも，1,2-選択的に還元できる．不斉還元の 選択性に中心的役割を果たしているのが，オキサザボロリジンであり，これがボラン またはジアルキルボランとともに還元反応を促進している．

実験例 4-28

マグネチックスターラーの回転子を入れた 100 mL の丸底フラスコに，(S)-CBS の トルエン溶液(1.0 M, 0.297 mL, 0.297 mmol)を加える．トルエンを真空ポンプにて 減圧してのぞき，THF(15 mL)を加える．溶液を−20 ℃に冷却し，ボラン-ジメチル スルフィド錯体 THF 溶液(10 M, 0.594 mL, 5.94 mmol)を加える．この溶液にケト

[*14] 総説：(a) V. K. Singh, *Synthesis*, **1992**, 605-617. (b) L. Deloux, M. Srebnik, *Chem. Rev.*, **93**, 763-784(1993). (c) E. J. Corey, C. J. Helal, *Angew. Chem. Int. Ed.*, **37**, 1986-2012(1998).

ン(1.51 g, 2.9 mmol)の THF 溶液(15 mL)を滴下する．反応溶液を -20 ℃で8時間かきまぜ，メタノール(15 mL)を注意深く加えて反応を停止する．反応溶液を飽和食塩水(約25 mL)で薄め，酢酸エチルで3回抽出する．有機相をまとめ，食塩水で洗浄して，無水硫酸マグネシウムで乾燥する．濾過し濃縮後，得た粗生成物をフラッシュクロマトグラフィー(シリカゲル/ヘキサン後にヘキサン-酢酸エチル 10：1)で精製して無色液体のアリルアルコール誘導体を得る．収量 1.21 g．収率 80％．ジアステレオマー比 ＞15：1．

【参考文献】 L. A. Dakin, J. S. Panek, *Org. Lett.*, **5**, 3995-3998(2003).

■ *R*-アルパインボランによる還元(Midland 還元)[*15]

実験例 4-29

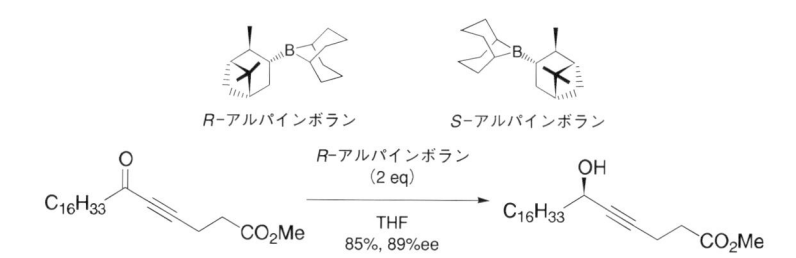

R-アルパインボラン(0.5 M の THF 溶液, 57.2 mL, 28.6 mmol)をイノン(5.21 g, 14.3 mmol)にゆっくり加える．反応溶液を36時間かきまぜる．溶媒を減圧留去し，残渣にエーテル(200 mL)を加える．エタノールアミン(1.72 mL, 28.6 mmol)をゆっくり加え，生じた黄色の沈殿をセライトで濾過する．濾液を濃縮し，残渣をフラッシュクロマトグラフィーで精製して白色固体のアルコールを得る．収量 4.44 g．収率 85％．

【参考文献】 P. H. Dussault, C. T. Eary, K. R. Woller, *J. Org. Chem.*, **64**, 1789-1797(1999).

[*15] 総説：M. M. Midland, *Chem. Rev.*, **89**, 1553-1561(1989).

■ パン酵母による還元[*16]

パン酵母は β-ケトエステルや α-ヒドロキシアルデヒド，ケトンや β-ジケトンを不斉還元するのに有効な手段である．

実験例 4-30

<チャート：ケトエステル誘導体 → パン酵母，スクロース，H_2O, 32~33 ℃，90%ee → β-ヒドロキシエステル誘導体>

6 L の三角フラスコを水浴につけ，ケトエステル誘導体(34.15 g, 0.133 mmol)，スクロース(513 g)および水(2,731 mL)を加えかきまぜる．スクロースが溶けたら，乾燥パン酵母(Red Star 製，341 g)を加え，水浴を使って 32~33 ℃に温度コントロールしながら 24 時間かきまぜる．反応混合物を遠心分離し，水相をエーテルで 4 回抽出する．エーテル相をまとめて，無水硫酸ナトリウムで乾燥する．沪過後減圧濃縮して，得た粗生成物をフラッシュクロマトグラフィー(シリカゲル/ヘキサン-酢酸エチル 4：1 から 2：1)で精製すると，無色液体の β-ヒドロキシエステル誘導体を得る．収量 28.7 g．収率 85%．

【参考文献】 R. M. Williams, J. Cao, H. Tsujishima, R. J. Cox, *J. Am. Chem. Soc.*, **125**, 12172-12178(2003).

■ 2,2′-ビス(ジフェニルホスフィノ)-1,1′-ビナフチルと水素による不斉還元(Noyori(野依)不斉還元)[*17]

2,2′-ビス(ジフェニルホスフィノ)-1,1′-ビナフチル(BINAP)錯体は，ケトンを水素を使って不斉還元するのにたいへんよい触媒である．

[*16] 総説：(a) R. R. Csuk, B. I. Glaenzer, *Chem. Rev.*, **91**, 49-97(1991). (b) S. Servi, *Synthesis*, **1990**, 1-25.
[*17] 総説：(a) R. Noyori, T. Ohkuma, *Angew. Chem. Int. Ed.*, **40**, 40-73 (2001). (b) V. K. Singh, *Synthesis*, **1992**, 605-617. (c) R. Noyori, H. Takaya, *Acc. Chem. Res.*, **23**, 345-350(1990).

> **実験例 4-31**　BINAP-Rによる不斉還元

(R)-(+)-BINAP

[RuCl$_2$(PhH)]$_2$ (0.3 mol%)
H$_2$
(R)-(+)-BINAP (0.6 mol%)
DMF, 90 ℃
84%

　脱気したDMF(3 mL)に塩化ベンゼンルテニウム(Ⅱ)二量体(45 mg, 0.09 mmol)および(R)-(+)-BINAP(112 mg, 0.18 mmol)を加える．混合物を90℃に加熱して20分間かきまぜる．生じた赤茶色の溶液を室温に冷却し，脱気したβ-ケトエステル誘導体(8.4 g, 30.0 mmol)のエタノール溶液(15 mL)を入れたパールフラスコ(中圧水素化反応用のフラスコ)に，キャヌーラ(移送管)を使って移す．パールフラスコを数回水素置換し，4気圧かけて90℃で20時間激しく震とうする．冷却後，反応溶液を減圧濃縮し残った赤茶色の溶液をフラッシュクロマトグラフィーで精製すると，β-ヒドロキシエステル誘導体が淡黄色の液体として得られる．収量7.1 g. 収率84%．光学純度 >90%ee.

【参考文献】　C. Herb, M. E. Maier, *J. Org. Chem.*, **68**, 8129-8135(2003).

ケトンからアルカンまたはアルケンへの還元

■ Wolff-Kishner還元[*18]

　ケトンをアルケンに1段階で変換する古典的な方法である．反応はケトンをヒドラゾンに変換した後，これを塩基処理してアルカンと窒素を得るメカニズムで進行する．反応には強塩基と高温(>200℃)を必要とするため，反応条件が厳しく官能基を多く

[*18]　総説：(a) R. O. Hutchins, M. K. Hutchins, In "Comprehensive Organic Synthesis", B. M. Trost, I. Fleming, Eds., Vol. 8, Chapter 1.14：Reduction of C=X to CH$_2$ by Wolff-Kishner and Other Hydrazone Methods, pp. 327-362, Pergamon Press：Oxford, U. K.(1991). (b) W. Reusch, In "Reduction", R. L. Austine, Ed., pp. 171-221, Dekker：New York(1968). (c) H. H. Szmant, *Angew. Chem. Int. Ed.*, **7**, 120-128(1968). (d) D. Todd, *Org. React.*, **4**, 378-422(1948).

含む化合物には適用しづらい．しかし，Myersらの改良法を用いれば反応温度を100℃以下にできるため，より反応条件を穏和にできる．

実験例 4-32 古典的方法

インドロン(1.04 g, 4.2 mmol)およびヒドラジン一水和物(1.12 mL, 22.4 mmol)のジエチレングリコール溶液(20 mL)を80℃で1時間かきまぜた後，1時間加熱還流する．反応溶液を冷却し，水酸化カリウム(1.2 g, 21.4 mmol)水溶液(5 mL)を加え，再び2時間加熱還流する．冷却後反応混合物を水(100 mL)に注ぎ，沈殿を濾別し，水(50 mL)で5回洗浄し，乾燥するとインドールが緑色固体として得られる．収量0.84 g．収率86％．

【参考文献】 I. A. Kashulin, I. E. Nifant'ev, *J. Org. Chem.*, **69**, 5476-5479(2004).

実験例 4-33 Myersの改良法

25 mLのナス形フラスコにテフロン回転子を入れ，ヘコギニン(0.250 g, 0.581 mmol)とトリス(トリフルオロメタンスルホニル)スカンジウム(0.002 g, 0.0058 mmol)を加える．窒素雰囲気下，1,2-ビス(*t*-ブチルジメチルシリル)ヒドラジン(0.461 g, 1.28 mmol)とクロロホルム(1.5 mL)をシリンジで加える．反応フラスコ

を 55 ℃ に加熱した油浴につけて，かきまぜながら 20 時間加熱する．油浴を外して冷却すると無色透明な溶液が残るので，これにヘキサン (3 mL) を加えて 2 層液体にする．セプタムを外し，反応溶液をグラスウールで濾過し，グラスウールをヘキサン (1 mL) で 2 回洗浄する．濾液を減圧濃縮し，生じた白色固体の TBS ヒドラゾンにテフロン回転子を入れて内部を窒素雰囲気下にしておく．別の 25 mL のナス形フラスコを用意し，カリウム t-ブトキシド (1.01 g, 9.00 mmol) とテフロン回転子を入れ，内部を窒素雰囲気下にする．乾燥 DMSO (7.5 mL) をシリンジで加え，23 ℃ で 15 分程度かきまぜると，カリウム t-ブトキシドの DMSO 溶液ができる．ここに t-ブチルアルコール (15 mL) を加え，できた溶液をシリンジを使って先の TBS ヒドラゾンに加える．かきまぜながら 100 ℃ に加熱した油浴につけて 24 時間加熱する．反応終了後，油浴を取り除き，室温に冷却すると茶色の混合物となるので，これを 15% 程度の 0 ℃ の食塩水 (30 mL) に注ぐ．反応容器を水 (1 mL) とジクロロメタン (1 mL) でそれぞれ 2 回すすぐ．生じた混合物をジクロロメタン (4 mL) で 7 回抽出する．有機相をひとまとめにし，無水硫酸ナトリウムで乾燥する．濾別後減圧濃縮し，残渣をフラッシュクロマトグラフィー (メタノール-ジクロロメタン-ヘキサン 5 : 40 : 55) で精製すると，チゴゲニンが白色固体として得られる．収量 0.232 g．収率 96%．

【参考文献】　M. E. Furrow, A. G. Myers, *J. Am. Chem. Soc.*, **126**, 5436-5445 (2004).

■ ラネーニッケルによる脱硫反応[*19]

　ラネーニッケル (ニッケルとアルミニウムの合金をアルカリ処理したもの) は，ジチオアセタールをアルケンに変換するのによい試薬である．ジチオアセタールもケトンから容易に変換できるので，この方法はケトンのアルケンへの変換に穏和な方法となる．ラネーニッケルはアルカリ処理して速やかに使用するのが一般的であり，処理の仕方で活性が違う．反応に応じた活性化法を使うこと．活性すぎるものを使うと副反応を起こすことがある．また，より活性なラネーニッケルは空気に触れると発火するので，注意して取り扱うこと．ジチアンの脱硫反応には W2 程度の展開 (冷却アルカリで穏やかに水素発生させて展開したラネーニッケル) で十分である場合が多い．

[*19]　総説：G. R. Pettit, E. E. van Tamelen, *Org. React.*, **12**, 356-529 (1962).

実験例 4-34

ケトン(0.2 g, 0.6 mmol)の乾燥ジクロロメタン溶液(20 mL)に1,2-エタンジチオール(0.3 g, 3.0 mmol)と三フッ化ホウ素エーテル錯体(0.3 g, 2.3 mmol)を加える．反応混合物を室温で24時間かきまぜ，飽和炭酸水素ナトリウム水溶液(10 mL)を加えて反応を停止する．水相をジクロロメタンで抽出し，有機相をまとめて無水硫酸マグネシウムで乾燥する．沪過後減圧濃縮し，得た残渣をフラッシュクロマトグラフィーで精製すると，ジチアンが白色固体として得られる．収量0.2 g. 収率85%.

ジチアン(0.6 g, 1.5 mmol)の無水エタノール溶液(100 mL)にラネーニッケル(2 g)を加える．反応混合物をかきまぜながら4時間加熱還流する．室温に冷却後，セライト上でラネーニッケルを沪別して除去する(**発火注意！**)．沪液を減圧濃縮して得られる白色固体を酢酸エチルから再結晶すると，目的の還元生成物が得られる．収量0.46 g. 収率93%.

【参考文献】　A. Padwa, M. A. Brodney, S. M. Lynch, *J. Org. Chem.*, **66**, 1716-1724(2001).

■ トシルヒドラゾンを水素化シアノホウ素ナトリウムで還元する方法[20]

ケトンをトシルヒドラゾンに変換して還元する穏和なアルケンへの変換法である．

---

[20]　総説：(a) R. O. Hutchins, M. K. Hutchins, In "Comprehensive Organic Synthesis", B. M. Trost, I. Fleming, Eds., Vol. 8, Chapter 1.14：Reduction of C＝X to CH_2 by Wolff-Kishner and Other Hydrazone Methods, pp. 343-362, Pergamon Press：Oxford, U. K.(1991). (b) C. F. Lane, *Synthesis*, **1975**, 135-146.

ケトンからアルカンまたはアルケンへの還元 *123*

トシルヒドラゾンはケトンから容易に変換でき，これを水素化シアノホウ素ナトリウムなどの穏和な還元剤をやや酸性条件で用いることでアルカンへと変換できる．

実験例 4-35

ヒドロキシケトン(748.3 mg, 2.79 mmol)をメタノール(36 mL)に溶解し，トシルヒドラジン(1.17 g, 6.98 mmol)を加える．反応溶液を室温で3時間かきまぜ，減圧濃縮してからシリカゲルの短いカラムで濾過して(溶出液：ヘキサン-エタノール 10：1)過剰のトシルヒドラジンを除去する．濾液を減圧濃縮してトシルヒドラゾンを得，これに THF(25 mL)とメタノール(25 mL)を加えて溶解する．ごく微量のメチルオレンジを指示薬として加えておく．溶液を0℃に冷却し，水素化シアノホウ素ナトリウム(119.2 mg, 1.90 mmol)のメタノール溶液(2 mL)をシリンジで加える．1 M 塩酸(300 μL)を20分間隔で5回にわたり滴下する．反応の進行は TLC(ヘキサン-酢酸エチル 3：2)でモニターする．反応溶液の色を黄色からオレンジ色(pH >3.8)に保つ．塩酸を5回加えると，出発物質のトシルヒドラゾンが TLC 上から消失するので，酢酸エチル(250 mL)を加えて反応溶液を薄め，水(50 mL)，飽和炭酸水素ナトリウム水溶液(50 mL)および飽和食塩水(50 mL)で洗浄する．有機相を無水硫酸ナトリウムで乾燥し，これをシリカゲルカラム(酢酸エチル)を通して濾別し，濾液を減圧濃縮すると白い泡状物質であるトシルヒドラジンが得られる．これをエタノール(52 mL)に溶解し，窒素を通じて5分間脱気してから酢酸ナトリウム(10.4 g)を加える．反応混合物をさらに5分間窒素で脱気してから，75℃で20分間加熱する．ガス(窒素)の発生がみられるはずである．反応混合物を室温に冷却し，酢酸エチル(250 mL)を加え，水(50 mL)および飽和食塩水(50 mL)で洗浄する．有機相を無水硫酸ナトリウムで乾燥後濾過し，減圧濃縮して得られる粗生成物をフラッシュクロマトグラフィーで精製して目的のアルコール誘導体を得る．収量 570.5 mg. 収率 80%．

【参考文献】 C. F. Thompson, T. F. Jamison, E. N. Jacobsen, *J. Am. Chem. Soc.*, **123**, 9974-9983(2001).

■ 亜鉛アマルガムによる還元（Clemmensen 還元）[*21]

Clemmensen 還元は古典的なケトンからアルケンへの還元法である．

実験例 4-36

亜鉛粉末(6 g)を5% 塩化水銀水溶液(12 mL)に加え，ときどき振りまぜながら室温で1時間反応させ，上澄みをデカンテーションして除き，亜鉛アマルガムを得る．ここに濃塩酸(30 mL)，水(20 mL)，ケトン(0.8 g, 2.2 mmol)およびトルエン(7 mL)を加え，2時間半加熱還流する．冷却後濃縮すると粗生成物が0.69 g得られる．ここに水酸化カリウム(0.5 g)のメタノール溶液(10 mL)を加え，2時間加熱還流してアセタート部分の加水分解を行う．メタノールを減圧除去し，水で薄め，得られたアルカリ溶液を酸で中和すると0.575 gのフェノール(最終生成物)の粗生成物が得られるので，石油エーテル-エーテルから再結晶して精製する．収量0.51 g．収率76%．

【参考文献】 A. C. Ghosh, B. G. Hazra, W. L. Duax, *J. Org. Chem.*, **42**, 3091-3094(1977).

[*21] 総説：(a) W. B. Motherwell, C. J. Nutley, *Contemp. Org. Synth.*, **1992**, 219-241. (b) S. Yamamura, S. Nishiyama, In "Comprehensive Organic Synthesis", B. M. Trost, I. Fleming, Eds., Vol. 8, Chapter 1.13：Reduction of C=X to CH_2 by Dissolving Metals and Related Methods, pp. 309-313, Pergamon Press：Oxford, U. K.(1991). (c) E. Vedejs, *Org. React.*, **22**, 401-422(1975). (d) E. L. Martin, *Org. React.*, **1**, 155-209(1942).

■ トリエチルシランと三フッ化ホウ素エーテル錯体を用いた
イオン的水素化反応

実験例 4-37

ラクトン(598 mg, 2.28 mmol)のジクロロメタン溶液(10 mL)に水素化ジイソブチルアルミニウムのヘプタン溶液(1.0 M, 2.7 mL, 2.7 mmol)を-78℃で加え,反応溶液を1時間かきまぜる.反応溶液を酢酸エチルと酒石酸カリウムナトリウム水溶液の混合物に注ぎ,激しくかきまぜて反応を停止する.透明な2層になったら,有機層を分けて水相を酢酸エチルで3回抽出する.有機相をひとまとめにし,水と食塩水で洗浄後無水硫酸マグネシウムで乾燥する.沪別後減圧濃縮し,得られた粗ラクトールをジクロロメタン(10 mL)に溶解し,-78℃に冷却する.

トリエチルシラン(0.55 mL, 3.42 mmol)と三フッ化ホウ素エーテル錯体(0.29 mL, 2.28 mmol)を加え,20分かきまぜる.反応混合物に塩化アンモニウム水溶液を加えて反応を停止し,有機層を分離して水相をジクロロメタンで3回抽出する.有機相をひとまとめにし,飽和炭酸水素ナトリウム水溶液と水で洗った後,無水硫酸マグネシウムで乾燥する.沪別後減圧濃縮し,得られた粗生成物をフラッシュクロマトグラフィー(ヘキサン-酢酸エチル 10:1)で精製すると,環状エーテルが無色液体として得られる.収量 435 mg, 収率 77%.

【参考文献】 A. Ahmed, E. K. Hoegenauer, V. S. Enev, M. Hanbauer, H. Kaehlig, E. Ohler, J. Mulzer, *J. Org. Chem.*, **68**, 3026-3042(2003).

■ Shapiro 反応[*22]

Shapiro 反応はトシルヒドラゾンを経由してケトンをアルケンに変換する反応である．トシルヒドラゾンを2当量の強塩基，たとえばブチルリチウムやメチルリチウム，で処理して生じるアルケニルリチウムを求電子剤でトラップしてアルケンを与える．5章の"Shapiro 反応"の項も参照せよ．

実験例 4-38

ケトン(30.5 g, 0.10 mol), p-トルエンスルホニルヒドラジン(22.1 g, 0.119 mol)および p-トルエンスルホン酸一水和物(4.92 g, 25.9 mmol)をメタノール(611 mL)に懸濁させ，窒素雰囲気下で24時間加熱還流する．反応混合物を氷浴で1時間冷却し，生じた沈殿を濾別し，メタノール(150 mL)で洗浄すると，ヒドラゾンが得られる．収量36.7 g．収率77%．

|注意| 以下の第2段階では窒素が発生するのでガスの逃げ道を確保してから操作を行うこと．密閉系で行ってはならない．爆発する！

ヒドラゾン(20.0 g, 43.2 mmol)の t-ブチルメチルエーテル(MTBE, 400 mL, エーテルで代替してもよい)をメチルリチウム(1.5 M の LiBr との錯体のエーテル溶液，86.3 mL, 0.13 mol)と室温で1時間反応させる．0 ℃ に冷却し，水(500 mL)を加えて反応を停止する．反応混合物を MTBE(あるいはエーテル)で抽出し，有機相を無水硫酸マグネシウムで乾燥する．濾過後減圧濃縮するとアルケンが白色固体として得られる．収量12.0 g．収率99%．

【参考文献】 M. M. Faul, A. M. Ratz, K. A. Sullivan, W. G. Trankle, L. L. Winneroski, *J. Org. Chem.*, **66**, 5772-5782(2001).

[*22] 総説：(a) A. R. Chamberlin, S. H. Bloom, *Org. React.*, **39**, 1-83(1990). (b) R. H. Shapiro, *Org. React.*, **23**, 405(1976).

還元的脱ハロゲン化

■ 水素化トリブチルスズによる方法[*23]

実験例 4-39 アゾビスイソブチロニトリル(AIBN)を開始剤として用いる反応

ヨードラクトン(296 mg, 0.74 mmol)の乾燥ベンゼン溶液(6 mL)に水素化トリブチルスズ(0.40 mL, 1.5 mmol)と触媒量のAIBNを加え, 80℃に加熱した油浴につけて30分加熱還流する. 室温に冷却後, 溶媒を2 mLになるまで減圧濃縮し, 濃縮液をフラッシュクロマトグラフィー(シリカゲル(50 g)/エーテル-石油エーテル 2:1, その後ジクロロメタン-エーテル 4:1)で精製して無色固体のラクトンを得る. 収量180 mg. 収率89%.

【参考文献】 R. A. Britton, E. Piers, B. O. Patrick, *J. Org. Chem.*, **69**, 3068-3075(2004).

実験例 4-40 トリエチルボランを開始剤として用いる方法

ジクロロラクトン(1.5 g, 2.15 mmol)と水素化トリブチルスズ(1.3 mL, 4.9 mmol)のベンゼン溶液(20 mL)に, 触媒量のトリエチルボラン(1 MのTHF溶液, 0.7 mL, 0.7 mmol)を加えて78℃に15分間加熱する. 溶媒を減圧濃縮し, 残渣にエーテル(25 mL)を加え, 飽和フッ化カリウム水溶液を加えて激しくかきまぜる. 水層を分離後, 有機層に生じた沈殿(フッ化トリブチルスズ)を濾過し, エーテルで洗浄する. エーテル溶液を無水硫酸マグネシウムで乾燥する. 濾過後減圧濃縮し, 残渣をシリカゲルク

[*23] 総説: W. P. Neumann, *Synthesis*, **1987**, 665-682.

ロマトグラフィー(ヘキサン-酢酸エチル 20:1 から 4:1)で精製すると，無色液体のラクトンが得られる．収量 1.27 g．収率 92%．

【参考文献】 J. P. Marino, M. B. Rubio, G. Cao, A. de Dios, *J. Am. Chem. Soc.*, **124**, 13398-13399 (2002).

■ トリアルキルシラン[*24]

実験例 4-41

トリストリメチルシリルシラン(TTTMS, 850 μL, 2.76 mmol)と AIBN(30 mg, 0.18 mmol)をブロモテトラヒドロフラン(980 mg, 1.84 mmol)のトルエン溶液(90 mL)に加え，80 ℃で4時間かきまぜる．室温に冷却し，溶媒を減圧留去する．残渣をメタノール(100 mL)に溶かし，飽和炭酸水素ナトリウム水溶液(約 12 mL)をゆっくり加え，反応混合物を2時間かきまぜる．水(25 mL)を加えて薄め，メタノールを留去した後，MTBE を用いて通常の抽出操作を行う．得られた粗生成物をフラッシュクロマトグラフィー(ヘキサン-酢酸エチル 8:1)で精製して，無色液体のテトラヒドロフランを得る．収量 705 mg．収率 90%．

【参考文献】 O. Lepage, E. Kattnig, A. Furstner, *J. Am Chem. Soc.*, **126**, 15970-15971 (2004).

[*24] 総説：(a) C. Chatgilialoglu, "Organosilanes in Radical Chemistry Principles, Methods, and Applications", Wiley & Sons：West Sussex, U. K. (2004). (b) C. Chatgilialoglu, *Acc. Chem. Res.*, **25**, 188-194 (1992).

炭素-炭素二重結合あるいは三重結合の還元

■ Pd/C を用いた水素化

実験例 4-42

不飽和[3.3.1]ビシクロ化合物(360 mg, 0.78 mmol)を Pd/C(130 mg, 0.12 mmol) の酢酸エチル懸濁液(8 mL)に加える. 反応容器を水素でフラッシュし, 反応混合物を水素雰囲気下(1 気圧)で 30 分間激しくかきまぜる. 反応が終了したら, Pd/C をシリカゲルを上に敷いたセライト上で濾過し, 酢酸エチルでよく洗浄する. 濾液と洗浄液を濃縮すると目的の還元体が無色液体として得られる. 収量 358 mg. 収率 99%.

【参考文献】 N. K. Garg, D. D. Caspi, B. M. Stoltz, *J. Am. Chem. Soc.*, **126**, 9552-9553(2004).

■ Lindlar 触媒を用いた水素化

アルキンを *cis*-アルケンに変換する方法である.

実験例 4-43

Lindlar 触媒(5% Pd を炭酸カルシウム上に担持したもの, 213 mg, 0.10 mmol), キノロン(0.81 mL, 6.8 mmol, 高純度のものが必要)およびアルキン(578 mg, 2.19 mmol)を酢酸エチル(22 mL)に懸濁させ, 30 分かきまぜる. 反応容器を水素でフラッシュし, 反応を NMR で追跡しながら, 反応が完了するまでかきまぜる. 約 14 時間後反応が終了するので, 反応混合物をセライトで濾過し, 濾液を減圧濃縮する. 得られ

た粗生成物をフラッシュクロマトグラフィー(シリカゲル/酢酸エチル-ジクロロメタン 1:5, 後に酢酸エチル)で精製すると白色固体の cis-アルケンが得られる．収量 478 mg．収率 83%．

【参考文献】 Y. Wang, J. Janjic, S. A. Kozmin, *J. Am. Chem. Soc.*, **124**, 13670-13671(2002).

■ ジイミド還元[*25]

ジイミドは反応系中で発生させる．この方法はアルケンのシン還元に有効であり，多置換アルケンのほうが還元されやすい特徴がある．

実験例 4-44

DAPA, AcOH
MeOH, 40℃
87%

DAPA : KOC(O)N=NC(O)K

アゾジカルボン酸ジカリウム塩(DAPA, 20 mg, 0.123 mmol)をアルケン(149 mg, 0.197 mmol)のメタノール溶液(10 mL)に加える．氷酢酸(10 μL)を加え，反応容器のふたを開けたまま，反応混合物を 40℃に加熱する．溶液の黄色が消え始めたら DAPA(20 mg)と氷酢酸(10 μL)を追加する．この追加は反応収量まで(約 10 時間)数回必要である．反応を NMR で追跡する．反応が終了したら，反応混合物を室温に冷却し飽和炭酸水素ナトリウム水溶液(15 mL)を加え，ジクロロメタン(25 mL)で 3 回抽出する．有機相をまとめ，無水硫酸ナトリウムで乾燥する．沪別後，減圧濃縮し，得られた粗生成物をカラムクロマトグラフィー(ヘキサン-酢酸エチル 2:1)で精製し，無色液体の還元生成物を得る．収量 130 mg．収率 87%．

【参考文献】 C. A. Centrone, T. L. Lowary, *J. Org. Chem.*, **67**, 8862-8870(2002).

[*25] 総説：(a) D. J. Pasto, In "Comprehensive Organic Synthesis", B. M. Trost, I. Fleming, Eds., Vol. 8, Chapter 3.3：Reductions of C=C and C=C by Noncatalytic Chemical Methods, pp. 472-478, Pergamon Press：Oxford, U. K.(1991). (b) D. J. Pasto, R. T. Taylor, *Org. React.*, **40**, 91-155(1991).

■ 水素化ビス(2-メトキシエトキシ)アルミニウムナトリウム (Red-Al, SBMEA-H)による還元[*26]

水素化ビス(2-メトキシエトキシ)アルミニウムナトリウム(Red-Al または SBMEA-H)はプロパルギルアルコールをアリルアルコールに還元する優れた試薬である．

実験例 4-45

プロパルギルアルコール誘導体(7.7 g，40 mmol)のエーテル溶液(150 mL)に，0℃で Red-Al(65% トルエン溶液，18 mL，60 mmol)を加え，0℃で2時間，室温で3時間かきまぜる．酒石酸ナトリウムカリウムの水溶液を0℃で加えて反応を停止し，有機層を分離してから水相を酢酸エチルで4回抽出する．有機相をひとまとめにし，食塩水で洗浄してから無水硫酸マグネシウムで乾燥する．沪過後溶媒を減圧留去し，粗生成物をカラムクロマトグラフィー(シリカゲル/ヘキサン-酢酸エチル 4:1から3:1)で精製すると黄色液体の *trans*-アリルアルコール誘導体が得られる．収量 7.3 g．収率 94%．

【参考文献】 R. Nakamura, K. Tanino, M. Miyashita, *Org. Lett.*, **5**, 3579-3582(2003).

■ Birch 還元[*27]

Birch 還元は，液体アンモニア中アルカリ金属からの一電子移動を経て芳香環からカルバニオンを発生させ，これを求電子剤もしくはプロトン化剤を反応させて進行する還元反応である．

[*26] 総説：(a) J. Seyden-Penne, "Reductions by the Alumino- and Borohydrides in Organic Synthesis", 2nd ed., Wiley-VCH：New York(1997). (b) J. Malek, *Org. React.*, **34**, 1-317(1985).

[*27] 総説：(a) P. W. Rabideau, Z. Marcinow, *Org. React.*, **42**, 1-334 (1992). (b) L. N. Mander, In "Comprehensive Organic Synthesis", B. M. Trost, I. Fleming, Eds., Vol. 8, Chapter 3.4：Partial Reduction of Aromatic Rings by Dissolving Metals and by Other Methods, pp. 490-514, Pergamon Press：Oxford, U. K.(1991). (c) P. W. Rabideau, *Tetrahedron*, **45**, 1579-1603(1989).

実験例 4-46

イソキノリノン(1.156 g, 9.90 mmol)と t-ブチルアルコール(0.88 mL, 11.9 mmol)の THF 溶液(30 mL)を-78℃に冷却し，液体アンモニア(約 280 mL)を加える．溶液の青い色が残るようになるまで，30 分かけて小さく切った金属リチウムを少しずつ加える．ピペリレン(1,3-ペンタジエン)を加えて過剰の金属を消費すると青い色が消えるので，4-メトキシ塩化ベンジル(4.83 g, 31.0 mmol)の THF 溶液(5 mL)を加えさらに-78℃で 2 時間半かきまぜる．固体の塩化アンモニウムを加えて，昇温してアンモニアを蒸発させる．淡黄色の残渣にジクロロメタン(30 mL)と水(40 mL)を加える．有機層を分離してから水相をジクロロメタン(30 mL)で 2 回抽出する．有機相をひとまとめにし，10%のチオ硫酸ナトリウム水溶液(20 mL)で洗浄し，無水硫酸マグネシウムで乾燥する．沪別後溶媒を減圧濃縮し，得られた粗生成物をフラッシュクロマトグラフィー(シリカゲル/ヘキサン-酢酸エチル 1:2)で精製すると，テトラヒドロイソキノリノンが得られる．収量 2.21 g. 収率 75%．

【参考文献】 A. G. Schultz, T. J. Guzi, E. Larsson, R. Rahm, K. Thakker, J. M. Bidlack, *J. Org. Chem.*, **63**, 7795-7804(1998).

ヘテロ原子-ヘテロ原子結合の還元

■ ギ酸アンモニウムを用いたニトロ基のアミノ基への還元[*28]

ニトロ基をアミノ基に還元する方法は多数あるが，そのうちもっとも条件が穏和な

[*28] 総説：(a) G. W. Kabalka, R. S. Varma, In "Comprehensive Organic Synthesis", B. M. Trost, I. Fleming, Eds., Vol. 8, Chapter 2.1：Reduction of Nitro and Nitroso Compounds, pp. 363-379, Pergamon Press：Oxford, U. K.(1991). (b) S. Ram, R. E. Ehrenkaufer, *Synthesis*, **1988**, 91-94.

還元法が Pd/C 存在下ギ酸アンモニウムを使った還元である.

実験例 4-47

$$O_2N\text{-CH}_2\text{-CH(OH)-CH(NHBoc)-CO}_2t\text{-Bu} \xrightarrow[\text{MeOH, }-10\,^\circ\text{C}]{\text{Pd/C, NH}_4^+\text{COO}^- \text{ (10 eq)}} H_2N\text{-CH}_2\text{-CH(OH)-CH(NHBoc)-CO}_2t\text{-Bu}$$
100%

ニトロアルコール(5 g, 14.9 mmol)をメタノール(50 mL)に溶かし, -10℃に冷却する. -10℃に保ちながら, 10% Pd/C(2.5 g, Fluka 社製)と乾燥ギ酸アンモニウム(9.43 g, 150 mmol)を加える. 2時間かきまぜてから, 触媒を濾別する. 溶媒を減圧留去し, 酢酸エチルと飽和炭酸ナトリウム水溶液を加え, pHを7以上に調整する. 有機層を分離し, 水相を酢酸エチルで2回抽出する. 有機相をまとめ, 食塩水で洗浄してから無水硫酸マグネシウムで乾燥する. 濾別後減圧濃縮すると粗アミンが黄色の液体として得られる. 収量 4.55 g. 収率 100%.

【参考文献】 J. Rudolph, F. Hanning, H. Theis, R. Wischnat, *Org. Lett.*, **3**, 3153-3155(2001).

■ 水素化ホウ素ナトリウム/塩化ニッケルを用いたアジドの還元

実験例 4-48

アジド(617 mg, 1.43 mmol)のメタノール-THF 溶液(3:1, 30 mL)を0℃に冷却し, 塩化ニッケル六水和物(542 mg, 2.28 mmol)を加える. 水素化ホウ素ナトリウム(248 mg, 6.57 mmol)を10分かけて加え, 30分かきまぜる. 黒色の反応混合物を室温に昇温し酢酸エチル(40 mL)を加えて薄めてから, セライト上で濾過する. 濾液を酢酸エチル(50 mL)でさらに薄め, 食塩水(25 mL)で2回, 0.01 M の EDTA 水溶液(リン酸カリウム緩衝液, pH 7.5, 25 mL)で1回洗浄する. 乾燥後溶媒を濃縮し, 得られた粗生成物をフラッシュクロマトグラフィー(シリカゲル/酢酸エチル, 後に酢酸エチル-メタノール 12:1)で精製してアミンを得る. 収量 569 mg. 収率 98%.

【参考文献】 R. D. White, J. L. Wood, *Org. Lett.*, **3**, 1825-1827(2001).

Staudinger 反応[*29]

Staudinger 反応は含水条件でトリフェニルホスフィンを使ってアジドをアミンに還元する穏和な方法である．この反応では，中間体であるイミノホスホランを加水分解してアミンとトリフェニルホスフィンオキシドを生じるため，水は必須である．

実験例 4-49

BnO―CH=CH―CH₂CH₂―CH(OMOM)―CH(N₃)―CH₃ → (PPh₃ (1.15 eq), THF–H₂O, 室温, 81%) → BnO―CH=CH―CH₂CH₂―CH(OMOM)―CH(NH₂)―CH₃

アジド (0.45 g, 1.4 mmol) を THF–水混合溶媒 (10:1, 0.15 mL) に溶かし，室温でトリフェニルホスフィン (0.41 g, 1.6 mmol) を加える．反応混合物を室温で 24 時間かきまぜる．減圧濃縮後，残渣を分取 TLC (クロロホルム-メタノール 18:1) で精製すると，無色液体のアミンが得られる．収量 0.33 g．収率 81%．

【参考文献】 H. Makabe, L. K. Kong, M. Hirota, *Org. Lett.*, **5**, 27-29 (2003).

[*29] 総説：(a) Y. G. Gololobov, L. F. Kasukhin, *Tetrahedron*, **48**, 1353-1406 (1992).
(b) Y. G. Gololobov, I. N. Zhmurova, L. F. Kasukhin, *Tetrahedron*, **37**, 437-472 (1981).

5

炭素-炭素結合形成反応

炭素-炭素単結合形成反応

■ アルドール反応[*1]

A. ホウ素エノラートを用いたアルドール反応[*2]

1980年代初頭よりホウ素エノラートを使ったアルドール反応は不斉合成においてたいへん重要な反応となってきた.とりわけメチル基とヒドロキシル基が連続する天然物の合成に威力を発揮する合成反応としてよく用いられる.(Z)-ホウ素エノラートからのアルドール反応は高いシン選択性を示し,(E)-ホウ素エノラートからはアンチ選択性がみられる.ホウ素エノラートを用いたアルドール反応が優れているのは,B−O結合とB−C結合の長さが,他のどの金属元素と酸素あるいは炭素との結合距離よりも短いことにある.このため,六員環遷移状態(Zimmerman-Traxler 遷移状態)がよりタイトな構造となるため,遷移状態において置換基がアキシアル位またはエクアトリアル位を占めることに基づく立体相互作用がはっきり表れることになり,ジアステレオ選択性が高くなる.不斉補助基をもつホウ素エノラートを使えば高エナンチオ選択的アルドール反応が達成できる.ホウ素エノラートはケトンをボラン

[*1] 総説:(a) J. L. Vicarion, D. Badia, L. Carillo, E. Reyes, J. Etxebarria, *Curr. Org. Chem.*, **9**, 219-235 (2005). (b) R. Mahrwald, Ed., "Modern Aldol Reactions", Vol. 1, pp. 1-335, Wiley-VCH: Weinheim (2004). (c) R. Mahrwald, Ed., "Modern Aldol Reactions", Vol. 2, pp. 1-345, Wiley-VCH: Weinheim (2004). (d) T. D. Machajewski, C.-H. Wong, *Angew. Chem. Int. Ed.*, **39**, 1352-1375 (2000). (e) E. M. Carriera, In "Modern Carbonyl Chemistry", Otera, J. Ed., Chapter 8: Aldol Reaction: Methodology and Stereochemistry, pp. 227-248, Wiley-VCH: Weinheim (2000). (f) I. Paterson, C. J. Cowden, D. J. Wallace, In "Modern Carbonyl Chemistry", Otera, J. Ed., Chapter 9: Stereoselective Aldol Reactions in the Synthesis of Polyketide Natural Products, pp. 249-298, Wiley-VCH: Weinheim (2000). (g) A. S. Franklin, I. Paterson, *Contemp. Org. Synth.*, **1**, 317-338 (1994). (h) C. H. Heathcock, In "Asymmetric Synthesis", J. D. Morrison, Ed., Vol. 3, Chapter 2: The Aldol Addition Reaction, pp. 111-212, Academic Press: Orlando, Fl. (1984). (i) T. Mukaiyama, *Org. React.*, **28**, 203-331 (1982).

[*2] 総説:(a) A. Abiko, *Acc. Chem. Res.*, **37**, 387-395 (2004). (b) C. J. Cowden, *Org. React.*, **51**, 1-200 (1997).

トリフラートとアミン処理すると容易に得られる．このとき用いるボランの種類によって(Z)または(E)-エノラートを選択的に発生できる．

実験例 5-1　Evans アルドール反応（その1：キラルなオキサゾリジノンを用いる不斉アルドール反応）

250 mL の丸底フラスコにオキサゾリジノン(3.24 g, 9.37 mmol)のジクロロメタン溶液(20 mL)を入れ，窒素雰囲気下，氷浴で冷却しジブチルボラントリフラート(2.83 mL, 11.3 mmol)を滴下し，引き続きトリエチルアミン(1.70 mL, 12.2 mmol)を加える．生じた黄色の溶液を0℃で10分間かきまぜ，ドライアイス-アセトン浴で−78℃に冷却する．蒸留したばかりのヘキサナール(1.35 mL, 11.3 mmol)をシリンジを使って5分かけて加える．反応混合物を−78℃で1時間，0℃で2時間かきまぜる．pH 7の緩衝液(15 mL)とメタノール(15 mL)を加えて反応を停止する．メタノール-30%過酸化水素水溶液混合液(2:1, 10 mL)を滴下し，生じた2層液体を1時間激しくかきまぜる．反応溶液に水(100 mL)を加えて薄め，有機層を分離し，水相をジクロロメタンで2回抽出する．有機相をひとまとめにし，飽和炭酸水素ナトリウム水溶液で洗浄し，無水硫酸ナトリウムで乾燥する．濾過後，減圧濃縮して得られた残渣をフラッシュクロマトグラフィー(シリカゲル/ヘキサン-酢酸エチル 6:1)で精製すると，淡黄色液体の目的アルコールを得る．収量 3.62 g．収率 97%．

【参考文献】　T. B. Durham, N. Blanchard, B. M. Savall, N. A. Powell, W. R. Roush, *J. Am. Chem. Soc.*, **126**, 9307-9317 (2004).

実験例 5-2　Evans アルドール反応（その2）

イミド(4.50 g, 18.9 mmol)のジクロロメタン溶液(35 mL)を−78℃に冷却し，ジブチルボラントリフラート(4.71 g, 18.9 mmol)を加える．冷却浴を外し，反応溶液を室温でかきまぜると均一な溶液になる．再び溶液を−78℃に冷却し，トリエチルアミン(3.14 mL, 22.5 mmol)を滴下する．−78℃で30分かきまぜた後，反応溶液を0℃に昇温し1時間かきまぜる．もう一度−78℃に冷却し，アルデヒド(2.34 g, 22.5 mmol)のTHF溶液(30 mL)をキャヌーラ(移送管)を使って加え，反応混合物を−78℃で30分，0℃で1時間かきまぜる．ピリン酸緩衝液(30 mL, pH 7, 2.5 M)を加えて反応を停止し，30% 過酸化水素水のメタノール溶液(60 mL, 1:1)を加える．反応混合物は2層となって濁るので，十分量のメタノールを加えて均一溶液にし，0℃で1時間かきまぜる．メタノールのほとんど(約 75 mL)を減圧留去し(注意 エバポレーターの水浴は 30℃以下にすること)，残った水溶液をジクロロメタン(50 mL)で3回抽出する．有機相をひとまとめにし，飽和炭酸水素ナトリウム水溶液(50 mL)で洗浄し，無水硫酸マグネシウムで乾燥する．沪過後減圧濃縮し，得られた黄色の液体をフラッシュクロマトグラフィー(ヘキサン-酢酸エチル 7:3(過剰のオキサゾリジノンが溶出する)後に 1:1(目的アルドールが溶出))で精製すると，アルドール生成物が白色泡状固体として得られる．収量 3.50 g．収率 91%．

【参考文献】 S. F. Martin, J. A. Dodge, L. E. Burgess, C. Limberakis, M. Hartmann, *Tetrahedron*, **52**, 3229-3246 (1996).

実験例 5-3 Masamune(正宗)アルドール反応

Masamune(正宗)アルドール反応は Evans アルドール反応と同様ホウ素エノラートを使ったアルドール反応であるが，不斉補助基としてエフェドリンを導入したエステルを用いる点が異なる．ジブチルボラントリフラートを用いる Evans アルドール反応とは異なり，Masamune(正宗)不斉アルドール反応ではジシクロヘキシルボラントリフラートを用いてアルドール反応するとアンチ選択的に進行する．良い方法なのであるが，残念ながら日本ではエフェドリンの入手がたいへん制限されているために，この方法論は事実上使うことができない．

エステル誘導体(743 mg, 1.53 mmol)とトリエチルアミン(0.52 mL, 3.67 mmol)のジクロロメタン溶液(8 mL)を−78℃に冷却し,ジシクロヘキシルボラントリフラートのヘキサン溶液(1.0 M, 3.4 mL, 3.4 mmol)を20分かけて滴下する.反応溶液を−78℃で2時間かきまぜた後,アルデヒド(442 mg, 1.84 mmol)のジクロロメタン溶液(15 mL)を加える.反応溶液を−78℃で1時間,室温で2時間かきまぜ,pH 7の緩衝液(6 mL)を加えて反応を停止する.反応混合物をメタノール(21 mL)で薄めて,30% 過酸化水素水溶液(3.1 mL)を注意深く加える.反応混合物を室温で一晩激しくかきまぜる.混合物を減圧濃縮し,ジクロロメタンで抽出する.有機相を無水硫酸ナトリウムで乾燥し,沪過後減圧濃縮して得られた粗生成物をフラッシュクロマトグラフィー(ヘキサン-酢酸エチル 30:1,後に 9:1)で精製すると,無色粘性液体の生成物を得る.収量 862 mg.収率 71%.

【参考文献】 A. Furstner, J. Caro-Ruiz, H. Prinz, H. Waldmann, *J. Org. Chem.*, **69**, 459-467 (2004); A. Abiko, *Org. Synth.*, **79**, 109-113 (2002).

B. Mukaiyama(向山)アルドール反応

シリルエノールエーテルおよびケテンシリルアセタールはアルデヒド,ケトンあるいはエステル,チオエステルから合成できる.不斉 Mukaiyama(向山)アルドール反応もキラルな基質とルイス酸を用いることで達成できる.

実験例 5-4　標準的な手法

▶ シリルエノールエーテルの合成

回転子,冷却管,窒素導入口,温度計,側管付き滴下漏斗を備えた四つ口フラスコ

に，窒素雰囲気下でアセトフェン (36 g, 0.30 mol) とトリエチルアミン (41.4 g, 0.41 mol) を加える．ここに，滴下漏斗からクロロトリメチルシラン (43.2 g, 0.40 mol) を室温で 10 分かけて加える．反応フラスコを湯浴につけて 35 ℃ に加熱する．湯浴を取り除き，滴下漏斗にヨウ化ナトリウム (60 g, 0.40 mol) のアセトニトリル溶液 (350 mL) を入れ，かきまぜながら，加熱も冷却もなしに反応溶液の温度が 34～40 ℃ になる速度でゆっくり加える．この操作には約 1 時間程度を要するはずである．加え終わったら反応溶液を室温で 2 時間かきまぜる．反応容器の中身を氷水にあけ，水相をペンタンで 3 回抽出する．有機相をまとめ，炭酸カリウムで乾燥し，沪過後溶媒をロータリーエバポレーターで減圧留去する．GC 分析すると，得られた粗生成物には目的のシリルエノールエーテルを 97%含んでいることがわかる(残り 3%はアセトフェノンである)．粗生成物をクライゼンフラスコで 40 mmHg に保って減圧蒸留すると，前留(約 3 g)の後，目的のシリルエノールエーテルが沸点 124～125 ℃ で出てくる．収量 52.3 g．収率 91%．GC と NMR 分析の結果，シリルエノールエーテルの純度は約 98% である．

アルドール反応

　回転子，セプタムおよび 100 mL の側管付き滴下漏斗とアルゴンガス風船をつけた三方コックをセットした 500 mL の三つ口フラスコにジクロロメタンを入れて，アルゴン雰囲気下で氷浴で冷却する．四塩化チタン (11.0 mL, 0.100 mol) をシリンジを使って加え，かきまぜながらアセトン (6.5 g, 0.112 mol) のジクロロメタン溶液 (30 mL) を 5 分かけて加える．加え終わったら，アセトフェノンシリルエノールエーテル (19.2 g, 0.100 mol) のジクロロメタン溶液 (15 mL) を 10 分以上かけて加え，その後 15 分かきまぜる．

　反応混合物を氷水 (200 mL) に注ぎ，激しくかきまぜてから有機層を分離する．水相をジクロロメタン (30 mL) で 2 回抽出する．有機相をひとまとめにし，炭酸水素ナトリウム水溶液 (60 mL) で 2 回，食塩水で 1 回洗浄し，無水硫酸ナトリウムで乾燥する．沪過後ロータリーエバポレーターで溶媒を減圧留去し，得られた粗生成物をベンゼン (30 mL) に溶かす．これを直径 50 mm のカラムクロマトグラフィー (600 mL のシリカゲル/ヘキサン-酢酸エチル 4：1 で 1 L，2：1 で 1.5 L 溶出させる．最初の 900 mL は捨ててよい)で精製して得た液体が目的のアルドールである．収量 12.2～12.8 g．収率 70～74%．

【参考文献】　T. Mukaiyama, K. Narasaka, *Org. Synth., Coll. Vol.* VIII, 323(1993).

5 炭素-炭素結合形成反応

実験例 5-5　不斉 Mukaiyama(向山)アルドール反応

アルデヒド(0.100 g, 0.494 mmol)のジクロロメタン溶液(5 mL)に,（1-t-ブチルスルファニルビニロキシ)トリメチルシラン(131 mg, 0.641 mmol)を加え, −78 ℃に冷却する．塩化ジメチルアルミニウム(1.0 M のヘキサン溶液, 0.74 mL, 0.74 mmol)を滴下し, 反応溶液を −78 ℃で 1 時間かきまぜる．10% クエン酸のメタノール溶液を加えて反応を終了し, 混合物を徐々に室温に昇温して, 室温で 1 時間かきまぜる．反応溶液を水で薄め, 水相をエーテルで 3 回抽出する．有機相をまとめ, 無水硫酸ナトリウムで乾燥し, 濾過する．減圧濃縮して得た粗生成物をさらに高真空にして, 揮発成分を完全に除去し, フラッシュクロマトグラフィー(シリカゲル/ヘキサン-酢酸エチル 10 : 1)で精製すると, 粘性のある無色液体の β-ヒドロキシチオエステル誘導体を得る．収量 143 mg．収率 86%．

【参考文献】　B. D. Stevens, C. J. Bungard, S. G. Nelson, *J. Org. Chem.*, **71**, 6397-6402 (2006).

実験例 5-6　Crimmins の不斉アルドール反応(チオンキラル補助基)

チオン(1.061 g, 3.32 mmol)のジクロロメタン溶液(16 mL)を窒素雰囲気下 0 ℃に冷却し, 四塩化チタン(0.44 mL, 3.99 mmol)を滴下する．10 分後 N,N,N',N'-テトラメチレンエチレンジアミン(TMEDA, 1.65 mL, 8.3 mmol)を滴下し, 暗色になった反応溶液を 0 ℃で 30 分かきまぜ, アルデヒド(1.540 g, 6.64 mmol)を滴下する．反応溶液を 0 ℃で 2 時間かきまぜ, 塩化アンモニウム水溶液(30 mL)とエーテル(300 mL)を加える．有機層を分離し, 塩化アンモニウム水溶液(50 mL)で 2 回洗浄する．無水硫酸ナトリウムで乾燥後, 濾過し, 減圧濃縮して得た油状残渣をシリカゲルクロマトグラフィー(ヘキサン-酢酸エチル 9 : 1, 後に 3 : 1)で精製すると, 目的の *syn*-ア

ルドールが粘性のある淡黄色液体として得られる．収量 1.422 g．収率 78%．

【参考文献】 Y. Wu, Y.-P. Sun, *J. Org. Chem.*, **71**, 5748-5751 (2006).

■ 不斉脱プロトン化反応

実験例 5-7

オーブンで乾燥した 2 L の三つ口フラスコに，回転子と熱電対温度計をセットし，(−)-スパルテイン(30.2 mL，131 mmol)と N-Boc-ピロリジン(15.0 g, 87.6 mmol)の無水エーテル溶液(900 mL)を加える．溶液をドライアイス-アセトン浴を使って −70 ℃に冷却し，s-ブチルリチウムのシクロヘキサン溶液(1.16 M，96 mL，113.4 mmol)を 35 分かけて滴下する．反応溶液を −70 ℃で 5 時間半かきまぜる．

ベンゾフェノン(25.5 g，140 mmol)の無水エーテル溶液(200 mL)を，この反応溶液に 1 時間 15 分かけてゆっくり滴下する．暗緑色から黄緑色の懸濁液を −70 ℃で 2 時間保ってから，氷酢酸(8.5 mL, 150 mmol)を 15 分かけて滴下して反応を止める．残ったレモン色の溶液をゆっくりと 12 時間かけて室温に昇温すると，クリーム色の溶液になる．

室温になったら，5% リン酸(150 mL)を加え，生じた 2 層系液体を 20 分かきまぜる．2 層を分離し，有機相を 5% リン酸(150 mL)で 3 回洗浄する．洗浄液と分離した水相を一緒にし，エーテル(300 mL)で 3 回抽出する．元の有機相と，エーテル抽出したエーテルを一緒にし，食塩水(200 mL)で洗浄してから無水硫酸マグネシウムで乾燥する．濾別後溶媒を減圧留去すると，灰白色固体の粗生成物が得られる．これをヘキサン-酢酸エチル(20:1, 675 mL)から再結晶すると白色固体の (R)-(+)-2-(ジフェニルヒドロキシメチル)-N-(t-ブトキシカルボニル)ピロリジンが得られる．収量

20.9〜22.0 g. 収率 73〜74％. 光学純度 99.5％ee 以上.

スパルテインは水相を 20％ 水酸化ナトリウム水溶液(160 mL)で塩基性にすると回収できる. 水相をエーテル(150 mL)で 4 回抽出し, 有機相を炭酸カリウムで乾燥する. 濾過し, 溶媒を減圧留去すると, 粗スパルテインが 30.3 g(98％)回収できる. この黄色液体を水素化カルシウム上で分別蒸留するとスパルテインが回収できる. これはそのままこの反応に使用できる. 回収量 27.0 g. 回収スパルテインの収率 88％.

【参考文献】 N. A. Nikolic, P. Beak, *Org. Synth., Coll. Vol.* IX, 391-397(1998).

■ Morita(森田)-Baylis-Hillman 反応[*3]

Morita(森田)-Baylis-Hillman 反応は不飽和エステルから炭素-炭素結合をつくる便利な反応である. すなわちアクリル酸エステルとアルデヒドが第三級アミン, たとえばジアザビシクロ[2.2.2]オクタン(DABCO)を触媒として, α-メチレン-β-ヒドロキシエステルを与える反応である. 活性アルケンとしては, アクリル酸エステル, アクロレイン, α,β-不飽和ケトン, ビニルスルホン, ビニルホスホナート, アクリロニトリルなどがある. 分子間反応だけでなく分子内反応もよく利用される. 不斉 Morita(森田)-Baylis-Hillman 反応も注目されている反応であるが, 適用できる反応例は多くない.

実験例 5-8

アルデヒド(1.0 g, 2.92 mmol)の THF 溶液(6 mL)に DABCO(0.15 g, 1.32 mmol), アクリル酸エチル(0.8 mL, 7.28 mmol)を加える. 反応溶液を室温で 24 時間放置する. 溶媒を除去し, 得た粗生成物をシリカゲルカラムクロマトグラフィー(ヘキサン-酢酸エチル 8.5：1.5)で精製すると, 液体の付加体が得られる. 収量 1.62 g.

[*3] 総説：(a) E. Ciganek, *Org. React.*, **51**, 201-478(1997). (b) D. Basavaiah, P. D. Rao, R. S. Hyma, *Tetrahedron*, **52**, 8001-8062(1996). (c) Y. Fort, M. C. Berthe, P. Caubere, *Tetrahedron*, **48**, 6371-6384 (1992).

収率 97%.

【参考文献】 P. R. Krishna, V. Kannan, A. Ilangovan, G. V. M. Sharma, *Tetrahedron*: *Asymmetry*, **12**, 829-837 (2001).

■ ベンゾイン縮合反応[*4]

古典的なベンゾイン縮合反応は芳香族アルデヒドもしくはヘテロ芳香族アルデヒドが, 触媒量のシアン化物イオンの存在下, 二分子縮合して α-ヒドロキシケトンを与える反応である. 20 世紀初頭にこの反応が発見されて以降, さまざまな改良が加えられており, シアン化物イオンの代わりに第四級チアゾリニウムイオンを用いても反応が行えるようになった. この改良法のおかげで, 脂肪族アルデヒドにもこの反応を適用できるようになり, より一般化した α-ヒドロキシケトンの合成反応となってきた.

実験例 5-9

500 mL の三つ口フラスコに回転子, ガス導入口, 冷却管, 水酸化カリウムを入れた乾燥管をセットし, 3-ベンジル-5-(2-ヒドロキシエチル)-4-メチル-1,3-チアゾリウム塩化物 (13.4 g, 0.05 mmol), ブチルアルデヒド (72.1 g, 1.0 mol), トリエチルアミン (30.3 g, 0.3 mol) および無水エタノール (300 mL) を加える. 窒素を反応容器にゆっくり通じつつ, 反応混合物をかきまぜながらフラスコを油浴につけて 80 ℃ に加熱する. 90 分間反応させた後, 反応混合物を室温に冷却し, ロータリーエバポレーターで濃縮する. 残渣の黄色の液体をジクロロメタン (150 mL) に溶かし, 水で洗浄する. 水相をジクロロメタン (150 mL) で逆抽出する. 二つの有機相をまとめ, 飽和炭酸水素ナトリウム水溶液 (300 mL) と水 (300 mL) で洗浄する. 有機相を乾燥後, 減圧濃縮して得た残渣を 20 cm のビグロー管を使って蒸留すると, 淡黄色の目的生成物が得られる. 収量 51〜54 g. 収率 71〜74%.

【参考文献】 H. Stetter, H. Kuhlmann, *Org. Synth., Coll. Vol.* VII, 95-99 (1990).

[*4] 総説: A. Hassner, K. M. Lokanatha Rai, In "Comprehensive Organic Synthesis", B. M. Trost, I. Fleming, Eds., Vol. 1, Chapter 2.4: The Benzoin and Related Acyl Anion Equivalent Reactions, pp. 541-577, Pergamon Press: Oxford (1991).

■ Brown の不斉クロチル化反応[*5]

Brown の不斉クロチル化反応は，位置選択的かつ立体特異的に進行する便利な反応である．最近は有機ホウ素化合物が容易に入手できるようになってきたので，それを利用するのがよい．

実験例 5-10

$$\text{TBSO}\diagup\diagup\text{CHO} \xrightarrow[\substack{\text{2. (+)-Ipc}_2\text{BOMe (1.4 eq), BF}_3\cdot\text{OEt}_2\text{ (1.7 eq), -78 ℃}\rightarrow\text{室温} \\ \text{3. NaOH, 室温}}]{\text{1. (Z)-ブテン, n-BuLi (1.2 eq), KO}t\text{-Bu (1.2 eq), -78 ℃}\rightarrow\text{-45 ℃}} \text{TBSO}\diagup\diagup\overset{\text{OH}}{\underset{\vdots}{\text{C}}}\diagup\diagup$$

89%, ds > 99:1, 95%ee

t-ブトキシカリウム(2.84 g, 24.0 mmol)の THF 溶液(40 mL)を -78 ℃に冷却し，cis-ブテン(15 mL, 167 mmol)をキャヌーラで加える．ブチルリチウム(1.6 M のヘキサン溶液，15.5 mL, 24.8 mmol)を滴下し，生じた黄色の溶液を -78 ℃で5分間，そして -45 ℃で20分かきまぜる．オレンジ色の溶液を再び -78 ℃に冷却し，(+)-B-ジイソピノカンフェニルメトキシボラン(9.05 g, 28.6 mmol)のエーテル溶液(20 mL)を20分かけてゆっくり加える．反応溶液を -78 ℃で45分かきまぜる．三フッ化ホウ素エーテル錯体(4.4 mL, 34.2 mmol)を滴下し，5分後 3-(t-ブチルジメチルシリルオキシ)プロピオンアルデヒド(3.76 g, 20.0 mmol)の THF 溶液(12 mL)を加える．反応溶液を室温で15時間かきまぜる．反応溶液を希塩酸で中和し，エーテルで洗浄する．有機相をまとめ，食塩水で洗浄してから無水硫酸ナトリウムで乾燥する．沪別ごと濃縮し，得た粗生成物をフラッシュクロマトグラフィー(シリカゲル/ヘキサン-酢酸エチル 9:1)で精製すると，目的のホモアリルアルコール誘導体が無色液体として得られる．収量 4.34 g. 収率89%．光学純度95%ee.

【参考文献】 P. Wang, Y.-J. Kim, M. Navarro-Villalobos, B. D. Rohde, D. Y. Gin, *J. Am. Chem. Soc.*, **127**, 3256-3257 (2005).

[*5] 総説：(a) S. E. Denmark, N. G. Almstead, In "Modern Carbonyl Chemistry", J. Otera, Ed., Chapter 10：Allylation of Carbonyls：Methodology and Stereochemistry, pp. 299-402, Wiley-VCH：Weinheim (2000). (b) S. R. Chemler, W. R. Roush, In "Modern Carbonyl Chemistry", J. Otera, Ed., Chapter 11：Recent Applications of the Allylation Reaction to the Synthesis of Natural Products, pp. 403-490, Wiley-VCH：Weinheim (2000).

Claisen 縮合反応

実験例 5-11

酢酸 t-ブチル(4 当量)の THF 溶液を, −45 ℃でリチウムジイソプロピルアミド(LDA, 3.5 当量)の THF 溶液に加え, −45 ℃で 1 時間かきまぜる. 反応容器の温度を −50 ℃以下に保ちながらメチルエステルの THF 溶液を加え, 反応溶液を −50 ℃で 1 時間かきまぜる. 1 M 塩酸を加え, トルエンで抽出する. 有機相を 5% 炭酸水素ナトリウムで洗浄し, 無水硫酸マグネシウムで乾燥する. 沪別後減圧濃縮し, 得られた粗生成物をカラムクロマトグラフィーで精製すると目的の β-ケトエステルが得られる. 収率 97%.

【参考文献】 Y. Honda, S. Katayama, M. Kojima, T. Suzuki, K. Izawa, *Org. Lett.*, **4**, 447-449 (2002).

有機銅試薬[*6]

有機銅試薬の安定度は温度とアルキル基 R の種類に依存する. たとえばジフェニル銅リチウム(Ph_2CuLi)は室温でも安定なのに対し, ジメチル銅リチウム(Me_2CuLi)は 0 ℃付近で使うのがよいとされる. もっと不安定な有機銅試薬の反応は, 反応速度が十分速ければ −30 ℃以下でするのがよい.

実験例 5-12　ジアルキル銅リチウムの反応

[*6] 総説：(a) N. Krause, A. Gerold, *Angew. Chem. Int. Ed.*, **36**, 186-204 (1997). (b) B. H. Lipshutz, S. Sengupta, *Org. React.*, **41**, 135-631 (1992). (c) B. H. Lipshutz, *Synthesis*, 325-341 (1987). (d) J. F. Normant, *Synthesis*, **1972**, 63-80.

ヨウ化銅（I）(9.83 g, 50.56 mmol)のエーテル懸濁液(250 mL)を-5℃に冷却し，メチルリチウムのエーテル溶液(1.4 M, 72.2 mL, 101.12 mmol)を加える．反応溶液を-5℃で1時間かきまぜ，エノン(4.5 g, 25.28 mmol)のエーテル溶液(100 mL)を滴下漏斗を用いて10分かけて加える．明るい黄色の反応溶液を-5℃で10分かきまぜると，TLC上で原料の消失が確認できるので，飽和塩化アンモニウム-アンモニア混合水溶液(250 mL)を加えて反応を停止する．有機層を分離し，水相をエーテル(250 mL)で2回抽出する．有機相をまとめ，無水硫酸マグネシウムで乾燥し，沪別後減圧濃縮すると黄色の液体が得られる．粗生成物をカラムクロマトグラフィー(ヘキサン-酢酸エチル9：1)で精製すると，淡黄色液体のケトンが得られる．収量4.76 g．収率97%．

【参考文献】 S. J. Spessard, B. M. Stoltz, *Org. Lett.*, **4**, 1943-1946(2002)．

実験例 5-13　有機シアノ銅試薬の反応

アルゴン雰囲気下，*t*-ブチルリチウム(1.3 Mペンタン溶液，48 mL, 62.4 mmol)をエーテル(63 mL)に加えて-78℃に冷却し，ヨウ化ビニル(10.27 g, 36.4 mmol)のエーテル溶液(75 mL)をシリンジポンプをを使って20分かけて加える．この溶液を，-78℃に冷却したシアン化銅（I）(1.58 g, 17.7 mmol)のTHF懸濁液(122 mL)に加える．反応混合物を-78℃で1時間，-40℃で5分間かきまぜた後，再び-78℃に冷却し，冷やしたオキサゾリジノン(3.40 g, 1.47 mmol)のTHF溶液(86 mL)をキャヌーラを使って加える．THF(25 mL)を用いてオキサゾリジノンを入れていたフラスコを洗浄し，反応溶液に加える．30分後反応フラスコを0℃に昇温し，さらに10分かきまぜてから飽和塩化アンモニウム水溶液(30 mL)を加えて反応を停止する．有機層を分離し，水相をエーテル(150 mL)で3回抽出する．有機相をまとめ無水硫酸マグ

ネシウムで乾燥し，濾過後減圧濃縮する．得られた粗生成物をシリカゲルカラムクロマトグラフィー(エーテル-石油エーテル 85：15，後に 1：1)で精製すると，無色液体のオキサゾリジノンを得る．収量 5.05 g．収率 89%

【参考文献】 J. D. White, R. G. Carter, K. F. Sundermann, *J. Org. Chem.*, **64**, 684-685(1999).

■ Dieckmann 縮合反応*7

Dieckmann 縮合反応は分子内 Claisen 縮合反応ともいい，ジエステルから出発してβ-ケトエステルが得られる反応である．よく用いられる塩基はアルカリ金属アルコキシドであり，これにより生じたエステル由来のエノラートがもう一つのエステルカルボニルを求核攻撃して環状化合物となる．一般に五員環や六員環は生成しやすい．

実験例 5-14

0 ℃に冷却したジエステル誘導体(8 g, 25.56 mmol)のトルエン溶液(80 mL)に t-ブトキシカリウム(4.3 g, 38.34 mmol)を一度に加える．0 ℃で 30 分かきまぜた後，反応溶液を室温で一晩かきまぜる．水(100 mL)を加え，有機層を分離し，水相を酢酸エチル(100 mL)で 3 回抽出する．有機相を乾燥し，減圧濃縮すると，粗生成物が得られるので，フラッシュクロマトグラフィー(酢酸エチル-石油エーテル 1：9)で精製すると，オレンジ色液体のケトエステル誘導体を得る．収量 5.6 g．収率 78%．

【参考文献】 C. De Risi, G. P. Pollini, C. Trapella, I. Peretto, S. Ronzoni, G. A. M. Giardina, *Bioorg. Med. Chem.*, **9**, 1871-1877(2001).

---

*7 総説：(a) B. R. Davis, P. J. Garrett, In "Comprehensive Organic Synthesis", B. M. Trost, I. Fleming, Eds., Vol. 2, Chapter 3.6：Acylation of Esters, Ketones, and Nitriles. pp. 806-829, Pergamon Press：Oxford(1991). (b) J. P. Schaefer, J. Bloomfield, *J. Org. React.*, **15**, 1-203(1967).

■ エノラートのアルキル化反応

A．キラルオキサゾリジノンを用いた不斉アルキル化

実験例 5-15 ノルエフェドリン由来のオキサゾリジノンを用いた反応

ナトリウムヘキサメチルジシラジドの THF 溶液(1 M, 6.4 mL, 6.4 mmol)を, -78℃に冷却したイミド(1.4 g, 5.7 mmol)の THF 溶液(15 mL)に滴下する．反応混合物を-78℃で2時間かきまぜた後，臭化アリル(2.5 mL, 29 mmol)をシリンジを使って加え，反応混合物を-40℃で3時間かきまぜる．塩化アンモニウム水溶液(10 mL)を加えて反応を停止し，反応混合物を徐々に室温に昇温する．混合物を酢酸エチル(20 mL)で2回抽出する．まとめた有機相を5%炭酸水素ナトリウム水溶液および食塩水で洗浄し乾燥する．濃縮して得られた粗生成物をカラムクロマトグラフィー(石油エーテル-エーテル 7:1)で精製すると，アルケンが得られる．収量 1.4 g．収率 88%．

【参考文献】 A. G. H. Wee, Q. Yu, *J. Org. Chem.*, **66**, 8935-8943(2001).

実験例 5-16 バリン由来のオキサゾリジノンの不斉アルキル化反応

ジイソプロピルアミド(3.42 mL, 24.4 mmol)の THF 溶液(30 mL)を-30℃に冷却し，ブチルリチウムのヘキサン溶液(2.5 M, 8.45 mL, 21.12 mmol)を加える．45分間かきまぜた後，-78℃に冷却し，オキサゾリジノン(3.69 g, 16.25 mmol)の THF 溶液(20 mL)を加える．反応溶液を-78℃で1時間かきまぜてから，ヨウ化メチル(5.06 mL, 81.3 mmol)を加える．-78℃で30分かきまぜ，反応溶液を徐々に室温に

昇温する．希塩酸を加えて反応を停止し，THF をロータリーエバポレーターで除去する．残った水相をエーテルで抽出し，有機相を塩化アンモニウム水溶液，炭酸水素ナトリウム水溶液，および食塩水で洗浄して，無水硫酸ナトリウムで乾燥する．沪過後エーテルを減圧除去し，生じた残渣をフラッシュクロマトグラフィー(ヘキサン-酢酸エチル 20：1，後に 10：1)で精製すると生成物が得られる．これは，ヘキサンを加えて−15℃で処理すると結晶化する．無色液体．収量 2.47 g．収率 63％．

【参考文献】　V. Guerlavais, P. J. Carroll, M. M. Joullie, *Tetrahedron：Asymmetry*, **13**, 675-680 (2002)．

B．Myers の不斉アルキル化反応[*8]

Myers の不斉アルキル化反応は，偽エフェドリンアミドのエノラートを，塩化リチウム存在下でヨウ化アルキルを作用させて，α-アルキル化を高いジアステレオ選択性で進行させる反応である．塩化リチウムは無水物を炎であぶって乾燥したものを，水分を吸収する前にただちに用いるのがよいとされている．生じたアミドは酸性条件の加水分解によってカルボン酸に，LiH₂NBH₃で還元するとアルコールに，アルキルリチウムを作用させてカルボニル基への求核反応を行うとケトンへと，それぞれ変換できる．これも良い方法なのであるが，残念ながら日本ではエフェドリンの入手が厳しく制限されているために，事実上使うことができない．

実験例 5-17

塩化リチウム (9.39 g, 222 mmol) とジイソプロピルアミド (10.6 mL, 75.3 mmol) の THF 懸濁液 (50 mL) に，−78℃でブチルリチウムのヘキサン溶液 (2.5 M, 27.96 mL, 69.9 mmol) を加える．反応混合物を一度 0℃に昇温してから再び−78℃に冷却する．氷冷したアミド (8.12 g, 36.7 mmol) の THF 溶液 (100 mL) をキャヌーラを使って反応溶液に加える．THF (4 mL) を加えてこのフラスコを洗浄し，これも反応溶液に加える．反応混合物を−78℃で 1 時間かきまぜ，0℃で 15 分，23℃で 5 分かきまぜる．反応混合物を 0℃に冷やし，ヨウ化アルキル (5.08 g, 17.5 mmol) をキャ

[*8]　総説：A. G. Myers, B. H. Yang, H. Chen, L. McKinstry, D. J. Kopecky, J. L. Gleason, *J. Am. Chem. Soc.*, **119**, 6496-6511 (1997)．

ヌーラを使って加える．0℃で18時間半かきまぜる．塩化アンモニウム水溶液(180 mL)を加え，生じた混合物を酢酸エチル(100 mL)で4回抽出する．有機相をまとめ無水硫酸ナトリウムで乾燥する．沪別後減圧濃縮し，得られた粗生成物をフラッシュクロマトグラフィー(ヘキサン-酢酸エチル2：1)で精製すると，白色固体のアミドを得る．収量6.52 g．収率97％．

【参考文献】 B. G. Vong, S. Abraham, A. X. Xiang, E. A. Theodorakis, *Org. Lett.*, **5**, 1617-1620 (2003)．

■ Friedel-Crafts 反応[*9]

Friedel-Crafts 反応にはアルキル化とアシル化があるが，ここではアシル化だけを取り上げる．アシル化反応で用いられる求電子剤は，酸塩化物や酸無水物が一般的である．触媒はルイス酸でもプロトン酸でも構わない．

実験例 5-18

アニソール誘導体(380 mg, 2 mmmol)をジクロロメタン(5 mL)に溶解し，窒素雰囲気下で0℃に冷やす．無水塩化アルミニウム(400 mg, 3 mmol)をゆっくり加え，混合物を15分かきまぜる．酸塩化物(456 mg, 2 mmol)のジクロロメタン溶液(5 mL)を0℃で滴下し，反応混合物を0℃で30分，室温で一晩かきまぜる．反応の進行をTLCでモニターし，反応が終了したら，反応混合物を濃塩酸(2 mL)を含む氷水(5 g)に注ぐ．混合物を10分間かきまぜてから，ジクロロメタン(20 mL)で3回抽出する．有機相をまとめ，水(20 mL)と食塩水(20 mL)で洗浄してから，無水硫酸ナトリウムで乾燥する．乾燥剤を沪別して，溶媒をロータリーエバポレーターで減圧留去し，得た粗生成物をカラムクロマトグラフィー(石油エーテル-酢酸エチル4：1)で精製すると半固体状のケトンが得られる．収量535 mg．収率70％．

【参考文献】 M. L. Patil, H. B. Borate, D. E. Ponde, V. H. Deshpande, *Tetrahedron*, **58**, 6615-6620(2002)．

[*9] 総説：M. Bandini, A. Melloni, A. Ronchi-Umami, *Angew. Chem. Int. Ed.*, **43**, 550-556(2004)．

■ Grignard 反応（有機マグネシウム試薬を用いた反応）[*10]

　Grignard 試薬（有機マグネシウム試薬）は求電子剤と反応して新しい炭素-炭素結合をつくる．有機マグネシウム試薬にはいくつかの調製法がある（1 章を参照）．古典的でよく用いられる方法は有機ハロゲン化合物とマグネシウム金属の削り節を，エーテルあるいは THF 中でヨウ素などの開始剤存在下で直接反応させる方法である．このとき，開始剤はマグネシウム表面の酸化マグネシウムを除去し，新鮮なマグネシウム表面をつくって反応を進行させるために必須である．最近の大きな進歩として，ハロゲン-マグネシウム交換による Grignard 試薬の発生法の開発がある．交換に使われる有機マグネシウム試薬としては i-PrMgBr や i-PrMgCl が用いられ，交換反応は 0 ℃以下で行われる．有機リチウム試薬と $MgBr_2 \cdot OEt_2$ や $MgCl_2 \cdot OEt_2$ との金属交換による Grinard 試薬の調製法もある．この場合交換反応は－70 ℃程度の低温で行う．Grignard 試薬はエーテルや THF 中で，溶媒分子中の酸素原子がマグネシウム原子に配位することによって安定化されて存在している．Grignard 試薬の有用性は，ほぼすべての種類の有機ハロゲン化合物から調製できる点にある．最近開発されたハロゲン-マグネシウム交換による調製法を使えば，官能基を有するハロゲン化アリール，ハロゲン化ヘテロアリール，ハロゲン化アルキニル，ハロゲン化アルケニル，ハロゲン化アルキルを調製でき，これらは速やかに求電子官能基，たとえばアルデヒド，ケトン，エポキシド，ニトリルと反応して新しい炭素-炭素結合を形成できる．

実験例 5-19

3-トリエチルシリルオキシ-1-ヨードプロペン（5.56 g，18.6 mmol）をエーテル（50

[*10] 総説：(a) P. Knochel, W. Dohle, N. Gommerman, F. F. Kneisel, F. Kopp, T. Korn, I. Sapountzis, V. A. Vu, *Angew. Chem. Int. Ed.*, **42**, 4302-4320 (2003). (b) R. G. Franzen, *Tetrahedron*, **56**, 685-691 (2000). (c) B. J. Wakefield, "Organomagnesium Methods in Organic Synthesis", Academic Press：San Diego (1995). (d) E. C. Ashby, J. Laemmle, H. M. Neumann, *Acc. Chem. Res.*, **7**, 272-280 (1974).

mL)に溶解し，-78℃に冷却して，t-ブチルリチウムのペンタン溶液(1.7 M, 19.5 mL, 33.1 mmol)を滴下する．15分間-78℃でかきまぜてから，新しくジブロモエタンとマグネシウムから調製した臭化マグネシウムの溶液(20 mL, 0.83 M 溶液, エーテル-ベンゼン溶液 5:1)をキャヌーラで加え，さらに-78℃で15分間かきまぜる．アミド(1.05 g, 4.14 mmol)のエーテル溶液(30 mL)をキャヌーラで加える．アミド溶液を入れていたフラスコにエーテル3 mLを加えて洗浄し，これもキャヌーラ経由で反応溶液に加える．30分間-78℃でかきまぜ，ドライアイス浴を氷浴に取り換えて反応溶液を0℃で2時間かきまぜる．0.5 M 塩酸(100 mL)とジクロロメタン(100 mL)を用意し，これを0℃で激しくかきまぜながら反応溶液を注ぐ(注意 この反応では希塩酸を使って反応を停止させるのが良い．通常の塩化アンモニウムで反応を停止すると，反応の結果遊離してきたヒドロキシルアミンが求核剤として作用してしまい，生成物の不飽和ケトンに共役付加してしまう)．有機層を分離し，水相をジクロロメタン(100 mL)で3回抽出する．有機相をまとめ，薄い炭酸水素ナトリウム水溶液(100 mL)で洗浄し，無水硫酸マグネシウムで乾燥する．乾燥剤を泸別し，溶媒を減圧留去すると粗生成物が得られるので，これをカラムクロマトグラフィー(ヘキサン-酢酸エチル 10:1)で精製すると，無色液体のエノンが得られる．収量 1.35 g. 収率 90%．

【参考文献】 C. D. Vanderwal, D. A. Vosburg, S. Weiler, E. J. Sorensen, *J. Am. Chem. Soc.*, **125**, 5393-5407 (2003).

■ Mizoroki(溝呂木)-Heck 反応[*11]

パラジウム触媒でのハロゲン化アリールなど(Ar-X, X=I, Br, Cl, OTf, OTs, N_2^+)とアルケンとの反応を Mizoroki(溝呂木)-Heck 反応という．古典的な反応では，酢酸パラジウム($Pd(OAc)_2$)，塩化パラジウム($PdCl_2$)，テトラキストリフェニルホスフィンパラジウム($Pd(PPh_3)_4$)や Pd_2dba_3 などが用いられてきたが，過去20年の研究の結果，収率の向上と適用限界の広がりがもたらされ，便利な反応となった．たとえば反応しにくい塩化アリールなどを用いた反応は，従来は不可能であったが，電子供与性の配位子をもつパラジウム錯体を用いることで，酸化的付加の段階を加速して反

[*11] 総説：(a) P. J. Gurry, D. Kiely, *Curr. Org. Chem.*, **8**, 781-794 (2004). (b) A. B. Dounay, L. E. Overman, *Chem. Rev.*, **103**, 2945-2964 (2003). (c) J. T. Link, *Org. React.*, **60**, 157-534 (2002). (d) N. J. Whitcombe, K. K. Hii, S. E. Gibson, *Tetrahedron*, **57**, 7431-7574 (2001). (e) I. P. Beletskaya, A. V. Cheprakov, *Chem. Rev.*, **100**, 3009-3066 (2000). (f) M. Shibasaki, C. D. J. Boden, A. Kojma, *Tetrahedron*, **53**, 7371-7395 (1997). (g) W. Cabri, I. Candiani, *Acc. Chem. Res.*, **28**, 2-7 (1995). (h) A de Meijere, F. E. Meyer, *Angew. Chem. Int. Ed.*, **33**, 2379-2411 (1994). (i) R. F. Heck, *Org. React.*, **27**, 345-390 (1982). (j) R. F. Heck, *Acc. Chem. Res.*, **12**, 146-151 (1979).

応をうまく進行させることが可能となった．パラジウム錯体の配位子には，単座配位型のものから多座配位型のものまで多く用いられている．カップリングするアルケンのほうは，幅広く用いることができ，α,β-不飽和エステル，α,β-不飽和ニトリル，スチレン誘導体，孤立アルケンなどが反応に供される．分子内反応の適用例も数多く知られている．

A．標準的 Mizoroki(溝呂木)-Heck 反応

実験例 5-20

2-クロロ-5-ブロモニトロベンゼン(30.0 g, 127 mmol)，酢酸パラジウム(285 mg, 1.27 mmol)，およびトリフェニルホスフィン(666 mg, 2.54 mmol)をジメチルホルムアミド(360 mL)に加え，トリエチルアミン(24.7 mL, 178 mmol)とアクリル酸エチル(138 mL, 1.27 mol)を加えて 87℃で 10 時間かきまぜる．室温に冷却し，トルエン(300 mL)を入れた分液漏斗に反応溶液を注ぎ，1 M 塩酸(300 mL)で 1 回，水(200 mL)で 2 回洗浄する．有機相を乾燥し，溶媒を減圧除去すると生成物の液体が得られ，これにヘキサン(60 mL)を加えると結晶化する．これを濾別して生成物を得る．収量 30.8 g．収率 95%．

【参考文献】 S. Caron, E. Vazquez, R. W. Stevens, K. Nakao, H. Koike, Y. Murata, *J. Org. Chem.*, **68**, 4104-4107(2003).

B．配位子を用いない Jeffery の改良法

実験例 5-21

ヨウ化ビニル(580 mg, 0.858 mmol), ギ酸カリウム(217 mg, 2.57 mmol)および臭化テトラブチルアンモニウム(277 mg, 0.858 mmol)の DMF 溶液(34 mL)に酢酸パラジウム(9.6 mg, 0.043 mmol)を加え, 室温, 暗所で 24 時間かきまぜる. TLC 上で原料が消失したのを確認し, 反応混合物を水に注ぎ, ヘキサン(60 mL)で 3 回抽出する. 有機相を無水硫酸マグネシウムで乾燥し, 沪別後減圧濃縮してフラッシュクロマトグラフィーで精製すると, 目的の無色液体のジエンを得る. 収量 373 mg. 収率 79%.

【参考文献】 K. Lee, J. K. Cha, *J. Am. Chem. Soc.*, **123**, 5590-5591 (2001).

C. 塩化アリールを用いる Mizoroki(溝呂木)-Heck 反応(Fu の改良法)

Mizoroki(溝呂木)-Heck 反応に塩化アリールを用いようとすると, 対応する臭化アリールやヨウ化アリールを用いる反応と比べ, C-Cl の結合解離エネルギーが大きいために反応条件が厳しくなり, 120℃以上の温度で反応を行うことが必要となる. しかし, Fu の改良法のおかげで, 反応温度を劇的に下げることができ, 活性化された塩化物では室温で反応を起こすことさえ可能となった. この改良法の大きなポイントはトリ *t*-ブチルホスフィン(t-Bu$_3$P)をもつパラジウム錯体を用いることと, 塩基としてジシクロヘキシルメチルアミン(Cy$_2$NMe)を用いるところにある.

実験例 5-22

PhCl + CH$_2$=C(CH$_3$)CO$_2$$n$-Bu (1.1 eq), Pd($t$-Bu$_3$P)$_2$ (3 mol%), Cy$_2$NMe (1.1 eq), トルエン, 100℃ → PhCH=C(CH$_3$)CO$_2$$n$-Bu, 95%

高温のオーブンで乾燥した 250 mL の三つ口フラスコに, アルゴン導入口をつけた冷却管, ラバーセプタム, およびガラス栓をセットし, テフロン回転子を入れて, アルゴンを流しながら室温にする. フラスコに Pd(t-Bu$_3$P)$_2$(0.482 g, 0.943 mmol)を入れ, トルエン(32 mL)を加え室温でかきまぜる. パラジウム錯体が溶けると茶橙色の溶液になるので, ここに, クロロベンゼン(3.20 mL, 31.5 mmol), ジシクロヘキシルメチルアミン(Cy$_2$NMe, 7.50 mL, 35.0 mmol)およびアクリル酸ブチル(5.50 mL, 34.6 mmol)をシリンジを使って順に加える. 反応溶液を室温で 5 分かきまぜると, 反応溶液は明るいオレンジ色になる. セプタムをガラス栓に交換し 注意 必ず交換！ セプタムが溶媒で浸潤されて加熱中に外れる). 反応溶液をアルゴン雰囲気下で油浴を使って 100℃に加熱し 22 時間かきまぜる. 加熱すると反応溶液は黄色になり, 10～15 分するとアミンの塩酸塩の白い沈殿が生じ始める. 反応が完了すると, 光沢のある

パラジウム金属の沈殿がフラスコの側壁に見られ，大量の白色沈殿が生じる．反応溶液を室温に冷却し，エーテル(100 mL)を加える．反応溶液を水(100 mL)で洗浄し，生じた水相をエーテル(50 mL)で3回抽出する．有機相をまとめ，食塩水(100 mL)で洗浄し，ロータリーエバポレーターで濃縮する(濃縮前に乾燥しておくほうがよい)．残存する有機溶媒を 0.5 mmHg まで減圧して完全に除く．褐色の粗生成物をフラッシュクロマトグラフィーで精製すると，オレンジ色の α,β-不飽和エステル誘導体が得られる．収量 6.67～6.72 g．収率 95%．この生成物は ^{1}H NMR および ^{13}C NMR 上では十分純粋であるが，もし着色が気になるのなら，短いシリカゲルカラム(直径 3 cm × 10 cm 高)を通すと色が消える．この操作後の収量は 6.49～6.62 g となる．

【参考文献】 A. F. Littke, G. C. Fu, *Org. Synth.*, **81**, 63-70(2004).

■ Henry 反応（ニトロアルドール反応）[*12]

Henry 反応はニトロアルドール反応ともいわれる古典的な反応であり，ニトロ化合物の α-アニオンがアルデヒド(まれにケトン)と反応して β-ニトロアルコールを与える．この反応は天然物合成あるいは医薬品合成の中間体合成にしばしば用いられる．最近の不斉触媒反応の開発でますますその重要度は高まってる．

実験例 5-23

アルデヒド(480 mg, 2.44 mmol)とニトロエタン(525 μL, 7.32 mmol)の t-BuOH-THF 溶液(1:1, 4.0 mL)に，カリウム t-ブトキシド(48 mg, 0.48 mmol)を加え，室温で 20 分間反応させる．反応溶液をエーテル(20 mL)で薄め，水(20 mL)を加えて，水層を分離する．このとき，水相から t-BuOH と THF をロータリーエバポレーターで極力除去してから操作すると収率が上がる．有機相を食塩水(20 mL)で洗浄し，ここまでに用いた水相をまとめてエーテル(20 mL)で 2 回抽出する．まとめた有機相を無水硫酸マグネシウムで乾燥し，乾燥剤を沪過除去して濃縮すると，粗生成物が得られる．これをカラムクロマトグラフィー(シリカゲル/ヘキサン-酢酸エチル 4:1)で精

[*12] 総説：(a) R. Ballini, G. Bosica, D. Fiorini, A. Palmieri, *Front. Nat. Prod. Chem.*, **1**, 37-41(2005)．(b) N. Ono, In "The Nitro Group in Organic Synthesis", Chapter 3：The Nitro-Aldol(Henry)Reaction, pp. 30-69, Wiley-VCH：Weinheim(2001)．(c) F. A. Luzzio, *Tetrahedron*, **57**, 915-945(2001)．

製すると，淡黄色のニトロアルドールがジアステレオマー混合物として得られる．収量 500 mg．収率 76%．

【参考文献】 S. E. Denmark, L. Gomez, *J. Org. Chem.*, **68**, 8015-8024 (2003).

■ Hiyama(檜山)クロスカップリング反応[*13]

フッ化物イオン存在下でパラジウム触媒を使ったアリールまたはビニルシランとハロゲン化アリールまたはハロゲン化ビニルとのカップリング反応を Hiyama(檜山)反応という．フッ化物イオン源としては TASF(($Et_2N)S^+(Me_3SiF_2$))や TBAF(Bu_4NF) あるいは KF や CsF などの無機塩も用いる．これらのフッ素源によるシランの活性化なしにはこの反応は進行しない．この反応はアルデヒド，ケトンあるいはエステルなどの多数の官能基があっても，それらと反応することなく進行する．シランとしてシラノールだけでなく，トリアルコキシシランも用いることができる．

実験例 5-24　標準的な反応

KF (350 mg, 6.0 mmol) を DMF (50 mL) に懸濁させ，エチルジフルオロ-(4-メチルフェニル)シラン (560 mg, 3.0 mmol) と 3-ヨードベンジルアルコール (250 mg, 2.0 mmol) および (η^3-$C_3H_5PdCl)_2$ (37 mg, 0.1 mmol) を加える．反応混合物を 100℃ で 15 時間かきまぜる．室温に冷却し，反応溶液を飽和炭酸水素ナトリウム水溶液に注ぎ，エーテル (20 mL) で 3 回抽出する．有機相をひとまとめにし，無水硫酸マグネシウムで乾燥する．沪別後溶媒を減圧留去し，得た粗生成物をシリカゲルクロマトグラフィー (ヘキサン-酢酸エチル 5：1) で精製すると，無色固体の 3-ヒドロキシメチル-4'-メチルビフェニルが得られる．収量 340 mg．収率 86%．

[*13] 総説：(a) S. E. Denmark, M. H. Ober, *Aldrichim. Acta*, **36**, 76-85 (2003). (b) Hiyama, T. In "Handbook of Organopalladium Chemistry for Organic Synthesis", E. Negishi, A. deMeijere, Eds., Chapter Ⅲ.2.4：Overview of Other Palladium-Catalyzed Cross-Coupling Protocols, pp. 285-301, Wiley-Interscience：New York (2002). (c) T. Hiyama, *J. Organomet. Chem.*, **653**, 58-61 (2002). (d) T. Hiyama, E. Shirakawa, In "Topics in Current Chemistry：Cross-coupling Reactions A Practical Guide", N. Miyaura, Ed., Vol. 219, Organosilicon Compounds, pp. 61-85, Springer-Verlag：Berlin (2002). (e) T. Hiyama, In "Metal-Catalyzed Cross-coupling Reactions", F. Diedrich, P. J. Stang, Eds., Chapter 10：Organosilicon Compounds in Cross-Coupling Reactions, pp. 421-453, Wiley-VCH：New York (1998).

【参考文献】　Y. Hatanaka, K. Goda, Y. Okahara, T. Hiyama, *Tetrahedron*, **50**, 8301-8316 (1994).

実験例 5-25　Denmark の改良法

窒素雰囲気下，TBAF(631 mg, 2.34 mmol)を THF(2 mL)に溶かし，室温でシラノール(201 mg, 1.17 mmol)を加えて 10 分かきまぜる．4-ヨードアセトフェノン(246 mg, 1.0 mmol)，次いで Pd$_2$(dba)$_3$(29 mg)を加え，反応混合物を室温で 10 分間かきまぜる．反応混合物をシリカゲル上で沪過し，エーテル(100 mL)でシリカゲルを洗浄する．沪液を減圧濃縮し，得られた粗生成物を逆相クロマトグラフィー(RPC18：溶出液メタノール-水 9：1)で精製し，次いでクーゲルロールで蒸留すると無色液体の(*E*)-アルケンが得られる．収量 201 mg．収率 93％．

【参考文献】　S. E. Denmark, D. Wehrli, *Org. Lett.*, **2**, 565-568 (2000).

実験例 5-26　Fu の改良法

臭化パラジウム(10.6 mg, 0.0040 mmol)と [HP(*t*-Bu)$_2$Me]BF$_4$(24.8 mg, 0.10 mmol)をフラスコに入れ，アルゴン置換を 3 回行う．THF(2.4 mL)と TBAF の THF 溶液(1.0 M, 0.10 mL, 0.10 mmol)を加え，室温で 30 分かきまぜる．反応溶液がオレンジ色または黄色になるので，ここにトリメトキシフェニルシラン(0.255 mL, 1.20 mmol)と TBAF の THF 溶液(1.0 M, 2.3 mL, 2.3 mmol)および臭化アリール(264 mg, 1.00 mmol)を加え，室温で 14 時間かきまぜる．反応混合物をシリカゲルで沪過し，酢酸エチル(100 mL)で洗浄する．沪液を濃縮し，カラムクロマトグラフィー(ヘキサン-酢酸エチル 3：1)で精製すると，無色液体のモルホリンアミドが得られる．収量 172 mg．収率 66％．

【参考文献】　J.-Y. Lee, G. C. Fu, *J. Am. Chem. Soc.*, **125**, 5616-5617 (2003).

■ Keck の立体選択的アリル化反応[*14]

この反応で用いるアリルスズ試薬は,毒性が高いので注意して取り扱うこと.反応の触媒は,1当量のチタンテトライソプロポキシドと2当量の(R)-(+)-BINOL から調製する Ti-BINOL 錯体である.この調製法はいくつか知られているが,反応のエナンチオ選択性は調製法によって変わるので,最適のものを探して使うとよい[*15].

実験例 5-27

アルゴン雰囲気下,(R)-(+)-BINOL(0.132 g,0.46 mmol)のジクロロメタン溶液にモレキュラーシーブス 4 Å(0.732 g)を加え,チタンテトライソプロポキシド(0.069 mL,0.23 mmol)を加える.反応溶液を室温で1時間半かきまぜると,暗色となるので,ここにアルデヒド(0.5 g,2.9 mmol)のジクロロメタン溶液(1.3 mL)を加える.反応溶液を 0 ℃で2分間かきまぜてから,アリルスズ(1.15 g,3.2 mmol)を2分かけて加え,反応溶液を 4.5 時間かきまぜる.反応溶液を飽和炭酸水素ナトリウム水溶液に注ぎ,酢酸エチルで3回抽出する.有機相を無水硫酸マグネシウム上で乾燥し,濾別後濃縮し,得た粗生成物をフラッシュクロマトグラフィー(ヘキサン-酢酸エチル 9:1)で精製すると,無色液体の syn-アルコールが得られる.収量 0.496 g.収率 70%.

【参考文献】 A. B. Smith, Ⅲ, V. A. Doughty, C. Sfouggatakis, C. S. Bennett, J. Koyanagi, M. Takeuchi, *Org. Lett.*, **4**, 783-786(2002).

■ Kumada(熊田)-Tamao(玉尾)カップリング反応[*16]

パラジウムあるいはニッケル触媒存在下,Grignard 試薬(有機マグネシウム試薬)

[*14] 総説:(a) B. W. Gung, *Org. React.*, **64**, 1-113 (2004). (b) S. E. Denmark, N. G. Almstead, In "Modern Carbonyl Chemistry", J. Otera, Ed., Chapter 10:Allylation of Carbonyls:Methodology and Stereochemistry, pp. 299-402, Wiley-VCH:Weinheim (2000). (c) S. R. Chemler, W. R. Roush, In "Modern Carbonyl Chemistry", J. Otera, Ed., Chapter 11:Recent Applications of the Allylation Reaction to the Synthesis of Natural Products, pp. 403-490, Wiley-VCH:Weinheim (2000). (d) S. E. Denmark, J. Fu, *Chem. Rev.*, **103**, 2763-2793 (2003).

[*15] 詳しくは G. E. Keck, K. H. Tarbet, L. S. Geraci, *J. Am. Chem. Soc.*, **115**, 8467-8468 (1993) および G. E. Keck, D. Krishnamurthy, M. C. Grier, *J. Org. Chem.*, **58**, 6543-6544 (1993) を参考にすること.

とハロゲン化アルキルまたはアルキルトリフラートとのカップリング反応を Kumada-Tamao 反応という．Kumada-Tamao 反応は多くのハロゲン化アリールと反応するが，Grignard 試薬の求核性の高さゆえに，アルデヒドやケトン，エステル，エポキシドなどの官能基があると，それらが目的のカップリングよりも先に Grignard 試薬と反応してしまう欠点がある．

実験例 5-28 パラジウム触媒による方法

窒素雰囲気下でヨウ化ビニル(1.442 g, 4.938 mmol)の脱気したベンゼン溶液(100 mL)にビニルマグネシウムブロミドの THF 溶液(1.0 M, 19.75 mL, 19.75 mmol)とテトラキストリフェニルホスフィンパラジウム(286 mg, 0.247 mmol)を加え，60～70℃で3時間かきまぜる．脱気は反応をうまくいかせるには必須である．溶媒反応が終わったらヘキサンを加えて薄め，シリカゲル上で濾過する．溶媒を減圧留去したあと，クーゲルロールで減圧蒸留すると，無色液体のトリエンを得る．収量 834 mg．収率 88％．

【参考文献】 P. Liu, E. N. Jacobsen, *J. Am. Chem. Soc.*, **123**, 10772-10773 (2001).

実験例 5-29 ニッケル触媒による反応

トリフラート(1.08 g, 2.65 mmol)のエーテル溶液(17 mL)に，NiBr$_2$(PPh$_3$)$_2$(59 mg, 0.080 mmol)と臭化メチルマグネシウムのエーテル溶液(3.0 M, 2.2 mL, 6.6 mmol)をこの順で加え，24 時間加熱還流する．反応溶液を 0℃に冷却し，水(30 mL)を加えて反応を停止し(**過剰の Grignard 試薬が激しく反応することもあるので注意**)，ジク

---

[16] ［前ページ脚注］ 総説：(a) P. Knochel, A. Krosovsky, I. Sapountzis, In "Handbook of Functionalized Organometallics". P. Knochel, Ed., Vol. 1, pp. 155-158, Wiley-VCH：Weinheim (2005). (b) J. Hassan, M Sevignon, C. Gozzi, E. Schulz, M. Lemaire, *Chem. Rev.*, **102**, 1359-1470 (2002).

ロロメタン(30 mL)を加えて有機層を薄める.有機層を分離し,水相をジクロロメタンで抽出する.有機相を無水硫酸マグネシウムで乾燥し,沪別後溶媒を減圧留去して得た粗生成物をフラッシュクロマトグラフィー(酢酸エチル,後に酢酸エチル-トリエチルアミン 98：2)で精製すると,白色固体の生成物を得る.収量 618 mg.収率 85％.

【参考文献】 A. C. Spivey, T. Fekner, S. E. Spey, H. Adams, *J. Org. Chem.*, **64**, 9430-9443 (1999).

■ Negishi(根岸)カップリング反応[*17]

パラジウム触媒による,有機亜鉛化合物とハロゲン化アリールまたはハロゲン化ビニルとのカップリング反応である.ハロゲン化物の代わりにトリフラートも用いられる.

実験例 5-30　標準的な方法

4-ヨード-2-フルオロピリジン(15.52 g, 69.60 mmol)を乾燥 THF(150 mL)に溶解し,-70℃に冷却する.ブチルリチウム(73.80 mmol,ヘキサン溶液)を加え,この温度で 20 分間かきまぜる.減圧加熱乾燥した塩化亜鉛(10.44 g, 76.61 mmol)の THF 溶液(60 mL)を,反応溶液の温度が-60℃以下になるようにゆっくり加える.反応溶液を室温に昇温し,テトラキストリフェニルホスフィンパラジウム(0.40 g, 0.35 mmol)と 2,4-ジクロロピリミジン(7.26 g, 48.73 mmol)の THF 溶液(100 mL)を加える.反応溶液を反応が完了するまで加熱還流する.反応が終わったら,溶液を室温に冷却し,10％の EDTA 水溶液に注ぎ,ジクロロメタンで抽出する.通常の後処理をして得られた粗生成物をフラッシュクロマトグラフィー(石油エーテル-酢酸エチル

[*17] 総説：(a) E. Negishi, Q. Hu, Z. Huang, M. Qian, G. Wang, *Aldrichim. Acta* **38**, 71-88(2005). (b) P. Knochel, H. Leuser, L. -Z. Gong, S. Perrone, F. F. Kneisel, In "Handbook of Functionalized Organometallics". P. Knochel, Ed., Vol. 1, Chapter 7：Polyfunctional Zinc Organometallics for Organic Synthesis, pp. 316-325, Wiley-VCH：Weinheim (2005). (c) G. Lessene, *Aust. J. Chem.*, **57**, 107-117 (2004). (d) E. Negishi, In "Handbook of Organopalladium Chemistry for Organic Synthesis", E. Negishi, A. deMeijere, Eds., Chapter III.2：Palladium-Catalyzed Carbon-Carbon Cross-Coupling, pp. 229-247, Wiley-Interscience：New York (2002).

10：1)で精製して，ベージュ色の結晶のピリミジンを得る．収量9.17g．収率90％．

【参考文献】 P. Stanetty, G. Hattinger, M. Schnurch, M. D. Mihovilovic, *J. Org. Chem.*, **70**, 5215-5220(2005).

実験例 5-31　Fu の改良法

アルゴン雰囲気下，塩化亜鉛の THF 溶液(0.5 M，3.15 mL，1.6 mmol)をシリンジでシュレンク管に加え，*o*-トリルマグネシウムクロリドの THF 溶液(1.0 M，1.5 mL，1.5 mmol)を滴下し，生じた溶液を室温で20分間かきまぜる．NMP(2.2 mL)をシリンジで加える．5分後，Pd(*t*-Bu₃P)₂(10.2 mg，0.020 mmol)と1-クロロ-4-ニトロベンゼン(158 mg，1.0 mmol)を加え，反応混合物を100℃で2時間かきまぜる．室温に冷却し，1.0 M 塩酸(6 mL)を加え，生じた混合物をエーテル(8 mL)で4回抽出する．有機相をまとめて，水(10 mL)で5回洗浄し，無水硫酸マグネシウムで乾燥する．濾別後濃縮すると黄色の固体が得られるので，これをフラッシュクロマトグラフィー(ヘキサン-エーテル 97：3)で精製すると淡黄色結晶のビアリールが得られる．収量200 mg．収率94％．

【参考文献】 C. Dai, G. C. Fu, *J. Am. Chem. Soc.*, **123**, 2719-2724(2001).

■ Nozaki(野崎)-Hiyama(檜山)-Kishi(岸)-Takai(高井)反応 (NHK 反応)[*18]

二価のクロムから調製した有機クロム化合物とアルデヒドとの炭素-炭素結合生成反応を NHK 反応という．有機クロム試薬はアルキニル，アルケニル，アリル，アリール，プロパルギルのハロゲン化物もしくはトリフラートから発生させる．塩化クロム(Ⅱ)が用いられるが，アルデヒドとの反応には微量の塩化ニッケル(Ⅱ)の存在が必須である．灰色の塩化クロム(Ⅱ)は酸素で速やかに酸化されて緑色になるので注意が必要である．

[*18] 総説：(a) K. Takai, *Org. React.*, **64**, 253-612(2004). (b) A. Furstner, *Chem. Rev.*, **99**, 991-1046(1999). (c) L. A. Wessjohann, G. Scheid, *Synthesis*, **1999**, 1-36. (d) P. Cintas, *Synthesis*, **1992**, 248-257.

このように調製した有機クロム試薬はアルデヒドと選択的に反応し，ケトンとは反応しない．また試薬の塩基性も低いので，容易にエノール化するケトンやアルデヒドがあっても反応は妨害されないといわれている．反応は室温で進行する．したがって条件も穏和であり，官能基を多数有する化合物にも適用できるので，天然物合成などに広く用いられる反応である．

実験例 5-32

塩化ニッケル(II)(11.0 mg, 0.0849 mmol)と塩化クロム(II)(493 mg, 3.88 mmol)のDMF(3 mL)懸濁液を，0℃で10分間かきまぜる．これにアルデヒド(505 mg, 0.962 mmol)のDMF溶液(3 mL)とトリフラート(653 mg, 1.68 mmol)のDMF溶液(3 mL)を加え，室温で25時間かきまぜる．反応溶液に水を加え，エーテル抽出し，有機相を食塩水で洗浄後，無水硫酸マグネシウムで乾燥する．沪過後減圧濃縮し，得た粗生成物をフラッシュクロマトグラフィー(ヘキサン-酢酸エチル5：1)で精製するとアリルアルコール誘導体がジアステレオマー混合物として得られる．収量610.4 mg. 収率83％．

【参考文献】 K. Hirai, H. Ooi, T. Esumi, Y. Iwabuchi, S. Hatakeyama, *Org. Lett.*, 5, 857-859 (2003).

■ 有機セリウム試薬のカルボニル基への付加反応[*19]

有機セリウム試薬は，反応容器中で *in situ* に生成して用いる．有機リチウム試薬またはGrignard試薬に塩化セリウム(III)を加えることで発生できる．市販の塩化セリウム(III)は七水和物なので，用いる前に水を除去するために，粉末状にしてから0.5 mmHgで140℃に加熱する処理が必要になる．有機セリウムは，試薬の塩基性が低く，セリウムのルイス酸性が高いので，エノール化しやすいアルデヒドやケトンとの反応もうまく進行する利点がある．不飽和カルボニル化合物との反応は1,2-付加が優先する．

[*19] 総説：H.-J. Liu, K.-S. Shia, X. Shang, B.-Y. Zhu, *Tetrahedron*, 55, 3803-3830 (1999).

実験例 5-33

```
        Br                  1. n-BuLi(1.5 eq), THF, -78 ℃                    OH
         \                  2. CeCl₃(1.6 eq), -78 ℃                           |
          \               ─────────────────────────────>      TBSO～～～～～～
          /                 3.                                             \
       OMOM                      TBSO～～～～～CHO                              \
       (1.5 eq)                  -78 ℃→室温                                OMOM
                                     86%
```

アルゴン置換した 250 mL の三つ口フラスコに,乾燥した塩化セリウム(Ⅲ)(9.90 g, 40.2 mmol)を入れ,冷やしながら無水 THF(50 mL)を加える(室温で加えるとセリウムがセメント状に固まってしまうことがある).混合物を室温で 4 時間かきまぜる.超音波洗浄器も使って効率よくかきまぜる.生じた白色の懸濁液を -78 ℃ に冷却する.別に 100 mL のフラスコを用意し,アルゴン雰囲気下で 3-メトキシメトキシブロモベンゼン(8.14 g, 37.5 mmol)の THF 溶液(30 mL)を入れ,-78 ℃ に冷却し,ブチルリチウムのヘキサン溶液(1.6 M, 23.5 mL, 37.6 mmol)を加え,この温度で 15 分間かきまぜる.こうして生じたアリールリチウムの THF 溶液をキャヌーラで塩化セリウム(Ⅲ)の懸濁液に移す.生じた溶液を -78 ℃ で 1 時間かきまぜると濃い黄色の溶液になる.アルデヒド(5.75 g, 25 mmol)を加え,反応混合物を徐々に室温に戻しながら一晩かきまぜる.反応が終わったら,炭酸水素ナトリウム水溶液(50 mL)を加え,混合物を分液漏斗に移し,有機層を分離してから水相をジクロロメタン(100 mL)で 3 回抽出する.有機相をまとめ食塩水で洗浄後,無水硫酸マグネシウムで乾燥する.乾燥剤を濾別し,溶媒を減圧留去すると,粗生成物が得られる.これをフラッシュクロマトグラフィー(シクロヘキサン-酢酸エチル 6:1)で精製すると,無色液体のアルコール誘導体が得られる.収量 7.83 g.収率 86%.

【参考文献】　F. Kaiser, L. Schwink, J. Velder, H.-G. Schmalz, *J. Org. Chem.*, **67**, 9248-9256 (2002).

■ 有機リチウム試薬[*20]

有機リチウム試薬はおそらくもっともよく用いられる有機金属化合物であり,アル

[*20] 総説:(a) M. Yus, F. Foubelo, Polyfunctional Lithium Organometallics for Organic Synthesis. In "Handbook of Functionalized Organometallics", P. Knochel, Ed., Vol. 1, pp. 7-43, Wiley-VCH: Weinheim (2005). (b) R. Chinchilla, C. Najera, *Tetrahedron*, **61**, 3139-3176 (2005). (c) C. Najera, M. Yus, *Curr. Org. Chem.*, **7**, 867-926 (2003). (d) N. Sotomayor, E. Lete, *Curr. Org. Chem.*, **7**, 275-300 (2003). (e) C. Najera, J. M. Sansano, M. Yus, *Tetrahedron*, **59**, 9255-9303 (2003). (f) B. J. Wakefield, "Organolithium Methods", Academic Press: San Diego (USA) (1988).

デヒドと反応して炭素骨格を構築することができる．しかし，入手容易なアルキルリチウムが(n-, s-, t-)ブチルリチウムやメチルリチウムに限られているので，一般的なアルキルあるいはアリールリチウムを発生させるには，ハロゲン化アルキルやハロゲン化アリールを用いたハロゲン-リチウム交換反応を使う．すなわちハロゲン化アルキルもしくはハロゲン化アリールを低温($-78\,°C$)で(n-, s-, t-)ブチルリチウムと作用させて，目的のアルキルリチウムを発生させることができる．交換反応にはヨウ化アルキルや臭化アルキルがよく，塩化アルキルは反応が遅い．交換反応は溶媒や反応温度，それに用いるアルキルリチウムの種類や加え方に敏感なので，実際に反応を行うときには実験の手順書をよく読んでおくこと．アルキルリチウムは金属リチウムから直接発生させることも可能ではあるが，交換反応のほうがはるかに操作が簡単なので，用いられることはほとんどない．アセチレンの水素は酸性度が高いのでブチルリチウムで直接リチウムアセチリド(アルキニルリチウム)を発生させることができる．また芳香族の水素(とくに芳香族複素環化合物)は，オルトリチオ化によって直接引き抜かれ，アリールリチウムを発生できる．この反応ではリチウムに配位する補助基の導入が重要である．

A．ハロゲン-リチウム交換反応

実験例 5-34 n-ブチルリチウムを使った例

ブチルリチウムを用いる交換反応では，アルキルリチウムが反応性が高く，溶媒や副生した臭化ブチル(脱離反応やカップリング反応など)との反応が起こらないように気を配ることが重要となる．溶媒との副反応は1章を参照するとよい．

窒素雰囲気下，臭化アリール($2.58\,g$, $5.50\,mmol$)のTHF溶液($50\,mL$)を$-78\,°C$に冷却し，ブチルリチウムのヘキサン溶液($1.6\,M$, $3.44\,mL$, $5.50\,mmol$)を加える．ハロゲン-リチウム交換反応は発熱反応なので，反応溶液に温度計を入れて，溶液の温度を直接モニターしながら，温度が上がらないように注意して加えること．加え終わっ

たら，反応溶液を－78℃でさらに10分間かきまぜ，アルデヒド(1.19 g, 3.66 mmol)のTHF溶液(20 mL)を加える．－78℃で1時間かきまぜた後，0℃に昇温しさらに1時間かきまぜる．飽和塩化アンモニウム水溶液を加え，THFをロータリーエバポレーターで減圧除去する．残った水相を酢酸エチルで抽出し，有機相を希塩酸，飽和炭酸水素ナトリウム水溶液，および食塩水で洗浄してから無水硫酸マグネシウムで乾燥する．乾燥剤を沪別し，有機溶媒を減圧留去して得られる粗生成物をフラッシュクロマトグラフィー(ヘキサン-酢酸エチル100:1，後に20:1)で精製して，半固体の生成物をジアステレオマー混合物として得る．収量2.23 g．収率85%．元論文によれば，NMRでチェックすると10%の不純物が含まれているとされている．

【参考文献】 W.-P Deng, M. Zhong, X.-G. Guo, A. S. Kende, *J. Org. Chem.*, **68**, 7422-7427 (2003).

実験例 5-35　t-ブチルリチウムを使った例

この場合は2当量のt-ブチルリチウムが必要となる．1当量目は交換反応に使われるが，もう1当量は生じたハロゲン化t-ブチルを脱ハロゲン化水素するために消費される．

ヨウ化ビニル(1.05 g, 2.44 mmol)のTHF溶液(12 mL)を窒素雰囲気下で－78℃に冷却し，t-ブチルリチウムのヘキサン溶液(1.5 M, 3.2 mL, 5.44 mmol)をゆっくり加える．この反応は発熱反応なので，反応溶液の温度が上がらないように，温度計を直接反応溶液に入れて温度をモニターしつつ注意深くt-ブチルリチウムを滴下する．滴下が終了したら，2分後－78℃でケトン(500 mg, 2.23 mmol)のTHF溶液(3 mL)を加える．黄色の溶液となるのでこれを20分間かきまぜてから室温に昇温する．反応容器を氷浴につけてよく冷却しながら，炭酸水素ナトリウム水溶液を加えて反応を停止する．反応混合物をエーテル抽出し，有機相を食塩水で2回洗浄後，無水硫酸ナトリウムで乾燥する．乾燥剤を沪別後濃縮し，得られた粗生成物をカラムクロマトグラフィー(石油エーテル-酢酸エチル9:1)で精製して無色液体のアルコール誘導体を

得る．収量 836 mg．収率 70％．

【参考文献】 L. A. Paquette, F. J. Montgomery, T.-Z. Wang, *J. Org. Chem.*, **60**, 7857-7864 (1995).

B．メタレーション（金属化）反応

実験例 5-36　アルキンの反応

アルキン(1.57 g, 7.92 mmol)の THF 溶液(25 mL)を −78 ℃に冷却し，ブチルリチウムのヘキサン溶液(2.5 M, 3.33 mL, 8.32 mmol)を加える．反応混合物を 20 分間かきまぜて，Weinreb アミド(3.11 g, 8.71 mmol)の THF 溶液(5 mL)をキャヌーラ経由で加える．反応溶液を 0 ℃に昇温し，2 時間かきまぜる．再び −78 ℃に冷却し，0.5 M 塩酸(5 mL)を加える．反応混合物を室温に昇温し，30 分間かきまぜる．エーテルと炭酸水素ナトリウム水溶液を注意深く加えて(発泡注意)，有機層を分離して，水相をエーテル(30 mL)で 3 回抽出する．有機相をまとめ，無水硫酸マグネシウムで乾燥する．乾燥剤を濾過し，溶媒を減圧留去する．残渣をカラムクロマトグラフィー(ヘキサン-エーテル 20：1)で精製すると，無色液体のケトンが得られる．収量 3.87 g．収率 98％．

【参考文献】 W. R. Roush, D. A. Barda, C. Limberakis, R. K. Kunz, *Tetrahedron*, **58**, 6433-6454 (2002).

実験例 5-37　ブチルリチウムの付加によるアルキルリチウムの発生

ナフチルオキサゾリン(200 mg, 0.79 mmol)の THF 溶液を −78 ℃に冷却し，ブチルリチウムのヘキサン溶液(1.5 M, 0.79 mL, 1.19 mmol)を滴下する．反応混合物を

−78 ℃で 2 時間かきまぜ，ヨウ化メチル(1.21 mL, 2.37 mmol)を加える．反応混合物を室温に昇温し，1 時間かきまぜる．塩化アンモニウム水溶液(30 mL)を加え，混合物をジクロロメタン(30 mL)で 3 回抽出する．有機相をまとめ，無水硫酸ナトリウムで乾燥する．沪過後減圧濃縮し，得られた粗生成物をシリカゲルカラムクロマトグラフィーで精製すると無色液体のオキサゾリンを得る．収量 259 mg，収率 100％．

オキサゾリンのアルデヒドへの変換

オキサゾリン(250 mg, 0.77 mmol)のジクロロメタン溶液(5 mL)にメチルトリフラート(277 mg, 1.38 mmol)を加える．TLC で反応をモニターしながら，反応溶液を室温で 3 時間かきまぜる．原料の消失を確認したら，反応溶液を 0 ℃に冷却し，水素化ホウ素ナトリウム(111 mg, 2.92 mmol)のメタノール-THF 溶液(4：1, 3 mL)をゆっくり加える．反応溶液を室温に昇温し，飽和塩化アンモニウム水溶液(50 mL)を加えて反応を停止する．混合物をジクロロメタン(50 mL)で 3 回抽出し，有機相を無水硫酸ナトリウムで乾燥する．沪別後溶媒を減圧除去し，残渣を THF-水(4：1, 5 mL)に溶解し，シュウ酸(485 mg, 3.85 mmol)を加える．反応混合物を室温で 12 時間かきまぜる．炭酸水素ナトリウム水溶液(50 mL)加え，ジクロロメタンで抽出し，有機相を無水硫酸ナトリウムで乾燥する．沪別後減圧濃縮し，粗生成物をフラッシュクロマトグラフィーで精製すると，無色液体のアルデヒドが得られる．収量 134 mg，収率 76％．

【参考文献】　D. J. Rawson, A. I. Meyers, *J. Org. Chem.*, **56**, 2292-2294(1991).

実験例 5-38　オルトリチオ化反応[*21]

窒素雰囲気下，1-(2-*t*-ブチルフェニル)-1-メチル-3-フェニル尿素(0.200 g, 0.71 mmol)を無水 THF(20 mL)に溶解し，−78 ℃に冷却する．*s*-ブチルリチウムのシクロヘキサン溶液(1.1 M, 1.6 mL, 1.78 mmol, 2.5 当量)を滴下し，反応混合物を 15 分

[*21]　総説：(a) R. D. Clark, A. Jahangir, *Org. React.*, **47**, 1-314(1995). (b) V. Snieckus, *Chem Rev.*, **90**, 879-933(1990).

間かきまぜる．生じた黄色の溶液に過剰量のアセトアルデヒド(0.5 mL)を加え，さらに -78 ℃で 2 時間かきまぜる．反応混合物にエーテル(5 mL)と飽和塩化アンモニウム(5 mL)を加える．混合物を室温に昇温し，有機層を分離し，水相をエーテル(10 mL)で 3 回抽出する．有機相を無水硫酸マグネシウムで乾燥し，乾燥剤を沪別，溶媒を減圧除去する．得られた粗生成物をカラムクロマトグラフィーで精製して，目的生成物を得る．収量 0.184 g．収率 79%．アトロプ異性によって生じるジアステレオマー比は 86：14 である．

【参考文献】 J. Clayden, H. Turner, M. Helliwell, E. Moir, *J. Org. Chem.*, **73**, 4415-4423 (2008).

■ Reformatsky 反応と有機亜鉛化合物の反応[*22]

Reformatsky 反応は α-ハロエステルと亜鉛から，有機亜鉛化合物を発生し，これをアルデヒドと反応させる反応である．有機亜鉛化合物を発生させるには，亜鉛粉末と開始剤としてヨウ素または 1,2-ジヨードエタンを用いる．開始剤は亜鉛粉末表面の酸化皮膜を除きフレッシュな金属表面を発生させるために使われる．他の亜鉛源としては，Rieke Zinc や有機リチウム化合物と塩化亜鉛なども報告されている．これまでの合成化学の進歩のおかげで，同様の反応はクロム，サマリウム，インジウムなどを使っても行えるようになった．この反応は一般にアルデヒド選択的に反応するが，うまく工夫すると，ニトリル，エステル，ラクトン，エポキシド，アジリジン，不飽和カルボニル化合物などにも使える場合もある．分子内反応にも適用可能である．

実験例 5-39

PhFl=9-フェニルフルオレン-9-イル
主異性体　　副異性体

窒素雰囲気下，ブロモ酢酸エチル(1.14 mL，10 mmol)を，アルデヒド(2.29 g, 6

[*22] 総説：(a) R. Ocampo, W. R. Dolbier, Jr., *Tetrahedron*, **60**, 9325-9374 (2004). (b) A. Furstner, *Synthesis*, **1989**, 571-590.

mmol)と亜鉛末(0.78 g, 12 mmol)の THF 懸濁液(40 mL)にゆっくり加える.反応混合物を室温で2時間激しくかきまぜる.反応終了後,塩化アンモニウム水溶液(20 mL)と食塩水(20 mL)を加える.セライトで濾過し,酢酸エチル(10 mL)で4回洗浄する.濾液の有機層を分離し,水相を酢酸エチル(10 mL)で4回抽出する.有機相をすべてまとめ,無水硫酸マグネシウムで乾燥する.濾別後溶媒を減圧除去すると油状の残渣が得られる.これをフラッシュクロマトグラフィー(ヘキサン-酢酸エチル4:1)で精製すると,生成物のジアステレオマーがおのおの分離して無色液体の生成物として得られる.収量 2.43 g(主異性体 1.92 g, 副異性体 512 mg).収率 95%(主異性体 72%, 副異性体 23%).

【参考文献】　Y. Ding, J. Wang, K. A. Abboud, Y. Xu, W. R. Dolbier, Jr., N. G. L. Richards, *J. Org. Chem.*, **66**, 6381-6388(2001).

■ Roush の不斉クロチル化反応[*23]

Roush のクロチル化試薬は,調製に1日かかるけれども,収率も選択性も高いので使える反応である.

実験例 5-40

B-(E)-クロチル-(R,R)-ジイソプロピル酒石酸ボレート(46.0 g, 0.152 mmol)を無水トルエン(1 L)に溶解し,モレキュラーシーブス4Å(6 g)を加えて,-78℃に冷却する.アルデヒド(13.1 g, 0.076 mol)の無水トルエン溶液(50 mL)を-78℃に冷却し,キャヌーラを使ってクロチルボレートの溶液に滴下する.反応混合物を-78℃で1時間かきまぜ,2 M 水酸化ナトリウム水溶液(70 mL)を加える.混合物を0℃に昇温し,30分間かきまぜて,セライト上で濾過する.濾液をエーテル(250 mL)で3回抽出する.有機相を無水硫酸マグネシウムで乾燥し,濾過後減圧濃縮する.得た粗生成

[*23] 総説:(a) S. E. Denmark, N. G. Almstead, In "Modern Carbonyl Chemistry", J. Otera, Ed., Chapter 10:Allylation of Carbonyls:Methodology and Stereochemistry, pp. 299-402, Wiley-VCH:Weinheim(2000). (b) S. R. Chemler, W. R. Roush, In "Modern Carbonyl Chemistry", J. Otera, Ed., Chapter 11:Recent Applications of the Allylation Reaction to the Synthesis of Natural Products, pp. 403-490, Wiley-VCH:Weinheim(2000). (c) S. E. Denmark, J. Fu, *Chem. Rev.*, **103**, 2763-2793(2003).

物をフラッシュクロマトグラフィー(ヘキサン-酢酸エチル 7:1)で精製すると,無色液体のアルコール誘導体が得られる.収量 15.2 g.収率 88%.ジアステレオマー過剰率 90%de.

【参考文献】 A. B. Smith, Ⅲ, J. Zheng, *Tetrahedron*, **58**, 6455-6471(2002).

■ Hosomi(細見)-Sakurai(櫻井)反応[*24]

Hosomi-Sakurai 反応は,アリルシランを使ってルイス酸触媒存在下でアルデヒドをアリル化し,ホモアリルアルコールを得る反応である.電子求引性の置換基をもつシランとの反応では,ルイス塩基が触媒として作用する.

実験例 5-41　ルイス酸を用いた反応

アルゴン雰囲気下,アルデヒド(0.511 g, 1.5 mmol)のジクロロメタン溶液に,アリルトリメチルシラン(0.48 mL, 3 mmol)を加え,-80℃に冷却してから三フッ化ホウ素エーテル錯体(0.19 mL, 1.5 mmol)を加える.反応の進行を TLC でモニターする.-80℃で5時間かきまぜると原料が消失するので,飽和塩化アンモニウム水溶液とアンモニア水(28%)の 2:1 混合水溶液を加え,有機層を分離してから,水相をジクロロメタンで2回抽出する.有機相を無水硫酸マグネシウムで乾燥し,沪別後溶媒を減圧留去する.固体の粗生成物が得られるので,フラッシュクロマトグラフィー(シリカゲル/シクロヘキサン-酢酸エチル-トリエチルアミン 9:1:0.2)で精製すると,白色固体のホモアリルアルコールが得られる.収量 364 mg.収率 63%.

【参考文献】 J. Bejjani, F. Chemla, M. Audouin, *J. Org. Chem.*, **68**, 9747-9752(2003).

[*24] 総説:(a) S. E. Denmark, N. G. Almstead, In "Modern Carbonyl Chemistry", J. Otera, Ed., Chapter 10:Allylation of Carbonyls:Methodology and Stereochemistry, pp. 299-402, Wiley-VCH:Weinheim(2000).(b) S. R. Chemler, W. R. Roush, In "Modern Carbonyl Chemistry", J. Otera, Ed., Chapter 11:Recent Applications of the Allylation Reaction to the Synthesis of Natural Products, pp. 403-490, Wiley-VCH:Weinheim(2000).(c) S. E. Denmark, J. Fu, *Chem. Rev.*, **103**, 2763-2793(2003).

> 実験例 5-42　ルイス塩基を用いる方法
> 　　　　　　（Denmark のキラルビスホスホリックアミドを用いる方法）

$$\text{PhCHO} \xrightarrow[\substack{\text{DIPEA, CH}_2\text{Cl}_2,\ -78\ ^\circ\text{C} \\ 85\%,\ 87\%\text{ee}}]{\substack{\text{allyl-SiCl}_3\ (2\text{ eq}) \\ \text{bisphosphoramide}\ (5\text{ mol}\%)}} \text{PhCH(OH)CH}_2\text{CH=CH}_2$$

ビスホスホリックアミド (59 mg, 0.1 mmol) のジクロロメタン溶液 (1 mL) にジイソプロピルエチルアミン (1 mL) を加え, 窒素雰囲気下 -78 ℃ に冷却して, アリルトリクロロシラン (580 μL, 4.0 mmol) を加える. -78 ℃ で 10 分間かきまぜる. 次いでベンズアルデヒド (2 mL, 2.0 mmol) を加え, 混合物を室温で 8 時間かきまぜる. 反応混合物を飽和炭酸水素ナトリウム水溶液 (10 mL) と飽和フッ化カリウム水溶液 (10 mL) の 0 ℃ の混合水溶液に注ぎ, 激しく 2 時間かきまぜる. 混合物をセライト上で濾過する. 有機層を分離し, 水相をジクロロメタン (30 mL) で 3 回抽出する. 有機相を無水硫酸マグネシウムで乾燥し, 乾燥剤を濾過して, 溶媒を減圧留去する. 得られた油状の粗生成物をシリカゲルカラムクロマトグラフィー (ジクロロメタン-ペンタン 3:1, 後にジクロロメタン) で精製すると, 光学活性なホモアリルアルコール誘導体が 87%ee で得られる. 収量 254 mg. 収率 85%.

【参考文献】　S. E. Denmark, J. Fu, *J. Am. Chem. Soc.*, **123**, 9488-9489 (2001).

■ Schwartz の試薬[*25]

　アルキンへのヒドロジルコニウム化反応は, 室温条件で位置選択的に進行し, アルケンを与える. 炭素-ジルコニウム結合はトランスメタル化反応してパラジウム触媒の反応に利用できるだけでなく, ヨウ素でトラップするとヨウ化アルケンを与えるので, 続く段階の合成に便利な中間体として利用できる. エーテル系溶媒を用いるとよい結果を与えることが多い.

[*25]　総説：J. Schwartz, J. A. Labinger, *Angew. Chem. Int. Ed.*, **15**, 333-340 (1976).

実験例 5-43

1. Cp$_2$Zr(H)Cl(2.1 eq), THF, 室温
2. I$_2$(2 eq), 室温
81%

Schwartz 試薬, Cp$_2$Zr(H)Cl(1.36 g, 5.26 mmol)の THF 溶液(15 mL)に, 室温でアルキン(0.585 g, 2.50 mmol)の THF 溶液(15 mL)を加え, 24 時間かきまぜる. 0℃に冷却し, ヨウ素(1.27 g, 5.0 mmol)の THF 溶液(8 mL)を滴下する. 反応溶液を室温で 30 分間かきまぜ, チオ硫酸ナトリウム水溶液で反応を停止する. 混合物をエーテルで 3 回抽出し, 有機相をチオ硫酸ナトリウム水溶液で洗浄してヨウ素の紫色を消す. 次いで飽和食塩水で洗浄し, 無水硫酸マグネシウムで乾燥する. 沪別後溶媒を減圧留去し, 得られた半固体にペンタンを加えて, 可溶成分を抽出する. この操作を 3 回行って, ペンタン相を集め, ペンタンを減圧留去する. 残渣をカラムクロマトグラフィー(ペンタン)で精製すると, 黄色液体のヨウ化ビニル生成物を得る. 収量 0.732 g. 収率 81%.

【参考文献】 M. G. Organ, J. Wang, *J. Org. Chem.*, **68**, 5568-5574 (2003).

■ Shapiro 反応[*26]

Shapiro 反応は, ケトンをトシルヒドラゾンを経由してアルケンに変換する反応である. トシルヒドラゾンをブチルリチウムもしくはメチルリチウムで処理すると, 脱窒素してビニルリチウムを与えるので, これを適切な求電子剤と反応させると, 多置換アルケンに導く. 125 ページの Shapiro 反応の項も参照するとよい.

[*26] 総説: (a) A. R. Chamberlin, S. H. Bloom, *Org. React.*, **39**, 1-83 (1990). (b) R. H. Shapiro, *Org. React.*, **23**, 405 (1976).

実験例 5-44

トシルヒドラジン(3.53 g, 18.9 mmol)を60%含水メタノール(46 mL)に加え，60℃に加熱する．ヘプタノン(2.23 g, 18.8 mmol)を滴下し，加え終わったら溶液を5℃で15時間放置する．析出した固体を濾過し，60%含水メタノールで洗ったあと，10分間風乾する．こうして白色固体のヒドラゾンが得られる．収量4.91 g．収率89%．

窒素雰囲気下，トシルヒドラゾン(1.04 g, 3.59 mmol)のTMEDA懸濁液(15 mL)を−78℃に冷却し，ブチルリチウム(2.3 M, 4.6 mL, 10.58 mmol)を滴下する．−78℃で15分かきまぜてから室温に昇温すると，反応溶液が濃い赤色になる（注意　この反応では化学量論量の窒素が発生する．これを逃がすような反応装置を組んでおくこと．密封容器で反応させてはいけない．爆発する）．反応溶液をさらに5時間かきまぜる．0℃に冷却し，DMF(0.4 mL, 5.18 mmol)を加えて，室温でさらに一晩かきまぜる．反応混合物を7.5%塩酸(60 mL)に注ぎ，ジクロロメタン(40 mL)で4回抽出する．有機相をまとめ，食塩水で洗浄し，無水硫酸ナトリウムで乾燥する．濾過後溶媒を減圧留去するとアルデヒドが得られる．収量 約2 g．収率 ほぼ100%．

【参考文献】 D. P. G. Hamon, K. L. Tuck, *J. Org. Chem.*, **65**, 7839-7846 (2000).

■ Sonogashira(薗頭)カップリング反応[*27]

パラジウム触媒を用いる末端アルキンとハロゲン化アリールもしくはアリールトリフラートとのカップリング反応である．ヨウ化銅(I)と第三級アミンを共存させて反応を行う．ハロゲン化ビニルやビニルトリフラートとも反応させられるので，エンイン化合物の合成にも適している．他のパラジウム触媒の反応と同様，官能基選択性も

[*27] 総説：K. Sonogashira, In "Handbook of Organopalladium Chemistry for Organic Synthesis", E. Negishi, A. deMeijere, Eds., Chapter III.2.8：Palladium-Catalyzed Alkynylation, pp. 493-535, Wiley-Interscience：New York (2002).

高い．多くの官能基を含む化合物にも適用できる応用範囲の広い反応である．ヨウ化アリールがもっとも反応させやすく，室温で反応が進行するが，臭化アリールではかなり反応性が落ちるため加熱条件が必要となる．臭化テトラブチルアンモニウムやヨウ化カリウムを添加すると反応しにくいアルキンへの反応も加速できる．適切なパラジウム触媒に関しては，過去に数ある錯体が検討されている．詳しくは文献[27]にあたること．

実験例 5-45

窒素雰囲気下，トリエチルアミン(3.1 mL, 22.2 mmol)のアセトニトリル溶液(50 mL)にアルキン(2.6 g, 7.5 mmol)，ヨウ化アリール(3.5 g, 7.4 mmol)，$PdCl_2(PPh_3)_2$ (61.6 mg, 0.088 mmol)およびヨウ化銅(I)(16.8 mg, 0.088 mmol)を加え，25℃で12時間かきまぜる．反応混合物を濾過し，減圧濃縮する．残渣をフラッシュクロマトグラフィー(シリカゲル/石油エーテル-酢酸エチル 10：1)で精製すると，白色固体のアルキンを得る．収量 4.48 g．収率 90％．

【参考文献】 C. C. Li, Z. X. Xie, Y. D. Zhang, J. H. Chen, Z. Yang, *J. Org. Chem.*, **68**, 8500-8504 (2003).

■ Migita(右田)-Kosugi(小杉)-Stille カップリング反応[28]

パラジウム触媒を用いるハロゲン化アリールやアリールトリフラートと有機スズ化

---

[28] 総説：(a) E. Fouquet, A. Herve, In "Handbook of Functionalized Organometallics", P. Knochel, Ed., Vol. 1, Chapter 6：Polyfunctional Tin Organometallics for Organic Synthesis, pp. 203-215, Wiley-VCH：Weinheim(2005). (b) P. Espinet, A. M. Echavarren, *Angew. Chem. Int. Ed.*, **43**, 4704-4734 (2004). (c) K. Fugami, M. Kosugi, In "Topics in Current Chemistry：Cross-coupling Reactions A Practical Guide", N. Miyaura, Ed., Vol. 219, Organotin Compounds, pp. 87-130, Springer-Verlag：Berlin (2002). (d) M. Kosug, K. Fugami, In "Handbook of Organopalladium Chemistry for Organic Synthesis", E. Negishi, A. deMeijere, Eds., Chapter III.2.3：Overview of the Stille Protocal with Sn, pp. 263-283, Wiley-Interscience：New York (2002). (e) V. Farina, V. Krishnamurthy, W. Scott, *J. Org. React.*, **50**, 1-652 (1997). (f) J. K. Stille, *Angew. Chem. Int. Ed.*, **25**, 508-524 (1986).

合物とのカップリング反応を Migita-Kosugi-Stille カップリング反応という．官能基選択性が高く，過去 20 年にわたって代表的なカップリング反応として広く用いられてきた．カップリングパートナーとして必要な有機スズ化合物は，Grignard 試薬を用いる合成法のほかに，有機リチウム化合物とトリアルキルスズとの反応やヘキサメチルジスズ($Me_3SnSnMe_3$)を用いるカップリングで調製できるので，汎用性の高いカップリング反応となっている．しかし，有機スズ試薬の毒性には細心の注意を払うこと．とくにトリメチルスズ誘導体は蒸気圧も高いので，揮発しやすく，きわめて危険である．よくひいたドラフト内で保護手袋をして注意深く扱うこと(ドラフト外で取り扱うのはもってのほかである)．スズ化合物は皮膚からも吸収されるので，絶対に直接触れないこと．

　パラジウム触媒は種々のものが用いられている．おもなものとしては $Pd(PPh_3)_4$, $Pd(PPh_3)_2Cl_2$, $BnPd(PPh_3)_2Cl$, $PdCl_2(MeCN)_2$, $Pd(OAc)_2$, $Pd(dba)_2$, $Pd_2(dba)_3/P(2-フリル)_3$, $Pd(OAc)_2/P(o\text{-}tol)_3$ がある．下記の実施例では使っていないが，添加剤として LiCl を加えることが多い．これらを用いて，適当な溶媒を用いて加熱還流すると反応は進行する．良い反応であるが，後処理の際にスズ化合物の残骸がまざってくるので，これを除くのが頭の痛い問題である．

実験例 5-46

　ブロモインデン(500 mg, 1.47 mmol)のトルエン溶液(20 mL)にテトラキストリフェニルホスフィンパラジウム(150 mg, 0.09 当量)とトリブチルビニルスズ(0.5 mL, 1.15 当量)を加え，24 時間加熱還流する．反応溶液を冷却後，ジクロロメタン(20 mL)を加えセライト上で沪過する．沪液をエバポレーターで濃縮し，残渣にジクロロメタン(100 mL)と飽和フッ化カリウム水溶液(150 mL)を加え，一晩激しくかきまぜる．有機層を分離し，水相を酢酸エチル(30 mL)で 2 回抽出する．有機相を無水硫酸ナトリウムで乾燥後，沪別し，溶媒を減圧留去する．得られた残渣を最少量のクロロホルムに溶解し，フラッシュクロマトグラフィー(ヘキサン-酢酸エチル 7：3)で精製すると，白色固体の 7-ビニルインデンが得られる．収量 314 mg, 収率 84%．

　後処理時のうまい方法　もし生成物がアセトニトリルに溶け，石油エーテルもし

くはヘキサンに溶けにくいのなら，粗生成物をアセトニトリルに溶かし，石油エーテルで数回洗浄すると，スズ化合物を石油エーテル相に効果的に除去できる．

【参考文献】 S. Hanessian, G. Papeo, M. Angiolini, K. Fettis, M. Beretta, A. Munro, *J. Org. Chem.*, **68**, 7204-7218 (2003).

■ Stille-Kelly 反応

Stille-Kelly 反応は，Stille カップリングの変法で，ハロゲン化アリールをヘキサメチルジスズとパラジウム存在下，分子内カップリングさせる反応である．

実験例 5-47

肉厚のガラスでできた耐圧ガラス容器に，窒素雰囲気下，ジアリールオキサゾール(418 mg, 0.89 mmol)と脱気したジオキサン(19 mL)に溶かした Pd(PPh₃)₂Cl₂(19.3 mg, 0.027 mmol)を入れる．ヘキサメチルジスズ(440 mg, 1.33 mmol)のジオキサン溶液(7.4 mL)を反応混合物に滴下し，窒素置換して耐圧ガラス容器を閉め，室温で15分，115 ℃で50分加熱する(**圧力がかかるので爆発注意**)．冷却後，反応混合物を遠心分離し，上澄みを分離した後，黒色のパラジウム粉末をジクロロメタン(3 mL)で洗浄する(以下の操作には蒸気圧の高いトリメチルスズ誘導体が含まれているので，ドラフト内で保護手袋を着用して行うこと)．有機相を一緒にし，飽和フッ化カリウム水溶液(7 mL)で洗浄し，スズ化合物の沈殿を除去してから，無水硫酸マグネシウムで乾燥する．沪過後溶媒を減圧留去し，得た黄色の粗生成物をフラッシュクロマトグラフィー(ヘキサン-酢酸エチル 3 : 7)で精製すると，無色の生成物が得られる．これをメタノールから結晶化させると，フェナントロ[1,2]オキサゾールを得る．収量0.173 g．収率89％．

【参考文献】 R. Olivera, R. SanMartin, I. Tellitu, E. Dominguez, *Tetrahedron*, **58**, 3021-3037 (2002).

■ Suzuki(鈴木)-Miyaura(宮浦)カップリング反応[*29]

Suzuki-Miyaura カップリング反応は，パラジウム触媒でハロゲン化アリール(ある

いはアリールトリフラートやヨウ化ビニル)と有機ホウ素化合物とのカップリング反応である．加熱を要するものの，穏和な条件で官能基選択性に優れ，有機ホウ素化合物の毒性の低さもあって，もっともよく用いられる有機合成反応である．アリールボロン酸などの取り扱いにくさなどは不利な点であるが，これらの利点はそれを補って余りある．パラジウム触媒としてよく用いられるものは，Pd(PPh$_3$)$_4$, Pd(dppf)Cl$_2$, Pd(PPh$_3$)$_2$Cl$_2$, Pd(dba)$_2$/dppf, Pd(OAc)$_2$, Pd(OAc)$_2$/dppf, Pd(OAc)$_2$/PPh$_3$である．これまでの研究で，AsPh$_3$, P(o-tol)$_3$, P(t-Bu)$_3$などの配位子が良い結果を与えることがわかっているが，詳しくは論文や総説[29]に直接あたること．ニッケル触媒，たとえばNi(PPh$_3$)$_2$Cl$_2$などでも反応することが知られている．よく用いられる塩基には，KF, CsF, NaHCO$_3$, Na$_2$CO$_3$, K$_2$CO$_3$, Cs$_2$CO$_3$, K$_3$PO$_4$, NaOH, Ba(OH)$_2$, NaOH, Tl$_2$CO$_3$(有毒)，TlOH(有毒)，トリエチルアミンがあるが，毒性の高いものをわざわざ使うまでもないだろう．典型的には，適切な溶媒中，たとえば，THF-水，ジオキサン-水，トルエン-エタノール-水，1,2-ジメトキシエタン(DME)-水，DMF(無水条件を必要とするとき)などに基質と触媒を混合して70℃以上の高温で反応させる方法で実施する．

A. ボロン酸を用いる反応

実験例 5-48 アリールボロン酸の合成

[29] 総説：(a) P. Knochel, H. Ila, T. J. Korn, O. Baron. In "Handbook of Functionalized Organometallics", P. Knochel, Ed., Vol. 1, Functionalized Organoborane Derivatives in Organic Synthesis, pp. 45-108, Wiley-VCH：Weinheim (2005). (b) L. Bai, J.-X. Wang, *Curr. Org. Chem.*, **9**, 535-553 (2005). (c) F. Bellina, A. Carpita, R. Rossi, *Synthesis*, **2004**, 2419-2440. (d) S. Kotha, K. Lahiri, D. Kashinath, *Tetrahedron*, **58**, 9633-9695 (2002). (e) P. Knochel, H. Ila, T. J. Korn, O. Baron, In "Handbook of Functionalized Organometallics", P. Knochel, Ed., Chapter 3：Functionalized Organoborane Derivatives in Organic Synthesis, pp. 45-108, Wiley-VCH：Weinheim (2005). (f) N. Miyaura, In "Topics in Current Chemistry：Crosscoupling Reactions A Practical Guide", N. Miyaura, Ed., Vol. 219, Organoboron Compounds, pp. 11-59, Springer-Verlag：Berlin (2002). (g) A. Suzuki, "Handbook of Organopalladium Chemistry for Organic Synthesis", Vol. 1, Chapter Ⅲ.2.2：Overview of the Suzuki Protocol with B, pp. 249-262, Wiley-Interscience：New York (2002). (h) S. R. Chemler, D Trauner, S. J. Danishefsky, *Angew. Chem. Int. Ed.*, **40**, 4544-4568 (2001). (i) N. Miyaura, A. Suzuki, *Chem. Rev.*, **95**, 2457-2483 (1995). (j) A. Suzuki, *Acc. Chem. Res.*, **15**, 178-184 (1982).

臭化アリール(6.26 g, 20.0 mmol)のエーテル溶液(75 mL)を-78℃に冷却し，ブチルリチウム(2.5 M, 8.0 mL, 20 mmol)を加え，反応混合物を0℃に昇温し1時間かきまぜる．再び-78℃に冷却し，ホウ酸トリメチル(2.5 mL, 22 mmol)を加え，室温に昇温し，一晩反応させる．反応混合物に1 M 塩酸(50 mL)を加え，室温で45分間かきまぜる．有機層を分離し，水相をジクロロメタンで抽出する．有機相をまとめ，無水硫酸ナトリウムで乾燥する．乾燥剤を泸別し，溶媒を減圧留去すると白色粉末のアリールボロン酸が得られる．収量 4.62 g. 収率 83%．

【参考文献】 A. C. Spivey, T. Fekner, S. E. Spey, H. Adams, *J. Org. Chem.*, **64**, 9430-9443 (1999).

実験例 5-49　標準的な Suzuki(鈴木)-Miyaura(宮浦)反応

かつてよく使われた Pd(PPh$_3$)$_4$ は，空気によって酸化されてしまうので，触媒の失活によって反応がうまくいかない場合もある．したがって，冷暗所でアルゴン雰囲気下で保存するのがよい．酸素の進入を防ぐことさえできれば保存のきく錯体であるが，研究室で共有するといつの間にやら壊れていることが多々あるので，自分でしっかり管理しておくのがよいだろう．Pd(PPh$_3$)$_4$ は余分な PPh$_3$ の存在のために配位不飽和な活性種は発生しにくく，反応性は低い．あるいは，より壊れにくい Pd(dppf)Cl$_2$·CH$_2$Cl$_2$ や Pd(PPh$_3$)$_2$Cl$_2$ などを使って反応を行うのもよい考えである．これらの触媒は合成も可能であるが，市販もされている．

臭化アリール(1.49 g, 7.00 mmol)をトルエン(28 mL)とエタノール(5 mL)の混合溶媒に溶解し，2 M 炭酸ナトリウム水溶液(28 mL)を加える．テトラキストリフェニルホスフィンパラジウム(243 mg, 0.210 mmol)とアリールボロン酸(2.53 g, 9.1 mmol)を加え，混合物を加熱還流する．加熱前に脱気しておくほうが望ましいが，この場合はこの操作はしなくても反応は進行する．90分加熱還流後，追加のアリールボロン酸(680 mg, 2.44 mmol)とパラジウム触媒(81 mg, 0.070 mmol)を追加し，さらに24時間加熱還流する．有機層を分離し，水相をジクロロメタンで抽出する．有機相をまとめ，無水硫酸マグネシウムで乾燥する．乾燥剤を泸別し，有機溶媒を減圧除

去すると，粗生成物が得られるので，これをフラッシュクロマトグラフィー(酢酸エチル，後に酢酸エチル-トリエチルアミン 98:2)で精製すると，白色固体の DMAP 誘導体が得られる．収量 2.09 g．収率 82%．

【参考文献】 A. C. Spivey, T. Fekner, S. E. Spey, H. Adams, *J. Org. Chem.*, **64**, 9430-9443 (1999).

実験例 5-50　Fu の改良法

$$\underset{(1.1\ eq)}{\text{o-Tol-B(OH)}_2} \xrightarrow[\text{KF (3.3 eq), THF, 室温, 48 h}]{\text{MeO-C}_6\text{H}_4\text{-Br, Pd}_2(\text{dba})_3 (0.005\ \text{mol\%}), P(t\text{-Bu})_3 (0.012\ \text{mol\%})} \text{4-methoxy-2'-methylbiphenyl}\ 98\%$$

4-ブロモアニソール(1.87 g, 10 mmol)，o-トリルボロン酸(1.50 g, 11 mmol)，フッ化カリウム(オーブンで一晩加熱乾燥したもの，1.92 g, 33 mmol)および THF (10 mL)を 100 mL のシュレンク管に入れ，アルゴン雰囲気下でかきまぜる．トリ t-ブチルホスフィン(1.9×10^{-4} M の THF 溶液, 0.63 mL, 1.2×10^{-4} mmol)と Pd$_2$(dba)$_3$ (2.16×10^{-5} M の THF 溶液, 2.31 mL, 5.0×10^{-5} mmol)を加え，室温で 48 時間かきまぜる．反応混合物を酢酸エチルで薄め，シリカゲル上で沪過し，よく洗浄する．沪液を濃縮し，フラッシュクロマトグラフィー(ヘキサン-エーテル 95:5)で精製すると，無色液体の 4-メトキシ-2'-メチルビフェニルを得る．収量 1.94 g．収率 98%．

【参考文献】 A. F. Littke, C. Dai, G. C. Fu, *J. Am. Chem. Soc.*, **122**, 4020-4028 (2000).

B. ピナコラートボロン酸エステルからの合成

この反応によく使われる溶媒は THF, 2-メチル THF, ジオキサン, DMF, DMSO などである．触媒は Pd(dppf)Cl$_2$ が酢酸カリウムとともに用いられる．後処理後そのまま次のステップである Suzuki-Miyaura カップリングに用いられることも多い．以下の例に示すように，官能基を多く含む化合物でも適用できるので，たいへん便利なカップリング反応といえよう．ただし反応に必要なビスピナコラートボランは市販されているものの，若干高価な試薬である．

実験例 5-51 ビスピナコラートボランからの合成：Miyaura（宮浦）の方法

ビスピナコラートボラン（0.855 g, 3.37 mmol），Pd(dppf)Cl$_2$·CH$_2$Cl$_2$（0.500 g, 0.611 mmol），酢酸カリウム（0.900 g, 9.18 mmol）および臭化アリール（2.31 g, 3.06 mmol）を，減圧下で十分に凍結-融解脱気したDMSO（20 mL）に溶かし，85 ℃で6時間反応させる．反応終了後，酢酸エチル（50 mL）を加え，短いシリカゲルカラムに通し，シリカと沪別したものを酢酸エチル（50 mL）で3回洗浄する．沪液を水（50 mL）で2回，次いで食塩水（50 mL）で洗浄し，無水硫酸マグネシウムで乾燥する．乾燥剤を沪別し，溶媒を減圧濃縮して得られた黄緑色の残渣をフラッシュクロマトグラフィー（シリカゲル/ヘキサン-酢酸エチル2：1，後に1：1）で精製すると，黄色の泡状物質のボロン酸が得られる．収量1.99 g．収率81%．

【参考文献】 K. C. Nicolaou, S. A. Snyder, N. Giuseppone, X. Huang, M. Bella, M. V. Reddy, P. B. Rao, A. E. Koumbis, P. Giannakakou, A. O'Brate, *J. Am. Chem. Soc.*, **126**, 10174-10182 (2004).

実験例 5-52 ハロゲン-リチウム交換反応を経由したピナコラートボロン酸の合成

5-ブロモインドール(3.81 g, 8.0 mmol)の THF 溶液(47 mL)を −78 ℃に冷却し,t-ブチルリチウムのペンタン溶液(1.7 M, 11.4 mL, 19.4 mmol)を加える.反応溶液を 15 分間 −78 ℃でかきまぜ,ボロン酸エステル(3.6 mL, 17.6 mmol)を加える.反応混合物を −78 ℃で 90 分間かきまぜ,室温にゆっくり昇温する.飽和塩化アンモニウム水溶液(75 mL)を加えて反応を停止する.有機層を分離し,水相をエーテル(75 mL)で 3 回抽出する.有機相をまとめ,食塩水(100 mL)で洗浄してから無水硫酸マグネシウムで乾燥する.沪別後溶媒を減圧留去し,得られた粗生成物をフラッシュクロマトグラフィー(ヘキサン-酢酸エチル 14:1)で精製すると,黄色液体のボロン酸エステルが得られる.収量 3.11 g,収率 74%.

【参考文献】 N. K. Garg, R. Sarpong, B. M. Stoltz, *J. Am. Chem. Soc.*, **124**, 13179-13184 (2002)

実験例 5-53　Suzuki(鈴木)-Miyaura(宮浦)カップリング反応

ボロン酸エステル(3.17 g, 6.62 mmol)と臭化ビニル(3.32 g, 13.2 mmol)をベンゼン(130 mL)とメタノール(30 mL)の混合溶媒に溶かし,2 M の炭酸ナトリウム水溶液(11 mL)を加え,アルゴンを 5 分間通して脱気する.Pd(PPh$_3$)$_4$(1.15 g, 0.99 mmol)を加え,反応溶液を 80 ℃で 2 時間加熱する.反応溶液を室温に戻し,無水硫酸ナトリウム(約 10 g)を直接加え,30 分間静置して脱水する.シリカゲルを薄く敷いたグラスフィルターで乾燥剤もろとも沪過し,ジクロロメタンでよく洗う.沪液を減圧濃縮し,得られた残渣をフラッシュクロマトグラフィー(ヘキサン-ジクロロメタン 1:1)で精製すると,黄色液体の目的スチレン誘導体が得られる.収量 2.87 g,収率 83%.

【参考文献】 N. K. Garg, R. Sarpong, B. M. Stoltz, *J. Am. Chem. Soc.*, **124**, 13179-13184 (2002).

C. 有機トリフルオロボラートカリウム塩を用いる方法[*30]

有機トリフルオロボラートカリウム塩は単量体で存在し,対応するボロン酸から 1 段階で合成できる.この化合物は安定で壊れないため,作り置きがきき,便利である.

[*30] 総説:G. A. Molander, R. Figueroa, *Aldrichim. Acta*, **38**, 49-56 (2005).

反応性も高く，臭化アリールやヨウ化アリールとの反応は配位子を加えることなくパラジウムの塩のみで反応が進行する．しかし反応性の悪い電子求引性基のついた基質とのカップリングの場合では，Pd(dppf)Cl$_2$を用いるのがよい．アリールトリフラートとのカップリング反応をうまく進行させるには，PCy$_3$などの配位子を添加する必要がある．

実験例 5-54　有機トリフルオロボラートカリウム塩の合成法

$$F_3C\text{-}C_6H_3(CF_3)\text{-}B(OH)_2 \xrightarrow[\text{MeOH, H}_2\text{O, 室温}]{\text{KHF}_2} F_3C\text{-}C_6H_3(CF_3)\text{-}BF_3K$$
89%

3,5-ビス(トリフルオロメチル)フェニルボロン酸(10 g，38.8 mmol)をメタノール(15 mL)に溶かし，4.5 M の KHF$_2$ 水溶液(26 mL，117 mmol)を加える．沈殿を除去し，懸濁液を室温で1時間かきまぜる．新たに生じた沈殿を減圧沪過して集め，メタノールで洗う．最少量のアセトンから再結晶すると，目的の3,5-ビス(トリフルオロメチル)フェニルトリフルオロボラートカリウム塩が得られる．収量11 g．収率89%．

【参考文献】　G. A. Molander, B. Biolatto, *J. Org. Chem.*, **68**, 4302-4314 (2003).

実験例 5-55　Suzuki(鈴木)-Miyaura(宮浦)カップリング反応

$$\text{PhBF}_3\text{K} + \text{1-BrNaphthalene (1 eq)} \xrightarrow[\text{K}_2\text{CO}_3\text{, MeOH, 加熱}]{\text{Pd(OAc)}_2 (0.5\text{ mol}\%)} \text{1-フェニルナフタレン}$$
75%

フェニルトリフルオロボラートカリウム塩(92.3 mg，0.5 mmol)，1-ブロモナフタレン(103.5 mg，0.5 mmol)および炭酸カリウム(204.5 mg，1.5 mmol)をメタノール(75 mL)に懸濁させ，酢酸パラジウムのメタノール溶液(2×10^{-3} M，1.25 mL)を加えて，2時間加熱還流する．室温に冷却し，水(10 mL)を加えメタノールを減圧除去してから，水相をジクロロメタン(4 mL)で3回抽出する．有機相をまとめ，食塩水で洗浄した後，無水硫酸マグネシウムで乾燥する．沪過，濃縮後得られた粗生成物をシリカゲルクロマトグラフィー(ヘキサン)で精製すると，フェニルナフタレンが得られる．収量76.1 mg．収率75%．

【参考文献】 G. A. Molander, B. Biolatto, *J. Org. Chem.*, **68**, 4302-4314(2003).

■ Tsuji(辻)-Trost 反応[*31]

π-アリルパラジウム錯体を経由してアリル化反応するTsuji-Trost反応も，パラジウム触媒で進行する代表的な反応の一つである．反応条件が穏和なため官能基を多数有する化合物でも適用できる．最近では不斉配位子を用いた不斉アリル化反応も多数報告されている．アリルユニットの脱離基は，カーボナートやホスホナートがたいへんよいとされている．エステルももちろん利用できる．

実験例 5-56

AcO-CH=C(SiEt₃)-CH₂-OAc
NaCH(CO₂Me)₂ (1.5 eq)
Pd(OAc)₂ (2 mol%)
dppe (8 mol%)
THF, 0 ℃
95%
→ AcO-CH=C(SiEt₃)-CH₂-CH(CO₂Me)₂

dppe：Ph₂PCH₂CH₂PPh₂

水素化ナトリウム(60%，0.15 g，0.38 mmol)をフラスコに加え，アルゴン雰囲気下で注意深くヘキサンを加え，上澄みをピペットで吸い出し，水素化ナトリウムを洗浄する．この操作を2回行う．洗浄後の水素化ナトリウムは必ずアルゴン雰囲気下に保つこと．空気中にさらせば必ず発火するので注意が必要である．THF(190 mL)に懸濁させ，0℃に冷却する．ジメチルマロン酸(6.3 mL，79 mmol)をゆっくり滴下すると水素が発生する．30分後室温に昇温する．別のフラスコに，酢酸パラジウム(235 mg，2 mol%)をとり，THF(25 mL)に懸濁させてから，ジフェニルホスフィノエタン(dppe，1.67 g，8 mol%)を加える．30分かきまぜた後，ジアセタート(15 g，52.6 mmol)を加える．生じた溶液をキャヌーラを使って，先につくったマロン酸ジメチルナトリウム塩のTHF溶液にゆっくり滴下する．反応は約3時間で終了する．反応混合物にエーテルを加えて薄め，塩化アンモニウム水溶液で洗浄する．水相をエーテルで抽出する．有機相をまとめ，飽和食塩水で洗浄してから，無水硫酸マグネシウムで乾燥する．濾過後，溶媒を減圧留去し，残渣をフラッシュクロマトグラフィーで精製すると無色液体のマロン酸エステル誘導体が得られる．収量17.9 g．収率95%．

[*31] 総説：(a) J. Tsuji, In "Handbook of Organopalladium Chemistry for Organic Synthesis", E. Negishi, A. deMeijere, Eds., Vol. II, Palladium-Catalyzed Nucleophilc Substitution Involving Allyl Palladium, Propargyl-palladium and Related Derivatives, pp. 1669-1687, Wiley-Interscience：New York (2002). (b) C. G. Frost, J. Howarth, J. M. J. Williams, *Tetrahedron: Asymmetry*, **3**, 1089-1122 (1992).

【参考文献】 C. Commandeur, S. Thorimbert, M. Malacria, *J. Org. Chem.*, **68**, 5588-5592 (2003).

炭素-炭素二重結合あるいは三重結合形成反応
（アルケン・アルキン合成）

■ Corey-Fuchs 反応

アルデヒドからジブロモアルケンを経由して一気にアルキンに変換する反応である．強塩基性条件で反応させる必要があるのが問題であるが，塩基性条件に耐えうる基質ならば便利な変換反応である．ジブロモアルケンからアルキンへの変換では2当量のブチルリチウムが必要となる．もちろん，中間に生じているのはリチウムアセチリドなので，ハロゲン化アルキルやアルデヒドなどの求電子剤を作用させれば内部アルキンの合成法となる．

実験例 5-57　ジブロモアルケンの合成

アルデヒド (10.5 g, 32.2 mmol) のジクロロメタン溶液 (400 mL) に，四臭化炭素 (42.6 g, 128 mmol) と亜鉛粉末 (8.41 g, 128 mmol) を加える．懸濁液に，反応混合物の温度が25℃を保つように，トリフェニルホスフィン (33.7 g, 128 mmol) を1時間かけて数回に分けて加える．反応が終了したら石油エーテル (300 mL) を加え，シリカゲルあるいはセライトで濾過し，ペンタンとエーテルでよく洗う．濾液をまとめ減圧濃縮し，得られた粗生成物をシリカゲルクロマトグラフィー（ヘキサン-酢酸エチル10：1）で精製すると，無色液体のジブロモアルケンを得る．収量13.5 g．収率87％．

【参考文献】 P. Wipf, J. Xiao, *Org. Lett.*, **7**, 103-106 (2005).

実験例 5-58　アセチレンの合成

ジブロモアルケン (810 mg, 1.68 mmol) のTHF溶液 (20 mL) を-78℃に冷却し，

ブチルリチウムのヘキサン溶液(1.6 M, 2.20 mL, 3.52 mmol)を加え，1時間かきまぜる．室温に昇温してさらに1時間かきまぜる．再び-78℃に冷却し，ヨウ化メチル(1.05 mL, 16.8 mmol)を滴下する．反応混合物を徐々に室温に昇温し，一晩かきまぜる．水を加えて反応を停止し，有機層を分離して水相をエーテルで抽出する．抽出前にTHFを減圧留去して除いておいたほうが収率が上がる．有機相をまとめ，無水硫酸マグネシウムで乾燥し，濾過，溶媒除去した後，シリカゲルカラムクロマトグラフィー(ヘキサン-酢酸エチル 15：1)で精製して，無色液体の内部アルキンを得る．収量 529 mg．収率 94％．

【参考文献】 P. Wipf, J. Xiao, *Org. Lett.*, **7**, 103-106 (2005).

■ Corey-Peterson 反応

Corey-Peterson 反応は，Peterson 反応の改良法で，(E)-トリ置換アルケンを選択的につくるのに適している．反応は2段階で行われる．

実験例 5-59

N-シクロヘキシル-(2-トリエチルシリルプロピリジン)アミン(5.13 g, 20.2 mmol)のTHF溶液(29 mL)を-78℃に冷却し，s-ブチルリチウムのシクロヘキサン溶液(1.4 M, 13.3 mL, 18.7 mmol)を加え，生じた赤橙色の反応溶液を30分かきまぜる．ブチルアルデヒド(2.52 g, 15.6 mmol)のTHF溶液(14 mL)を加え，反応溶液を-20℃に昇温し，1時間かきまぜる．水(28 mL)を加え，反応混合物をエーテル抽出し，有機相を食塩水で洗浄してから，無水硫酸マグネシウムで乾燥する．濾過後，有機溶媒を減圧留去するとオレンジ色の液体が得られる(〜7.35 g)．これをTHF(70 mL)に溶かし，0℃に冷却してからトリフルオロ酢酸(1.44 mL, 18.7 mmol)を加え，1時間でかきまぜる．水(28 mL)を加え0℃で12時間かきまぜる．飽和炭酸水素ナトリウム水溶液を加え(発泡注意)，混合物をエーテルで抽出する．有機相を食塩水で洗浄後，無水硫酸マグネシウムで乾燥する．濾過後有機溶媒をロータリーエバポレーターで減圧除去し，得た残渣を減圧蒸留すると，無色液体の(E)-α,β-不飽和アルデヒドが得られる．収量 2.55 g．収率 81％．

【参考文献】 X. Zeng, F. Zeng, E. Negishi, *Org. Lett.*, **6**, 3245-3248(2004).

■ Horner-Wadsworth-Emmons 反応(HWE 反応)[*32]

 Horner-Wadsworth-Emmons 反応(HWE 反応)は，安定化された α-ホスホナートアニオンとアルデヒドから1段階でアルケンを得る反応である．通常の安定化されたホスホナートアニオンとアルデヒドとの反応からは(*E*)-アルケンが選択的に得られるが，Ando(安藤)や Still のホスホナートアニオンからは *Z*-選択的にアルケンが得られる．一般にアルデヒドとの反応はスムーズで高立体選択的であるが，ケトンは反応しにくいうえに立体選択的に進行しない場合が多く，生じたアルケンは *E/Z* 混合物となることが多い．比較的穏和な条件でアルデヒド選択的に反応が進行するので，天然物合成のユニットカップリングの手法として用いた例も多くみられる．

実験例 5-60 一般的な HWE 反応

 ジチルホスホノ酢酸メチルエステル(2.35 mL, 14.5 mmol)を THF(26 mL)に溶かし，0℃でブチルリチウムのヘキサン溶液(1.57 M, 6.94 mL, 10.9 mmol)を加える．反応溶液を室温で 15 分かきまぜて，再び 0℃に冷却し，アルデヒド(1.23 g, 3.63 mmol)の THF 溶液(10 mL)を加える．反応混合物を 0℃で 1 時間かきまぜる．反応溶液に pH 7 の緩衝液を加え，酢酸エチルで 6 回抽出する．抽出前に THF をロータリーエバポレーターで減圧除去しておいたほうが収率が上がる．有機相をまとめ，食塩水で洗浄し，無水硫酸マグネシウムで乾燥する．沪別後，酢酸エチルを減圧留去し，得られた液体の粗生成物をシリカゲルクロマトグラフィー(ヘキサン-酢酸エチル 6：4, 後に 1：1)で精製すると，無色液体の不飽和エステル誘導体が得られる．収量 1.32 g. 収率 92％．

【参考文献】 R. Nakamura, K. Tanino, M. Miyashita, *Org. Lett.*, **5**, 3579-3582(2003).

[*32] 総説：(a) S. E. Kelly, In "Comprehensive Organic Synthesis", B. M. Trost, I. Fleming, Eds., Vol. 1, Chapter 3.1：Alkene Synthesis, pp. 761-782, Pergamon：Oxford(1991). (b) B. E. Maryanoff, A. B. Reitz, *Chem. Rev.*, **89**, 863-927(1989). (c) J. Boutagy, R. Thomas, *Chem. Rev.*, **24**, 87-99(1974).

実験例 5-61　アミンなどの弱塩基を用いる HWE 反応

HWE 反応に用いるホスホノ酢酸エステルは，ブチルリチウムや水素化ナトリウムのような強塩基を用いなくても，DBU やアミン程度の弱塩基で十分 α 水素を引く抜いて反応を実行できる．塩化リチウムの添加は，下図のようなキレーションを経てより α 水素の酸性度を高めるので効果的である．このような条件で反応を行っても，高い(E)-アルケン選択的に生成物を与える．

塩化リチウム(160 mg, 3.74 mmol)のアセトニトリル溶液(10 mL)にジメチルホスホノ酢酸メチルエステル(0.76 mL, 4.68 mmol)を加える．5 分間かきまぜた後，トリエチルアミン(0.52 mL, 3.74 mmol)を加え，10 分間かきまぜる．アルデヒド(1.15 g, 3.12 mmol)のアセトニトリル溶液(5 mL)を加え，反応溶液を室温で一晩かきまぜる．エーテル(20 mL)と飽和塩化アンモニウム水溶液(30 mL)を加えて反応を停止し，有機層を分離し，水相をエーテル(20 mL)で 3 回抽出する．有機相をまとめ，食塩水で洗浄し，無水硫酸マグネシウムで乾燥する．沪過後濃縮し，粗生成物をシリカゲルカラムクロマトグラフィー(ヘキサン-エーテル 9 : 1)で精製すると，無色液体の α,β-不飽和エステル誘導体が得られる．収量 1.24 g．収率 94%．

【参考文献】　T. A. Dineen, W. R. Roush, *Org. Lett.*, **6**, 2043-2046(2004).

実験例 5-62　Still の Z-選択的 HWE 反応

Z-選択的に HWE 反応を行うには 2 通りある．そのうちジ(トリフルオロエチル)ホスホノ酢酸エステルを用いる Still の方法は古くから知られている方法である．Z-選択性は問題ないレベルであるが，トリフルオロエチル基を使うのでコスト的には問題があり，次の Ando(安藤)の方法のほうがはるかに優れている．

18-クラウン-6(3.51 g, 13.28 mmol)を THF(30 mL)に溶解し,ホスホナート(2.90 g, 8.38 mmol)を加え,−78 ℃に冷却する.KHMDS(0.5 M, 16.0 mL, 8.38 mmol)を滴下し,10 分かきまぜた後,アルデヒド(1.59 g, 6.68 mmol)の THF 溶液(10 mL)を加える.5 分後,炭酸水素ナトリウム水溶液を加えて反応を停止し,メチル t-ブチルエーテルで抽出する.有機相を無水硫酸マグネシウムで乾燥し,沪別,濃縮を経て得た粗生成物をカラムクロマトグラフィー(ヘキサン-酢酸エチル 3:1)で精製すると,(Z)-α,β-不飽和エステル誘導体が得られる.収量 1.73 g.収率 85%.

【参考文献】 U. Bhatt, M. Christmann, M. Quitschalle, E. Claus, M. Kalesse, *J. Org. Chem.*, **66**, 1885-1893(2001).

実験例 5-63　Ando(安藤)の Z-選択的 HWE 反応[*33]

ジフェニルホスホノカルボン酸エステルを用いるこの方法は,優れた Z-選択的 HWE 反応である.原料のジフェニルホスホノカルボン酸は,ジフェニルホスホナートから容易に合成できる.

アルゴン雰囲気下,水素化ナトリウム(60%, 65 mg, 2.7 mmol,ヘキサンで数回洗浄する)の THF 懸濁液(4.5 mL)にホスホナート(480 mg, 1 mmol)の THF 溶液(1.5 mL)を−78 ℃でゆっくり加える.反応混合物を 15 分間かきまぜた後,アルデヒド(492 mg, 1.44 mmol)の THF 溶液(1.5 mL)をゆっくり加え,反応混合物を−78 ℃で 40 分間かきまぜる.−35 ℃に昇温し,塩化アンモニウム水溶液を加えて反応を停止する.反応混合物をジクロロメタンで抽出し,有機相を水洗いしてから無水硫酸ナト

[*33] 総説:K. Ando, *J. Org. Chem.*, **63**, 8411-8416(1998).

リウムで乾燥する．濾過後濃縮し，粗生成物をシリカゲルカラムクロマトグラフィーで精製すると，液体の(Z)-α,β-不飽和エステル誘導体が得られる．収量 420 mg．収率 73％．

【参考文献】 R. P. Singh, V. K. Singh, *J. Org. Chem.*, **69**, 3425-3430 (2004).

■ Julia カップリング反応[*34]

Julia カップリング反応は，スルホンとアルデヒドから，(E)-アルケンを生成する方法であり，古くから信頼できるカップリング反応として，天然物合成のユニットカップリングにもよく用いられてきた．オリジナルの Julia カップリングは 2 段階反応で，最初の段階で α-スルホニルアニオンがアルデヒドに求核付加して，β-ヒドロキシスルホンを得る．これをナトリウムアマルガムで処理すると，電子移動反応で還元的にヒドロキシ基とスルホニル基が脱離して (E)-アルケンを与える．第 1 段階では，ブチルリチウムで α-スルホニルアニオンを発生させるのでやや強塩基性条件を用いるが，これに耐えうる官能基であれば問題なくカップリングは進行する．また，Kocienski らの改良法（テトラゾールスルホンを用いる）では，1 段階で付加と脱離を進行させることができる．この場合，生じるアルケンは必ずしも E-選択的にはならない．

実験例 5-64

スルホン (4.85 g, 11.98 mmol) の THF 溶液 (110 mL) を −70 ℃ に冷却し，ブチルリチウムのヘキサン溶液 (1.6 M, 16.5 mL, 26.36 mmol) を滴下する．反応溶液を 30 分間かきまぜた後，アルデヒド (6.20 g, 15.58 mmol) の THF 溶液 (10 mL) を滴下する．

[*34] 総説： (a) R. Dumeunier, I. E. Marko, In "Modern Carbonyl Olefination-Methods and Applications", T. Takeda, Ed., Chapter 3： The Julia Reaction, pp. 104-150, Wiley-VCH： Weinheim (2004). (b) S. E. Kelly, In "Comprehensive Organic Synthesis", B. M. Trost, I. Fleming, Eds., Vol. 1, Chapter 3.1： Alkene Synthesis, pp. 743-746, Pergamon： Oxford (1991). (c) P. Kocienski, *Phosphorus Sulfur*, **24**, 97-127 (1985).

反応溶液を-78℃で4時間かきまぜる．飽和塩化アンモニウム水溶液を加え，酢酸エチルで数回抽出する．有機相をまとめ食塩水で洗浄後，無水硫酸ナトリウムで乾燥する．濾別，濃縮後，フラッシュカラムクロマトグラフィー(ヘプタン-酢酸エチル 8:1，後に 6:1)で精製すると，β-ヒドロキシスルホンが2種類のジアステレオマーの混合物として得られる．収量 7.98 g．収率 83%．

得られたβ-ヒドロキシスルホン(13.31 g，16.58 mmol)をメタノール(330 mL)に溶解し，0℃に冷却して，リン酸水素二ナトリウム(28.24 g，198.9 mmol)と6%ナトリウムアマルガム(Na-Hg)(57.20 g，149.2 mmol)を加える．反応混合物を0℃で2時間かきまぜる．メタノールを減圧留去し，残渣に水と酢酸エチルを加える．有機層を分離し，水相を酢酸エチルで抽出する．水相は水銀を含んでいるので，水銀廃液として処理する．有機相をまとめ，食塩水で洗浄後，無水硫酸ナトリウムで乾燥する．濾別後，濃縮し，粗生成物をフラッシュクロマトグラフィー(ヘプタン-酢酸エチル 10:1)で精製するとアルケンが得られる．収量 7.69 g．収率 72%．アルケンの E/Z 78:1．

【参考文献】 Q. Wang, A. Sasaki, *J. Org. Chem.*, **69**, 4767-4773(2004).

■ Knoevenagel 反応[*35]

Knoevenagel 反応は，マロン酸エステルなどの活性メチレン化合物とアルデヒドから1段階でアルケンを得る反応である．触媒として第二級アミンを用いる．脱水は反応初期のアルデヒドと第二級アミンからイミニウムイオン中間体を生じるときに起こる．原料が安いので，大量合成にも適した反応である．

実験例 5-65

ケトスルホン(4.6 g，15 mmol)，アルデヒド(2.0 g，16.5 mmol)，ピペリジン(0.18 g，2 mmol)，酢酸(0.42 g，7 mmol)をトルエン(40 mL)に溶かし，Dean-Stark トラップをつけたフラスコで加熱還流して，生じた水を共沸させて除く．所定量の水が出て

[*35] 総説：L. F. Tietze, U. Beifuss, In "Comprehensive Organic Synthesis", B. M. Trost, I. Fleming, Eds., Vol. 2, Chapter 1.11：The Knoevenagel Reaction, pp. 341-394, Pergamon Press：Oxford, U. K. (1991).

きたら，反応溶液を冷却し，溶媒を減圧除去する．粗生成物をカラムクロマトグラフィー(ヘキサン-酢酸エチル-トルエン 3：1：1)で精製して，固体のアルケンを得る．収量 5.5 g．収率 90%．

【参考文献】 R. E. Swenson, T. J. Sowin, H. Q. Zhang, *J. Org. Chem.*, **67**, 9182-9185 (2002).

■ McMurry カップリング反応[*36]

McMurry カップリング反応はアルデヒド同士の還元的カップリング反応である．四塩化チタンまたは三塩化チタンを用いる．

実験例 5-66

$$\text{シクロヘキサノン} \xrightarrow[\text{DME}]{\text{TiCl}_3(\text{DME})_{1.5},\ \text{Zn-Cu}} \text{シクロヘキシリデンシクロヘキサン}$$
97%

▸ TiCl$_3$(DME)$_{1.5}$ の調製

三塩化チタン (25.0 g, 0.162 mol) を DME (350 mL) に懸濁し，2 日間加熱還流する．室温に冷却し，アルゴン雰囲気下で濾過し，ペンタンで洗浄後真空下で乾燥すると，ふわふわした青い結晶の TiCl$_3$(DME)$_{1.5}$ が得られる．収量 32.0 g．収率 80%．

▸ 亜鉛-銅カップルの調製

窒素をバブルして脱気した水 (40 mL) に亜鉛粉末 (9.8 g, 150 mmol) を加え，生じたスラリーにさらに 15 分間窒素を通じる．硫酸銅(Ⅱ) (0.75 g, 4.7 mmol) を加える．黒色の懸濁液を窒素雰囲気下で濾過し，窒素をバブルして脱気した水，アセトン，エーテルで順次洗浄し，真空乾燥する．こうしてつくった亜鉛-銅カップルは窒素雰囲気に保ったシュレンク管内で保存可能である．

▸ McMurry カップリング

TiCl$_3$(DME)$_{1.5}$ (5.2 g, 17.9 mmol) と亜鉛-銅カップル (4.9 g, 69 mmol) をアルゴン雰囲気下で DME (100 mL) に加え，2 時間加熱還流する．生じた黒色の懸濁液に，シ

[*36] 総説：(a) M. Ephritikhine, C. Villiers, In "Modern Carbonyl Olefination-Methods and Applications", T. Takeda, Ed., Chapter 6：The McMurry Coupling and Related Reactions, pp. 223-285, Wiley-VCH：Weinheim (2004). (b) M. Ephritikhine, *Chem. Commun.*, **23**, 2549-2554 (1998). (c) A. Fürstner, B. Bogdanović, *Angew. Chem. Int. Ed.*, **35**, 2442-2469 (1996). (d) G. M. Robertson, *Comp. Org. Syn.*, **3**, 583-595 (1991). (e) J. E. McMurry, *Chem. Rev.*, **89**, 1513-1524 (1989). (f) J. E. McMurray, *Acc. Chem. Res.*, **16**, 405-411 (1983). (g) Y.-H. Lai, *Org. Prep. Pro. Int.*, **12**, 361-391 (1980).

クロヘキサノン(0.44 g, 4.5 mmol)のDME溶液(10 mL)を加え,8時間加熱還流する.室温に冷却後,ペンタン(100 mL)を加え,フロリジル上で沪過し,沪液を濃縮すると,白色結晶のシクロヘキシリデンシクロヘキサンが得られる.収量0.36 g.収率97%.原著者らによれば,TiCl$_3$(DME)$_{1.5}$とシクロヘキサノンのモル比を順次3:1, 2:1とTiCl$_3$(DME)$_{1.5}$を減じていくと,収率も94%, 75%と減少していくと記されている.

【参考文献】 J. E. McMurry, T. Lectka, J. G. Rico, *J. Org. Chem.*, **54**, 3748-3749(1989).

■ メチレン化反応

A. Lombardo-Takai(高井)反応[*37]

Lombardo-Takai反応は,エノール化しやすいケトンを直接メチレン基に変換する反応である.エステルも,TMEDAを共存させるとエノールエーテルに変換できる.反応にはコツがいり,再現性よく反応させるためには試薬の活性化に注意を払う必要がある.1980年代のLombardoの報告によれば,亜鉛末,ジブロモメタンおよび四塩化チタンから調製される活性種をうまくはたらかせるには,0℃で3日かきまぜる"エージング"が必要であるとされている.単にまぜただけでは決してうまくいかないので,注意が必要.

> 実験例 5-67

亜鉛粉末(2.87 g, 44 mmol)とジブロモメタン(1.01 mL, 14.4 mmol)をTHF(25 mL)に懸濁させ,アルゴン雰囲気下で-40℃に冷却する.四塩化チタン(1.13 mL, 10.3 mmol)を加え反応混合物を5℃に保ち,3日間かきまぜる(エージング).3日後,活性種である濃い灰色のスラリーができる.

ケトン(300 mg, 1.05 mmol)を5℃に保ち,ここに活性化したスラリー(2.5当量)を加える.5℃で4時間かきまぜる.ジクロロメタンを加え反応混合物を薄めてから,飽和炭酸水素ナトリウム水溶液に混合物を注ぐ.エーテル抽出し,有機相を食塩水で洗浄後,無水硫酸ナトリウムで乾燥する.沪過後減圧濃縮し,得た粗生成物をカ

[*37] 総説:(a) S. Matsubara, K. Oshima, In "Modern Carbonyl Olefination-Methods and Applications", T. Takeda, Ed., Chapter 5:Olefination of Carbonyl Compounds by Zinc and Chromium Reagents, pp. 203-208, Wiley-VCH:Weinheim(2004). (b) S. H. Pine, *Org. React.*, **43**, 1-91(1993).

ラムクロマトグラフィーで精製すると，油状のメチレンシクロヘキサンが得られる．収量 270 mg．収率 91％．

　　【参考文献】　G. Laval, G. Audran, J.-M. Galano, H. Monti, *J. Org. Chem.*, **65**, 3551-3554 (2000).

B．Petasis 試薬

この試薬は，アルデヒドやケトンはもちろんのことエステルや酸無水物まで直接メチレン化できる試薬である．調製も容易で，取り扱いやすく，水にも安定な試薬なので，たいへん便利なメチレン化試薬である．再現性よく反応できるのも魅力である．

実験例 5-68　Petasis 試薬の調製

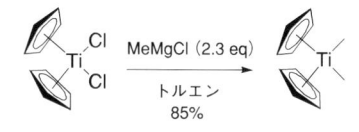

　1 L の三つ口フラスコを用意し，回転子，250 mL の側管つき滴下漏斗，反応の内部温度を測れるようにセットした温度計と窒素導入口および出口をつけたクライゼンアダプターを反応容器にセットする．窒素出口には U バブラーをつけて，内圧が負圧にならないように監視できるようにしておく．フラスコ内部を窒素雰囲気下にし，チタノセンジクロリド(41.5 g, 0.167 mol) と乾燥トルエン(450 mL) を加える．生じたスラリーをかきまぜながら，氷−メタノール浴を使って−5℃に冷却する．塩化メチルマグネシウム(3 M の THF 溶液，126 mL，0.38 mol) を，滴下漏斗を使って1時間かけて滴下する．このとき反応混合物の温度が 8℃を超えないように滴下速度を調整する．生じたオレンジ色のスラリーを 0〜5℃に保ってさらに1時間かきまぜると，不溶であった紫色のチタノセンジクロリドはすべて溶けて消失してしまうはずである．滴下漏斗を外してセプタムに交換し，反応の進行を NMR でモニターする．反応混合物をかきまぜ"エージング"させている間に，別の 2 L の三つ口フラスコを用意し，ラバーセプタム，回転子，反応の内部温度を測れるようにセットした温度計と窒素導入口および出口をつけたクライゼンアダプターをセットする．窒素出口には先と同様に U バブラーをつけておく．窒素雰囲気下，6％の塩化アンモニウム(117 mL，塩化アンモニウム 7 g 相当) を入れ，かきまぜながら 1〜2℃に冷やしておく．反応の完結を NMR で確認したら，キャヌーラを使ってスラリーを塩化アンモニウム水溶液に1時間以上かけて移す．このとき溶液温度が 0〜5℃になるように移動速度を調整する．

トルエン(30 mL)を使って，元の反応容器をリンスし，これも塩化アンモニウム側に移す．塩化アンモニウムフラスコの中身を2Lの分液漏斗に移し(トルエン(30 mL)を使ってフラスコをリンスして，これも移す)，水層を分ける．有機相は冷水(100 mL)で3回洗浄する．食塩水(100 mL)で洗浄後，無水硫酸マグネシウムで乾燥する(35 g必要)．濾過し，ロータリーエバポレーターで150 gになるまで減圧濃縮する．このとき水浴の温度が35℃を超えないように注意する．こうして得られた溶液のジメチルチタノセンの濃度をNMRを使って検定すると，約20 wt%であることがわかる．これをそのまま次の段階に用いる．Petasis試薬の収量は29.55 g，収率は85%程度となる．このPetasis試薬の溶液は窒素雰囲気下，密封したフラスコに入れ，冷蔵庫で0〜10℃に冷やして保存する．1週間以上保存が必要な場合は，THF(160 mL)を加えて薄めておくとよい．THFにはこの試薬の安定化効果がある．

実験例 5-69

50 mLの丸底フラスコを窒素雰囲気下，3,5-ビス(トリフルオロメチル)安息香酸(2R)-cis-3-(4-フルオロフェニル)-4-ベンジル-2-モルホリニルエステル(2.41 g, 4.57 mmol)，ジメチルチタノセンのトルエン溶液(20 wt%, 12 mL)およびチタノセンジクロリド(71 mg, 0.28 mmol)を加え，生じた赤橙色の混合物を80℃で5時間加熱する．室温に冷却し，炭酸水素ナトリウム(0.60 g)，メタノール(9.6 mL)および水(0.36 mL)を加え，混合物を40℃で14時間加熱する．この操作は，過剰のチタン試薬や反応後のチタン試薬からの副生成物を不溶性のチタン化合物に変換して，後処理をしやすくするために行う．反応の終点はガスの発生がやんだところである．緑色の反応混合物を室温に冷やし，チタン試薬の残骸を濾過で除去する．濾液を濃縮乾固し，残渣に熱メタノール(60℃，24 mL)を加えて溶かす．室温に冷却し，水(7.2 mL)を2時間かけて加える．18時間かきまぜて，生じた結晶を濾別する．結晶を25%の水-メタノール(6 mL)で洗浄し，窒素雰囲気下で乾燥すると，淡黄色結晶の(2R)-cis-2-[{1-

[3,5-ビス(トリフルオロメチル)フェニル]エテニル]オキシ]-3-(4-フルオロフェニル)-4-ベンジルモルホリンが得られる．収量2.31 g．収率96％．

【参考文献】 J. F. Payack, D. L. Hughes, D. Cai, I. F. Cottrell, T. R. Verhoeven, *Org. Synth.*, *Coll. Vol.* **X**, 355-357 (2004).

C．Tebbe 試薬*38

Wittig 反応のカルボン酸誘導体への拡張試薬として有名なこの試薬は，塩基性も低く，各種エステルやアミドをエノールやエナミンに1段階で変換できる．エステルのα位にある不斉炭素も，ラセミ化しない．市販の試薬も入手可能なので，利用するとよい．もちろん，アルデヒドやケトンに対しても有効なメチレン化剤である．

実験例 5-70

アルデヒド(2.56 g, 4.40 mmol)の THF 溶液(50 mL)を0℃に冷却し，Tebbe 試薬(0.5 M, 13.2 mL, 6.60 mmol)を加える．0℃で30分かきまぜた後，0.1 M 水酸化ナトリウム水溶液(30 mL)を加え，生じた混合物をセライト上で沪過する．沪液を濃縮し，通常の後処理をしてから，カラムクロマトグラフィー(シリカゲル/ヘキサン-酢酸エチル 10:1)で精製して，無色液体のアルケンを得る．収量2.30 g．収率90％．

【参考文献】 H. Fuwa, N. Kainuma, K. Tachibana, M. Sasaki, *J. Am. Chem. Soc.*, **124**, 14983-14992 (2002).

D．Wittig 反応によるメチレン化

Wittig 試薬によるメチレン化も有効な反応であるが，メチルトリフェニルホスホニウムから発生したイリドは不安定イリドとなり，塩基性も高いので，塩基条件に不安

---

*38 総説：(a) T. Takeda, A. Tsubouchi, In "Modern Carbonyl Olefination-Methods and Applications", T. Takeda, Ed., Chapter 4：Carbonyl Olefination Utilizing Metal Carbene Complexes, pp. 151-199, Wiley-VCH：Weinheim (2004). (b) S. H. Pines, *Org. React.*, **43**, 1-91 (1993). (c) S. E. Kelly, *Comp. Org. Synth.*, **1**, 743-746 (1991). (d) P. J. Kociensky, *Phosphorous Sulfur*, **24**, 97 (1985). (e) K. A. Brown-Wensley, S. L. Buchwald, L. Cannizzo, L. Clawson, S. Ho, D. Meinhardt, J. R. Stille, D. Straus, R. H. Grubbs, *Pure Appl. Chem.*, **55**, 1733-1744 (1983).

定な官能基を含む化合物では使いづらい．Wittig 反応の詳細は 202 ページも参照．

実験例 5-71

$$\text{(ケトン)} \xrightarrow[\text{THF, }-78\,^\circ\text{C}\to 0\,^\circ\text{C}]{\underset{n\text{-BuLi (1.05 eq)}}{\overset{+}{\text{Ph}_3\text{PCH}_2\text{Br}^-\text{ (1.1 eq)}}}} \text{(ジエン)} \quad 84\%$$

メチルトリフェニルホスホニウムブロミド (7.84 g, 21.6 mmol) を無水 THF (10 mL) に懸濁し，−78 ℃に冷却して，ブチルリチウム (1.98 M, 10.45 mL, 20.7 mmol) を加える．反応混合物を 0 ℃に昇温し，1 時間かきまぜ，再び−78 ℃に冷やす．ケトン (6.30 g, 19.77 mmol) の THF 溶液 (90 mL) をゆっくり加える．反応混合物を 0 ℃で 5 時間かきまぜる．塩化アンモニウム水溶液を 0 ℃で加えて反応を停止し，エーテルを追加する．有機層を分離し，水相をエーテルで抽出する．有機相をまとめ食塩水で洗浄し，無水硫酸ナトリウムで乾燥する．濾過後，溶媒を減圧留去して，残渣をフラッシュクロマトグラフィー (ヘキサン-酢酸エチル 10：1) で精製してジエンを得る．収量 5.25 g．収率 84％．

【参考文献】 J. D. White, G. Wang, L. Quaranta, *Org. Lett.*, **5**, 4983-4986 (2003).

■ オレフィンメタセシス[*39]

オレフィンメタセシスの概念は比較的古く 1960 年代より提案されてきたものの，よい触媒がなかったため，反応として実現できなかった．1990 年代に Schrock と Grubbs の触媒が見出されて以来，この手法が有機合成に爆発的に利用されてきた．

[*39] 総説：(a) J. B. Brenneman, S. F. Martin, *Curr. Org. Chem.*, **9**, 1535-1549 (2005). (b) A. Dieters, S. F. Martin, *Chem. Rev.*, **104**, 2199-2238 (2004). (c) M. D. McReynolds, J. M. Dougherty, P. R. Hanson, *Chem. Rev.*, **104**, 2239-2258 (2004). (d) R. H. Grubbs, *Tetrahedron*, **60**, 7117-7140 (2004). (e) In "Handbook of Metathesis", R. Grubbs, Ed., Vol. 2, pp. 1-510, Wiley-VCH：Weinheim (2003). (f) M. A. Walters, Recent Advances in the Synthesis of Heterocycles via RCM. In "Progress in Heterocyclic Chemistry", G. W. Gribble, J. A. Jouele, Eds., Vol. 15, pp. 1-36, Pergamon：Elmsford, NY (2003). (g) S. J. Connon, S. Blechert, *Angew. Chem. Int. Ed.*, **42**, 1900-1923 (2003). (h) T. M. Trnka, R. H. Grubbs, *Acc. Chem. Res.*, **34**, 18-29 (2001). (i) A. Fürstner, *Angew. Chem. Int. Ed.*, **39**, 3012 (2000). (j) D. L. Wright, *Curr. Org. Chem.*, **3**, 211-240 (1999). (k) A. Furstner, Ed., "Alkene Metathesis in Organic Synthesis", Springer：Berlin (1998). (l) R. H. Grubbs, S. Chang, *Tetrahedron*, **54**, 4413-4450 (1998). (m) D. L. Boger, W. Chai, *Tetrahedron*, **54**, 3955-3970 (1998). (n) R. H. Grubbs, S. J. Miller, G. C. Fu, *Acc. Chem. Res.*, **28**, 446-452 (1995).

Schrock 触媒

第一世代 Grubbs 触媒　　第二世代 Grubbs 触媒　　Hoveyda-Grubbs 触媒

　メタセシス反応はおもに以下の4タイプに分類される．閉環メタセシス(RCM)，開環メタセシス(ROM．重合反応でよく用いられるのでROMP(開環メタセシス重合)ともよばれる)，クロス(交差)メタセシス(CM，オレフィンメタセシスともいう)，鎖状ジエンメタセシス重合(ADMET)．ここでは合成的に重要な RCM 反応と Hoveyda-Grubbs 触媒を用いた CM 反応について取り上げる．RCM 反応は，たとえば上図にある触媒を用いるとスムーズに進行し，五員環や六員環の小員環から中員環を経て大員環まで，さまざまなサイズの環状化合物の合成が可能である．Schrock の触媒は空気中では壊れてしまうのでグローブボックスを使って取り扱わねばならないのが欠点である．一方，Grubbs のルテニウム触媒は，空気中でも安定で取り扱いやすく，アルケン以外のほぼすべての官能基とは反応しないので，官能基選択性にも優れてたいへん使いやすい．Grubbs 触媒は合成も可能であるが，市販のものもあるので，適宜使い分けるとよい．世代が後になればなるほど改良されて優れていることが多いが，高価である．

A．Schrock 触媒を用いる RCM 反応

実験例 5-72

ジエン (130 mg, 0.34 mmol) のベンゼン溶液 (4 mL) を脱気し, 窒素雰囲気下で Schrock 触媒のベンゼン溶液 (100 mg mL^{-1}, 0.13 mL, 0.02 mmol) を加える. 反応溶液を 60 ℃でかきまぜる. TLC で反応をモニターすると, 約 1 時間で反応が完結する. 反応溶液を濃縮し, 残渣をカラムクロマトグラフィー (ヘキサン-エーテル 4：1) で精製すると, 無色液体のビシクロジエンが得られる. 収量 105 mg. 収率 88％.

|注意| Schrock 試薬は不活性ガスで満たしたグローブボックス内で取り扱うこと.

【参考文献】 S. A. Kozmin, T. Iwama, Y. Huang, V. H. Rawal, *J. Am. Chem. Soc.*, **124**, 4628-4641 (2002).

B．Grubbs 触媒を用いる RCM 反応

実験例 5-73 第一世代の Grubbs 触媒 ($Cl_2(Cy_3P)_2Ru=CHPh$) を用いた反応

ジエン (2.70 g, 11.4 mmol) をジクロロメタン (300 mL) に溶かし, アルゴン雰囲気下で第一世代の Grubbs 触媒 (468 mg, 0.57 mmol) を加えて 4 時間加熱還流する. 引き続き空気雰囲気下, 室温で 5 時間かきまぜて触媒を失活させ, シリカゲル (セライトでもよい) を薄く敷いたグラスフィルターで濾過する. ジクロロメタンでよく洗い, 濾液を濃縮し, カラムクロマトグラフィー (ヘキサン-酢酸エチル 1：9) で精製すると, 透明な針状結晶の生成物が得られる. 収量 2.14 g. 収率 96％.

【参考文献】 S. Hanessian, H. Sailes, A. Munro, E. Therrien, *J. Org. Chem.*, **68**, 7219-7233 (2003).

実験例 5-74　第二世代の Grubbs 触媒を用いた閉環メタセシス反応

触媒	触媒の当量	時間	収率
第一世代	20 mol% (5×4 mol%)	52 h	46%
第二世代	5 mol%	2 h	92%

　ジエン(220 mg, 0.62 mmol)のジクロロメタン溶液(16 mL)に第二世代の Grubbs 触媒(Grubbs II；28 mg, 0.032 mmol)を加え, 2時間加熱還流する. 室温に冷却し, シリカゲルを薄く敷いたグラスフィルターで沪過して触媒を除去し, 沪液を濃縮してシリカゲルクロマトグラフィー(ヘキサン-酢酸エチル 4：1, 後に 2：1)で精製すると褐色固体の生成物が得られる. 収量 140 mg. 収率 92%.

　【参考文献】　P. Wipf, S. R. Spencer, *J. Am. Chem. Soc.*, **127**, 225-235(2005).

実験例 5-75　第二世代の Grubbs 触媒によるエンインからの閉環メタセシス反応

　第二世代の Grubbs 触媒(Grubbs II；212 mg, 0.250 mmol)のジクロロメタン溶液(500 mL)を脱気して, エンイン(744 mg, 2.50 mmol)のジクロロメタン溶液(30 mL)をよく脱気してから加える. 混合物をアルゴン雰囲気下で 16 時間かきまぜる. DMSO(0.89 mL)を加えて, 23 時間かきまぜて触媒を失活させる. 溶媒を減圧留去して得た粗生成物を, フラッシュクロマトグラフィー(シリカゲル/ペンタン-エーテル 2：1)で精製すると, 黄色液体の目的のジエンが得られる. 収量 623 mg. 収率 84%.

　【参考文献】　J. B. Brenneman, R. Machauer, S. F. Martin, *Tetrahedron*, **60**, 7301-7314(2004).

C. Hoveyda-Grubbs 触媒を用いたクロス（交差）メタセシス

実験例 5-76

（反応式：ホモアリルアルコール OH, OTBDPS + アクリル酸メチル MeO-CO-CH=CH2 (3 eq), Hoveyda-Grubbs 触媒 (10 mol%), CH₂Cl₂, 加熱, 86% → 生成物 MeO-CO-CH=CH-CH2-CH(OH)-CH2-CH2-OTBDPS）

ホモアリルアルコール（14.5 g, 40.9 mmol）とアクリル酸メチル（11.0 mL, 123 mmol）をジクロロメタン（100 mL）に溶かし，Hoveyda-Grubbs 触媒（0.26 g, 0.41 mmol）を加え，5 時間加熱還流する．触媒を少量追加し，さらに 2 時間加熱還流する．溶媒と揮発成分をロータリーエバポレーターで減圧して除き，残渣をシリカゲルクロマトグラフィー（ヘキサン-酢酸エチル 3：1）で精製すると，やや黄色みがかったエノンが得られる．収量 14.6 g．収率 86％．

【参考文献】 T. A. Dineen, W. R. Roush, *Org. Lett.*, **6**, 2043-2046 (2004).

■ Peterson 反応[*40]

Peterson 反応はシリル Wittig 反応ともよばれ，α-シリルカルボアニオンとアルデヒドから 2 段階でアルケンを得る反応である．第 1 段階は α-シリルカルボアニオンのアルデヒドへの付加反応であり，この段階の立体選択性は低い．得られた β-ヒドロキシシランの酸または塩基条件でのシラノールの脱離によってアルケンが生成する．条件がやや強塩基性である問題はあるが，α-シリルカルボアニオンの反応性は高いので，Wittig タイプ（HWE 反応を含む）の試薬では反応しにくい基質からアルケンを合成したいときに有効な反応である．

[*40] 総説：N. Kano, T. Kawashima, In "Modern Carbonyl Olefination-Methods and Applications", T. Takeda, Ed., Chapter 2: The Peterson and Related Reactions, pp. 18-103, Wiley-VCH: Weinheim (2004). (b) S. E. Kelly, In "Comprehensive Organic Synthesis", B. M. Trost, I. Fleming, Eds., Vol. 1, Chapter 3.1：Alkene Synthesis, pp. 731-737, Pergamon：Oxford (1991). (c) D. J. Ager, *Org. React.*, **38**, 1-223 (1990). (d) D. J. Ager, *Synthesis*, **1984**, 384-398.

実験例 5-77

R₁ = CO₂Et, R₂ = Me
R₂ = Me, R₁ = CO₂Et

ジイソプロピルアミン(1.60 mL, 11.4 mmol)の THF 溶液(15 mL)を 0 ℃に冷却し，ブチルリチウムのヘキサン溶液(1.0 M, 13 mL, 13.0 mmol)を加え，15 分間 0 ℃でかきまぜた後，−78 ℃に冷却する．2-トリメチルシリルプロピオン酸エチル(2.00 g, 11.5 mmol)の THF 溶液(20 mL)を滴下漏斗から加え，反応溶液を 1 時間−78 ℃でかきまぜる．アルデヒド(1.97 g, 9.27 mmol)の THF 溶液(12 mL)を滴下漏斗から 35 分かけてゆっくり加え，さらに 3 時間−78 ℃でかきまぜる．反応溶液を徐々に室温に昇温しながら 18 時間かきまぜる．反応溶液に飽和塩化アンモニウム水溶液(12 mL)を加え，反応溶液をエーテル(150 mL)を加えて薄める．有機層を分離し，食塩水(15 mL)で 2 回洗浄する．先に分離した水相と洗浄した水相を一緒にし，エーテル(10 mL)で 2 回抽出する．すべての有機相を一緒にし，無水硫酸ナトリウムで乾燥する．乾燥剤を沪別後，溶媒を減圧留去し，粗生成物をカラムクロマトグラフィー(シリカゲル 50 g 使用，石油エーテル-酢酸エチル 99：1)で精製するとアルケンが E/Z 1：1 の混合物として得られる．収量 2.14 g．収率 78%．原著者らは，安定化されたリンイリドを使った Wittig 反応でも同じ生成物は得られ，E/Z 8：1 となったと報告している．

【参考文献】 A.-C. Guevel, D. J. Hart, *J. Org. Chem.*, **61**, 465-472(1996).

■ Takai(高井)反応[*41]

Takai 反応は，NHK 反応(161 ページ参照)のアルケン合成バージョンとみなせる．ヨードホルムを出発物質に用い，ヨウ化ビニルが得られるので，その後の変換反応にも便利である．

[*41] 総説：S. Matsubara, K. Oshima, In "Modern Carbonyl Olefination-Methods and Applications", T. Takeda, Ed., Chapter 5：Olefination of Carbonyl Compounds by Zinc and Chromium Reagents, pp. 214-220, Wiley-VCH：Weinheim(2004).

実験例 5-78

加熱して乾燥させた塩化クロム(Ⅱ)(10.42 g, 84.8 mmol)を THF(20 mL)とジオキサン(60 mL)に懸濁させ,アルデヒド(4.71 g, 11.3 mmol)とヨードホルム(8.90 g, 22.6 mmol)のジオキサン溶液(60 mL)を加える.茶色の懸濁液を室温で 10 時間かきまぜる.エーテル(300 mL)を加えて反応混合物を薄め,水(300 mL)に注ぐ.有機層を分離し,食塩水で洗う.水相はエーテル(500 mL)で抽出する.有機相を混合し,食塩水(200 mL)で洗浄し,無水硫酸マグネシウムで乾燥する.乾燥剤を沪過して,減圧濃縮して得られた粗生成物をフラッシュクロマトグラフィー(ヘキサン-ジクロロメタン 7:1, 後に 6:1)で精製して(E)-および(Z)-アルケンを得る.収量 (E)-アルケン 4.0 g, (Z)-アルケン 0.52 g. 収率 (E)-アルケン 65.5%, (Z)-アルケン 8.5%.

【参考文献】 H. Y. Song, J. M. Joo, J. W. Kang, D.-S. Kim, C.-K. Jung, H. S. Kwak, J. H. Park, E. Lee, C. Y. Hong, S. Jeong, K. Jeon, J. H. Park, *J. Org. Chem.*, **68**, 8080-8087(2003).

■ Wittig 反応[*42]

Wittig 反応(その類縁反応である HWE 反応を含む)は間違いなく有機合成上もっとも有用な反応である.この反応が見出されるまで,アルデヒドを 1 段階でアルケンに変換する手法はなかった.しかも,この反応ではある程度生成物の立体化学を予想できるので,合成的有用性はさらに高くなった.一般に安定化イリド(電子求引性基を有するもの)からの反応では(E)-アルケン選択的に反応が進行し,安定化されていないイリドからの反応では(Z)-アルケンを選択的に与える.ただし,反応溶液中に臭

[*42] 総説:(a) M. Edmonds, A. Abell, In "Modern Carbonyl Olefination-Methods and Applications", T. Takeda, Ed., Chapter 1: The Wittig Reaction, pp. 1-17, Wiley-VCH: Weinheim(2004). (b) O. I. Kolodiazhny, In "Phosphorous Ylides Chemistry and Application in Organic Synthesis", pp. 360-538, Wiley-VCH: Weinheim(1999). (c) B. E. Maryanoff, A. B. Reitz, *Chem. Rev.*, **89**, 863-927(1989). (d) H. J. Bestmann, O. Vostrowsky, *Top. Curr. Chem.*, **109**, 85-163(1983). (e) I. Gosney, A. G. Rowley, In "Organophosphorus Reagents in Organic Synthesis", J. I. G. Cadogan, Ed., pp. 17-153, Academic Press: New York(1979). (f) W. S. Wadsworth, Jr., *Org. React.*, **25**, 73-253(1977). (g) K. P. C. Vollhardt, *Synthesis*, **1975**, 765-780. (g) A. Maercker, *Org. React.*, **14**, 270-490(1965).

化リチウムなどの塩が含まれていると Z-選択性が低下するので，Z-選択にアルケンを合成したい場合には，リチウム塩を沈殿により反応系から除去する工夫が必要となる．リンイリドの原料となるホスホニウム塩はトリフェニルホスフィンとハロゲン化アルキルの反応で容易に得られる．イリドの発生には強塩基（ブチルリチウム，LHMDS あるいは水素化ナトリウム）を用いる．リンイリドは若干塩基性をもつので，安定化されていないイリドと塩基に弱い基質の反応時にはうまくいかない場合もある．また，化学量論量のトリフェニルホスフィンオキシドが副生成物として混入してくるので，これを除去するのがたいへん悩ましい．ホスフィン部分は生成物には関与せず，捨ててしまうことになるので，便利な反応ではあるものの，原子効率の観点からは少々問題となる反応である．

実験例 5-79　安定化されていないイリドの反応

反応は Z-選択的であるが，塩を除いておくのが望ましい．

PhS～～CHO + EtPPh₃I (1.1 eq) / n-BuLi (1.1 eq) / THF, −78 ℃ → 室温 / 85% → PhS～～＝＼

ヨウ化エチルホスホニウム (4.1 g, 11 mmol) を無水 THF (40 mL) に懸濁し，0 ℃でブチルリチウム (1 M, 11 mL, 11 mmol) を加える．反応混合物を 0 ℃で 30 分間かきまぜ，−78 ℃に冷却する．アルデヒド (1.8 g, 10 mmol) の THF 溶液 (22 mL) を滴下する．反応混合物を徐々に室温に戻しながら 4 時間かきまぜる．0 ℃で，飽和塩化アンモニウム塩水溶液を加え反応を停止し，有機層を分離し，水相をエーテル抽出する．有機相をまとめ，水と食塩水で洗浄し，無水硫酸ナトリウムで乾燥する．沪過後，ロータリーエバポレーターで減圧濃縮し，カラムクロマトグラフィー（石油エーテル-酢酸エチル 95：5）で精製すると，油状の *cis*-アルケンが得られる．クロマトグラフィーで精製する前に，固体となったトリフェニルホスフィンオキシドをできるだけ沪過などで除去しておいたほうが精製はうまくいくだろう．収量 1.63 g．収率 85％．

【参考文献】　S. Raghavan, S. R. Reddy, K. A. Tony, C. N. Kumar, A. K. Varma, A. Nangia, *J. Org. Chem.*, **67**, 5838-5841 (2002).

実験例 5-80　安定化イリドの反応

安定化イリドの Wittig 反応は E-選択的に進行する．この式のリンイリドは安定な化合物として単離でき，取り扱いは容易である．

アルキニルアルデヒド(3.4 g, 10.0 mmol)をトルエン(200 mL)に溶かし,リンイリド(18.1 g, 50.0 mmol)を加える.反応溶液を 100 ℃ で 12 時間かきまぜる.均一になった反応溶液を室温に冷却し,水(50 mL)と食塩水(50 mL)で洗浄し,無水硫酸ナトリウムで乾燥する.濾過後減圧濃縮し,得た粗生成物をカラムクロマトグラフィー(シリカゲル/ヘキサン-酢酸エチル 98:2)で精製すると,(E)-アルケンが得られる.収量 4.2 g.収率 99%.E/Z >99:1.

【参考文献】 K. C. Nicolaou, K. C. Fylaktakidou, H. Monenschein, Y. Li, B. Weyershausen, H. J. Mitchell, H.-X. Wei, P. Guntupalli, G. Hepworth, K. Sugita, *J. Am. Chem. Soc.*, **125**, 15433-15442(2003).

Diels-Alder 反応などの環化反応

■ Danishefsky ジエンを使った Diels-Alder 反応[*43]

一般に Diels-Alder 反応ではジエンの HOMO とジエノフィルの LUMO が関与して反応が進行することが多いので,多くの電子供与性基をもつジエンは反応性に富んでいる.Danishefsky ジエンは二つのエーテルをもち,それらの非共有電子対による電子供与性の効果によって,たいへん反応しやすいジエンである.反応後,二つのエーテルはケトンやアルケンに変換できるので優れた合成中間体となる.反応の活性化にはルイス酸の添加も有効である.このジエンは一般のアルケンタイプのジエノフィルだけでなく,アルデヒドに対してもヘテロ Diels-Alder 反応が進行してテトラヒドロピランを与える.

[*43] 総説:(a) W. Oppolzer, In "Comprehensive Organic Synthesis", B. M. Trost, I. Fleming, Eds., Vol. 5, Chapter 4.1:Intermolecular Diels-Alder Reactions, pp. 315-399, Pergamon:Oxford(1991). (b) D. L. Boger, In "Comprehensive Organic Synthesis", B. M. Trost, I. Fleming, Eds., Vol. 5, Chapter 4.3:Heterodiene Additions, pp. 451-512, Pergamon:Oxford(1991). (c) S. M. Weinreb, In "Comprehensive Organic Synthesis", B. M. Trost, I. Fleming, Eds., Vol. 5, Chapter 4.2:Heterodienophile additions to Dienes, pp. 401-499, Pergamon:Oxford(1991). (d) G. Mehta, R. Uma, *Acc. Chem. Res.*, **33**, 278(2000). (e) K. A. Jorgensen, *Eur. J. Org. Chem.*, **2002**, 2093. (f) E. J. Corey, *Angew. Chem. Int. Ed.*, **41**, 1650 (2002).

Diels-Alder 反応などの環化反応

実験例 5-81

シクロヘプテノン（2 mmol）と Danishefsky ジエン（480 mg, 2.6 mmol）をトルエン（18 mL）中に混合し, Yb(OTf)$_3$（31 mg, 0.05 mmol）を加え, 0 ℃で 24 時間反応させる. 反応溶液を 2 M 炭酸カリウム水溶液で洗浄し, 無水硫酸マグネシウムで乾燥する. 沪過後減圧濃縮し, 得た粗生成物をフラッシュクロマトグラフィー（シリカゲル／ヘキサン-酢酸エチル 5:1～3:1）で精製すると, 付加体が得られる. 収量 428 mg. 収率 91%.

【参考文献】 T. Inokuchi, M. Okano, T. Miyamoto, H. B. Madon, M. Takagi, *Synlett*, **2000**, 1549-1552.

■ Rawal のジエンを使ったヘテロ Diels-Alder 反応

実験例 5-82

炎であぶって乾燥させた 25 mL のフラスコに, 蒸留したばかりの Rawal ジエン（227 mg, 1 mmol）とクロロホルム（2 mL）を加え, 窒素雰囲気下, ベンズアルデヒド（1.5 mmol）をガスタイトシリンジで滴下して加える. 反応混合物を室温で 2 時間かきまぜる. ジクロロメタン（15 mL）を加え, 黄色の溶液を-78 ℃に冷却し, 塩化アセチル（142 μL, 2 mmol）を加える. 30 分かきまぜた後, 飽和炭酸ナトリウム水溶液を加える. 有機層を分離し, 水相に水（15 mL）を追加して薄めてからジクロロメタンで抽出する. 有機相をまとめ, 無水硫酸マグネシウムで乾燥し, 沪別, 減圧濃縮後, 得られた黄色油状物質をフラッシュクロマトグラフィーで精製して, ジヒドロピラノンを得る. 収率 86%.

【参考文献】 Y. Huang, V. H. Rawal, *Org. Lett.*, **2**, 3321-3322 (2000).

■ Simmons-Smith 反応[*44]

アルケンから一気にシクロプロパン化する方法は，ジアゾアルカンを用いたカルベンの反応と，カルベノイドを発生するこの Simmons-Smith 反応が主要な反応である．オリジナルのこの反応では，ヨウ化メチレンを亜鉛-銅カップルを使って還元的にカルベノイドを発生する方法を用いていたが，1960 年代にジエチル亜鉛を使うと容易にカルベノイドを発生できることがわかり，その有用性が広まった．アリル位もしくはホモアリル位にヒドロキシル基やエーテルをもつ化合物は，亜鉛への配位効果のためにシクロプロパン化が速くなることが知られている．光学活性な不飽和アセタールを用いると，光学活性なシクロプロパンが得られる．触媒的不斉シクロプロパン化の手法もある．

実験例 5-83

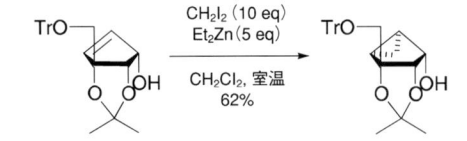

シクロペンテノール(2.14 g, 4.99 mmol)のジクロロメタン溶液(40 mL)に，0 ℃でジエチル亜鉛のヘキサン溶液(1.0 M, 25 mL, 25 mmol)を加え，15 分かきまぜる．ジヨードメタン(4 mL, 50.2 mmol)を 0 ℃で加え，反応溶液を室温で一晩かきまぜる．塩化アンモニウム水溶液を加え，次いで酢酸エチルを加えて有機層を分離する．水相を酢酸エチルで抽出し，有機相を無水硫酸マグネシウムで乾燥する．沪別後酢酸エチルを減圧留去し，残渣をシリカゲルカラムクロマトグラフィー(ヘキサン-酢酸エチル 2.5：1)で精製して，白色固体のシクロプロパンを得る．収量 1.38 g．収率 62%．

【参考文献】 J. A. Lee, H. R. Moon, H. O. Kim, K, R. Kim, K. M. Lee, B. T. Kim, K. J. Hwang, M. W. Chun, K. A. Jacobson, L. S. Jeong, *J. Org. Chem.*, **70**, 5006-5013(2005).

[*44] 総説：(a) A. B. Charette, A. Beauchemin, *Org. React.*, **58**, 1-415(2001). (b) エナンチオ選択的シクロプロパン化に関しては H. M. L. Davies, E. G. Antoulinakis, *Org. React.*, **57**, 1-326(2001)を参照されたい．

6

保　護　基

　"Protecting Groups"を書いた Philip J. Kocieński によれば，この世には避けがたいものが3つあるという．それは死と税と保護基である．今の合成化学では，保護基は"必要悪"といえよう．ないに越したことはないが，なければ何もできない．われわれの今もっている合成反応では，望む反応を望む部位に実施したくても，分子の別の部位が先に反応したり，別の反応を起こして分子を壊してしまうことが残念ながら避けられない．保護基はそんなときに，望む反応を望む部位にだけ反応させてくれる助けになる．しかし，保護基は目的分子には不要な"部分"であり，最後には除去せねばならない．おとなしく保護基だけが無抵抗で除去されてくれればよいが，なかには抵抗し，分子もろとも破壊してしまう保護基もある．その意味で脱保護は合成化学のクライマックスといえるかもしれない．保護基の罪悪は何より，保護・脱保護の"不要な"2段階を要求し，手間を余分にかけ，この段階の収率が100％でない以上，物質の損失をひき起こす．しかし，多かれ少なかれ保護基の力なしにはどんな合成も達成できないのが現在の有機化学である以上，保護基の化学のしがらみからは逃れがたいものがある．もちろん保護基なしの合成反応を進めている野心的な例も多数あるので，これらは今後の合成化学の方向を示していると感じられる[*1]．

　保護，脱保護，反応性などの問題を改善すべく，おびただしい数の保護基がこれまでに開発されてきた．ここでそのすべてを網羅することは到底できない．ここでは，ファーストチョイスである代表的な保護基の導入法と脱保護法について，そのレシピをあげた．網羅的に保護基を考えるときには，以下の本を1冊手元に置いて，考えてほしい．これら2冊は合成化学をする者の必携の著書である．(a) P. G. M. Wuts, T. W. Greene, "Protective Groups in Organic Synthesis", 4th ed., Wiley : Hoboken, NJ (2007)；(b) P. J. Kocieński, "Protecting Groups", 3rd ed., Thieme : Stuggart (2004).

[*1] I. S. Young, P. S. Baran, *Nature Chemistry*, **1**, 193-205 (2009).

アルコールとフェノール

 ここではアルコールおよびフェノールのヒドロキシル基の保護基を取り上げる．ヒドロキシル基の酸性水素をブロックするための保護基であり，代表的な酢酸エステル，アセトニド，ベンジルエーテル，*p*-メトキシベンジルエーテル（PMB もしくは MPM），メチルエーテル（フェノールのみ），メトキシメチルエーテル（MOM），シリルエーテル，テトラヒドロピラニルエーテル（THP エーテル）をあげる．

■ 酢酸エステル

 酢酸エステルはもっとも簡便な保護基であり，導入，除去とも容易に行える利点がある．しかし，求核的な反応や塩基性の反応ではエステルそのものは反応してしまい使えない．第一級ヒドロキシル基のみを保護したい場合は，酢酸エステルではなくピバル酸エステルを使うと選択的な導入が可能である．導入は無水酢酸と DMAP を使ったエステル化反応がよく用いられ，脱保護では塩基性条件での加水分解および酢酸エステルの DIBAL-H などによる還元的除去が一般的な手法である．

実験例 6-1　酢酸エステルでの保護

$$\text{原料アルコール} \xrightarrow[\text{ピリジン}]{\text{Ac}_2\text{O (2 eq), DMAP (5 mol\%)}} \text{酢酸エステル}$$
93%

 (+)-(*E*)-1-(3-フリル)-4-ヨード-3-ペンテン-1-オール (58 mg, 0.21 mmol)，無水酢酸 (0.04 mL, 0.421 mmol)，4-(ジメチルアミノ)ピリジン (DMAP, 1.2 mg, 0.01 mmol) をピリジン (1 mL) に溶かし，原料アルコールが消失するまでかきまぜる．反応混合物に飽和炭酸水素ナトリウム水溶液を加え，エーテル抽出を3回する．ピリジンを除去するため有機相を硫酸銅水溶液と水でそれぞれ1回洗浄し，無水硫酸マグネシウムで乾燥する．沪過後濃縮し，フラッシュクロマトグラフィー（石油エーテル-エーテル 9：1）で精製すると酢酸エステルが得られる．収率 93%．

【参考文献】　L. Commeiras, J.-L. Parrain, *Tetrahedron : Asymmetry*, **15**, 509-517 (2004).

アルコールとフェノール　　209

実験例 6-2　酢酸エステルの脱保護

[反応式: 酢酸エステル誘導体を K₂CO₃ (20 eq), MeOH, 室温, 一晩, 89% でアルコール誘導体へ脱保護]

酢酸エステル誘導体(78 mg, 0.145 mmol)をメタノール(4 mL)に溶かし，炭酸カリウム(400 mg, 2.9 mmol)を加え，室温で一晩かきまぜる．反応混合物にリン酸緩衝液(pH 4)を加え，ジクロロメタンで抽出する．有機相を無水硫酸マグネシウムで乾燥し，沪過，濃縮後，フラッシュクロマトグラフィー(ヘキサン-酢酸エチル 3 : 2)で精製すると，無色液体のアルコール誘導体が得られる．収量 64 mg．収率 89%．

【参考文献】　A. K. Ghosh, G. Gong, *J. Am. Chem. Soc.*, **126**, 3704-3705 (2004).

■ アセタール(アセトニド)

イソプロピリデンアセタールは，糖類をはじめとする 1,2-ジオールや 1,3-ジオールの保護基としてよく使われている．塩基性条件や求核的条件には耐えるが，酸性条件では速やかにアセタールが外れてしまうので，このような場合はカルボナート保護基(炭酸エステル)を用いるとよい．アセトンのアセタールとみなせるが，導入にはアセトンジメチルアセタール(2,2-ジメトキシプロパン)や酢酸イソプロペニルを用いる．

実験例 6-3　アセタールでの保護

[反応式: ジオール基質を MeO-C(Me)₂-OMe (1.5 eq), CSA (2 mol%), CH₂Cl₂, 室温, 3 h, 80% でアセトニドへ保護]

ジオール(0.8 g, 2.85 mmol)をジクロロメタン(2 mL)に溶かし, 2,2-ジメトキシプロパン(0.52 mL, 4.2 mmol)とカンファースルホン酸(CSA, 13 mg, 2 mol%)を加え室温で3時間かきまぜる. 反応溶液に飽和炭酸水素ナトリウム水溶液(10 mL)を加え, 水相をエーテル(15 mL)で3回抽出する. 有機相を飽和食塩水(10 mL)で洗浄し, 無水硫酸ナトリウムで乾燥する. 沪過後減圧濃縮し, 残渣をフラッシュクロマトグラフィー(ヘキサン-酢酸エチル9:1)で精製すると, 高粘性液体のイソプロピリデンアセタールが得られる. 収量0.73 g. 収率80%.

【参考文献】 M. M. Ahmed, B. P. Berry, T. J. Hunter, D. J. Tomcik, G. A. O'Doherty, *Org. Lett.*, **7**, 745-748(2005).

実験例 6-4 1,3-ジオキサンでの保護

1,3-ジオールのアセタールも同様に合成できる.

ジオールエステル誘導体(8.35 g, 27.6 mmol)をTHF(100 mL)に溶かし, 0℃に冷却して, ピリジニウム *p*-トルエンスルホン酸(PPTS, 500 mg, 2.0 mmol)と2,2-ジメトキシプロパン(20.0 mL, 163 mmol)を加え, 室温で48時間かきまぜる. 飽和炭酸水素ナトリウム水溶液を加え, 酢酸エチルで抽出する. 有機相を飽和食塩水で洗浄し, 無水硫酸ナトリウムで乾燥する. 沪過後減圧濃縮し, カラムクロマトグラフィー(シリカゲル/ヘキサン-酢酸エチル-トリエチルアミン96:3:1)で精製するとアセタールと少量の未反応ジオールの混合物が得られる. もう一度同様にカラムクロマトグラフィーで精製して, アセタールを得る. 収量9.14 g. 収率97%.

【参考文献】 P. Wipf, T. H. Graham, *J. Am. Chem. Soc.*, **126**, 15346-15347(2004).

アルコールとフェノール　211

実験例 6-5　アセタールの脱保護

アセタール(0.22 mmol)をトリフルオロ酢酸-水(2：1，15 mL)に溶かし，室温で3時間かきまぜる．揮発成分を減圧留去し，残渣をフラッシュクロマトグラフィー(ジクロロメタン-メタノール 92：8)で精製して，黄色のジオールを得る．

【参考文献】　F. Amblard, V. Aucagne, P. Guenot, R. F. Schinazi, L. Agrofoglio, *Bioorg. Med. Chem.*, **13**, 1239-1248(2005).

■　ベンジルエーテル

ベンジルエーテルは，塩化ベンジルまたは臭化ベンジルとアルコキシドとの Williamson 反応で導入する．塩化ベンジルや臭化ベンジルは催涙性なので，ドラフト内で注意して扱うこと．反応が遅い場合はヨウ化カリウムを加えてやるとよい．

実験例 6-6　ベンジルエーテルでの保護

(R)-バリノール(5.0 g, 48.5 mmol)の THF 溶液(50 mL)に水素化ナトリウム(60%, 1.94 g, 48.5 mmol)を加え，30 分加熱還流する．水素発生がやんだら，塩化ベンジル(6.1 g, 48 mmol)を加えて，48 時間加熱還流する．冷却後，水(10 mL)を加え，減圧して THF を除去する．6 M 水酸化カリウム水溶液を加えて pH を 12 にし，ジクロロメタンで抽出する．有機相を食塩水で洗浄し，無水硫酸ナトリウムで乾燥する．沪別後減圧濃縮し，シリカゲルクロマトグラフィーで精製して，ベンジルエーテルを得る(訳注：クーゲルロールで減圧蒸留するほうが精製しやすいと思われる)．収量 8.55 g．収率 91%．

【参考文献】 S. K. Patel, K. Murat, S. Py, Y. Vallee, *Org. Lett.*, **5**, 4081-4084 (2003).

実験例 6-7　ベンジルエーテルの脱保護

$$\text{HO-CH(OMe)-CH(OBn)-COOH} \xrightarrow[\text{MeOH, 室温}]{\text{Pd(OH)}_2, \text{H}_2} \text{HO-CH(OMe)-CH(OH)-COOH}$$

ベンジルエーテル(15.6 g, 74.2 mmol)をメタノール(396 mL)に溶かし, 20% 水酸化パラジウム(活性炭に吸着したもの, 2.1 g)を加える. 反応容器を水素で置換し, 24 時間室温で激しくかきまぜる. 反応混合物をセライト上で濾過し, メタノール(300 mL)でよく洗う. 濾液と洗浄液を減圧留去すると, 無色液体のアルコール誘導体が得られる. これはそのまま使用できるほど高純度である. 収量 8.25 g. 収率 93%.

【参考文献】 K. J. Hale, S. Manaviazar, J. H. George, M. A. Walters, S. M. Dalby, *Org. Lett.*, **11**, 733-736 (2009).

■ *p*-メトキシベンジルエーテル(PMB もしくは MPM)

この保護基はベンジルエーテルの誘導体であるが, DDQ や CAN による酸化的処理によって脱保護できることが特徴である. 酸化的処理でさらに脱保護しやすい DMPM(3,4-ジメトキシベンジル)基もしばしば利用される. しかし, これらの保護基はベンジルエーテルよりも酸に対して不安定である. 最近これらの欠点を補いかつ, DDQ などで容易に除去できるナフチルメチルエーテル(NAP エーテル)が開発されている.

PMB 基の導入はベンジルエーテルと同様に Williamson 合成でも可能であるが, 原料のハロゲン化ベンジルが活性なため, たいへん重合しやすい. 活性なことを利用してさらに穏和な導入法が開発されている. また, 1,3-ジオールをアニスアルデヒドのアセタールとして保護しておき, DIBAL-H で第一級ヒドロキシル基の側を還元して, PMB エーテルを得る方法も多用される.

アルコールとフェノール **213**

実験例 6-8 PMBエーテルでの保護

[反応式: TIPSO, MeO 置換シクロヘキサン-CH(Me)-CH(OH)-CH2I + PMBO(OCCl3)C=(NH) (1.15eq), CH2Cl2, -78 ℃, 84% → OPMB体]

ヨードヒドリン(536 mg, 1.07 mmol)と p-メトキシベンジルトリクロロアセトイミダート(350 mg, 1.23 mmol)のジクロロメタン溶液(6 mL)を-78 ℃に冷却し,三フッ化ホウ素エーテル錯体(10 μL)を加え,30 分間かきまぜる.エーテル(100 mL)と水(50 mL)を反応混合物に加えて薄め,室温に昇温する.有機層を分離し,食塩水で洗浄して無水硫酸マグネシウムで乾燥する.濾別後濃縮し,フラッシュクロマトグラフィー(ヘキサン-酢酸エチル 15:1)で精製すると,無色液体のPMBエーテルを得る.収量 560 mg,収率 84%.

【参考文献】 A. B. Smith, S. M. Condon, J. A. McCauley, J. L. Leazer, J. W. Leahy, R. E. Maleczka, *J. Am. Chem. Soc.*, **119**, 947-961(1997).

実験例 6-9 PMBエーテルでの脱保護

[反応式: PMB保護された複雑な基質 DDQ, CH2Cl2-H2O, 91% → 脱PMB体]

PMBエーテル(19 mg, 0.0155 mmol)をジクロロメタン溶液(1.54 mL)とリン酸緩衝液(pH 7, 0.077 mL)に溶かし,0 ℃でDDQ(6.3 mg, 0.278 mmol)を加え,3 時間かきまぜる.飽和炭酸水素ナトリウム水溶液(1 mL)を加え反応を停止し,水(2 mL)とジクロロメタン(2 mL)を加える.有機層を分離し,水相をジクロロメタン(5 mL)で3回抽出する.有機相をまとめ,無水硫酸ナトリウムで乾燥する.濾過後濃縮し,粗生

成物を分取 TLC(ヘキサン-酢酸エチル 2:1 に 3％のトリエチルアミンを加えたもの)で展開して，無色液体のジオールを得る．収量 15.6 mg．収率 91％．

【参考文献】 A. B. Smith, Ⅲ, J. M. Cox, N. Furuichi, C. S. Kenesky, J. Zheng, O. Atasoylu, W. M. Wuest, *Org. Lett.*, **10**, 5501-5504(2008).

■ メチルエーテル

メチルエーテルは，フェノール性ヒドロキシル基の保護に用いられる．導入は簡単であるが，しばしば脱保護に問題を生じることもある．脱保護がほぼ不可能なので，脂肪族のヒドロキシル基の保護には利用できない．

実験例 6-10　メチルエーテルでの保護

ジヒドロキシアセトフェノン(100 mg, 0.66 mmol)をアセトン(10 mL)に溶かし，炭酸カリウム(5 g, 36 mmol)とヨウ化メチル(1 mL, 16 mmol)を加える．反応混合物を 45 分間加熱還流する．室温に冷却し，沪別後，溶媒と揮発成分を減圧留去する．残渣にジクロロメタンを加え，混合物を水で 2 回洗浄し，無水硫酸ナトリウムで乾燥する．沪過後濃縮し，フラッシュクロマトグラフィー(シリカゲル/ヘキサン-酢酸エチル 4:1)で精製するとジメチルエーテルを得る．収量 110 mg．収率 92％．

【参考文献】 S. Khatib, O. Nerya, R. Musa, M. Shmuel, S. Tamir, J. Vaya, *Bioorg. Med. Chem.*, **13**, 433-441(2005).

実験例 6-11　メチルエーテルの脱保護

ジメチルエーテル(0.5 mmol)のジクロロメタン溶液(3 mL)を -78 ℃に冷却し，三臭化ホウ素(0.2 mL, 2 mmol)を加え 30 分間 -78 ℃でかきまぜる．冷却浴を外し，室

温で24時間かきまぜる．水(3 mL)を加えて反応を停止し，ジクロロメタンを減圧留去する．水相に水酸化ナトリウム水溶液を加えて中和し，酢酸エチル(10 mL)で3回抽出する．有機相を食塩水で洗浄し，無水硫酸ナトリウムで乾燥する．濾別後ロータリーエバポレーターで溶媒を減圧留去し，得た粗生成物をシリカゲルカラムクロマトグラフィー(ヘキサン-酢酸エチル 2:1，後に 1:1)で精製すると，ビスフェノールが得られる．収率85％．

【参考文献】 Y. Liu, K. Ding, *J. Am. Chem. Soc.*, **127**, 10488-10489 (2005).

■ メトキシメチルエーテル(MOM)

メトキシメチルエーテルは，導入，除去とも容易に行えるので，アルコールおよびフェノール性ヒドロキシル基の便利な保護基の一つである．塩基性条件には強いが，酸性条件では外れてしまうこともある．また，キレーション効果を狙うには都合のよい保護基である．導入にはクロロメチルメチルエーテルを使うことが多いが，この試薬は強い発がん性があるので，ドラフトで注意して取り扱うこと．

実験例 6-12　MOMエーテルでの保護

2,6-ジブロモフェノール(58.0 g，230.2 mmol)をTHF(300 mL)に溶解し，0℃で水素化ナトリウム(60％，13.8 g，345 mmol)を加える．水素発生に注意する．水素発生がやんだら5分後に，0℃でクロロメチルメチルエーテル(22.5 mL，300 mmol)を加え，ゆっくり25℃に昇温して2時間かきまぜる．エーテル(300 mL)を加え，反応混合物を3Mの水酸化ナトリウム水溶液(75 mL)で3回洗浄して，残存しているフェノールを除去する．有機相を無水硫酸マグネシウムで乾燥し，濾過後濃縮すると，黄色液体のMOMエーテルが得られる．収量66.2 g．収率97％．

【参考文献】 K. C. Nicolaou, S. A. Snyder, X. Huang, K. B. Simonsen, A. E. Koumbis, A. Bigot, *J. Am. Chem. Soc.*, **126**, 10162-10173 (2004).

実験例 6-13　MOM エーテルの脱保護

MOM エーテル(0.63 g, 1.32 mmol)をエタノールに最少量のジクロロメタンを加えて溶解し, p-トルエンスルホン酸(3〜6 当量)を加えて室温で一晩放置する. 反応を完結させるために 1 時間加熱還流する. 冷却後溶媒を減圧留去して, 残渣にジクロロメタンと水を加える. 有機層を分離して, 無水硫酸ナトリウムで乾燥する. 濾過後濃縮すると粗生成物が得られるので, シリカゲルクロマトグラフィー(ヘキサン-酢酸エチル 4:1)で精製し, フェノールを得る. 収量 0.48 g. 収率 84%.

【参考文献】 K. Sivanandan, S. V. Aathimanikandan, C. G. Arges, C. J. Bardeen, S. Thayumanavan, *J. Am. Chem. Soc.*, **127**, 2020-2021 (2005).

■ シリルエーテル

シリルエーテルはおそらくもっともよく使われるアルコール性ヒドロキシル基の保護基であろう. シリル基上のアルキル置換基を変化させることで, 導入性や脱保護性, それに反応に対する耐性などを調節できるので, 適切な保護基を選ぶことができる. 最初の選択肢は t-ブチルジメチルシリル基(TBS または TBDMS 基)であり, 安価で導入, 除去ともに容易なので広く用いられる. もし, それよりも速やかに除去したい場合はトリエチルシリル(TES 基)を用い, もう少し強い保護基を使いたい場合は, t-ブチルジフェニルシリル基(TPS あるいは TBDPS 基)やトリイソプロピルシリル基(TIPS 基)を使うとよい. TBDPS 基は酸性条件には強いが, 塩基性条件による脱保護条件では TIPS 基よりも弱いといわれている. 第一級ヒドロキシル基がもっとも導入, 脱保護されやすく, 次いで第二級ヒドロキシル基であり, 第三級ヒドロキシル基の保護にはトリメチルシリル基(TMS 基)を使う. 導入法は, (1) クロロシランに対してイミダゾールと DMF 中で反応させる方法, (2) シリルトリフラートをジクロロメタン中で反応させる方法があり, (1) のほうが安価であるが, 立体障害の小さな

ヒドロキシル基の保護に限られる．脱保護には，(1) 酸性条件での除去と，(2) フッ化物イオンを作用させる除去法の二つがある．シリル保護基はアルコール保護基として優れているが，脱保護すると対応するシラノールが副生成物として生じるのでこれの除去が問題となることがある．とくに，全合成の最終段階でこれを除去するのは避けるほうが望ましい．

実験例 6-14　第一級ヒドロキシル基への TBS エーテルの導入

アルコール (4.40 g, 13.6 mmol) を DMF (90 mL) に溶解し，0 ℃でイミダゾール (3.88 g, 56.9 mmol) とクロロ t-ブチルジメチルシラン (4.09 g, 27.1 mmol) を加える．室温に昇温し，16 時間かきまぜる．十分量の水を加えて反応を停止し，水相を酢酸エチルで 3 回抽出する．有機相を無水硫酸マグネシウムで乾燥し，沪過後濃縮し，残渣をカラムクロマトグラフィー (ヘキサン-酢酸エチル 50：1) で精製して，黄色液体のシリルエーテルを得る．収率 99%．

【参考文献】　I. E. Wrona, J. T. Lowe, T. J. Turbyville, T. R. Johnson, J. Beignet, J. A. Beutier, J. S. Panek, *J. Org. Chem.*, **74**, 1897-1916 (2009).

実験例 6-15　第二級ヒドロキシル基のみへの導入法および一般的な第一級シリルオキシ基選択的脱保護法

ジオール (566.7 mg, 1.21 mmol) のジクロロメタン溶液を 0 ℃に冷却し，2,6-ルチジン (0.565 mL, 4.85 mmol) と t-ブチルジメチルシリルトリフラート (0.840 mL, 3.66 mmol) を加える．0 ℃で 30 分間かきまぜた後，メタノールを加えて反応を停止する．酢酸エチルを加えて薄め，1 M 塩酸，飽和炭酸水素ナトリウム水溶液，および食塩水で洗浄してから無水硫酸ナトリウムで乾燥する．沪過後濃縮して得られたビスシリルエーテルをそのまま次の段階に用いる．

6 保護基

ビスシリルエーテルをメタノール(20 mL)に溶かし，0℃に冷却してカンファースルホン酸(CSA, 170 mg, 0.732 mmol)を加える．約3時間かきまぜた後，トリエチルアミンを加えて反応を停止し，反応溶液を濃縮する．残渣をカラムクロマトグラフィー(シリカゲル-ヘキサンエーテル 9：1，後に 4：1)で精製すると，無色液体のモノシリルエーテルが得られる．収量 650.1 mg. 収率 92%.

【参考文献】 H. Fuwa, M. Sasaki, K. Tachibana, *Org. Lett.*, **3**, 3549-3552(2001).

実験例 6-16 TBS エーテルの脱保護

シリルエーテル(132.7 mg, 0.209 mmol)を THF(4 mL)に溶解し，フッ化テトラブチルアンモニウムの THF 溶液(1 M, 0.380 mL, 0.380 mmol)を加える．室温で1時間かきまぜてから，酢酸エチルを加えて薄め，飽和塩化アンモニウム水溶液で洗浄して，無水硫酸ナトリウムで乾燥する．沪過後濃縮し，カラムクロマトグラフィー(シリカゲル，ヘキサン-酢酸エチル 10：1 から 1：1)で精製して，無色液体のアルコールを得る．収量 104.9 mg. 収率 96%.

【参考文献】 H. Fuwa, M. Sasaki, K. Tachibana, *Org. Lett.*, **3**, 3549-3552(2001).

■ テトラヒドロピラニルエーテル(THP エーテル)

テトラヒドロピラニルエーテルは安価な保護基であり，導入，除去とも行いやすいが，導入とともに新たな不斉炭素を生じるために NMR が複雑になってしまう欠点がある．合成初期の大量合成時の保護基として有用である．

実験例 6-17 THP エーテルでの保護

1-(3-フリル)-3-ブチン-1-オール(500 mg, 3.68 mmol), ジヒドロピラン(0.67 mL, 7.4 mmol)およびPPTS(90 mg, 0.37 mmol)をジクロロメタン(10 mL)に溶解し, 室温で原料が消失するまでかきまぜる. 反応溶液を減圧濃縮し, 粗生成物をフラッシュクロマトグラフィー(石油エーテル-エーテル 7:3)で精製すると, 1-(3-フリル)-1-(2-テトラヒドロピラニルオキシ)-3-ブチンが, 1:1のジアステレオマー混合物として得られる. 収率99%.

【参考文献】 L. Commeiras, J.-L. Parrain, *Tetrahedron：Asymmetry*, **15**, 509-517(2004).

実験例 6-18　THPエーテルの脱保護

THPエーテル(1.80 g)とPPTS(76 mg, 0.30 mmol)をエタノール(30 mL)中に混合し, 55℃で一晩加熱する. 水(約40 mL)を加え, 混合物を一晩加熱還流する. 透明な黄色の溶液を室温に冷却し, 不溶性の茶色の油層をデカンテーションで分離する. 乾燥してから濃縮し, シリカゲルカラムクロマトグラフィー(メタノール-ジクロロメタン)で精製するとアルコールが得られるので, これをクロロホルムから再結晶して白色結晶のアルコールを得る. 収量0.80 g. 収率66%.

【参考文献】 C.-Z. Dong, A. Ahamada-Himidi, S. Plocki, D. Aoun, M. Touaibia, N. Meddad-Bel Habich, J. Huet, C. Redeuilh, J.-E. Ombetta, J.-J. Godfroid, F. Massicot, F. Heymans, *Bioorg. Med. Chem.*, **13**, 1989-2007(2005).

アミンとアニリン

ここではアミンとアニリンの保護基を取り上げる. アミノ基の保護には2通りあり, アミン上の非共有電子対に起因する塩基性および求核性をブロックするための保護基と, ヒドロキシル基の保護基と同様にアミノ基上の酸性水素をブロックするための保護基がある. 前者としてはBoc基, Cbz基(Z基), Fmoc基, スルホンアミドなどがあり, 後者にはフタロイル基やベンジル基, ジメチルピロールがある.

■　ベンジル基

ベンジルエーテルと同様に, ベンジルアミンの除去には水素化反応などの還元条件

が用いられる．しかし，ベンジルエーテルよりも除去しにくい．

実験例 6-19　ベンジルアミンでの保護

$$\text{Cl}^{\ominus}\ \overset{\oplus}{\text{H}_3\text{N}}-\underset{\text{Ph}}{\text{CH}}-\text{CO}_2\text{Me} \xrightarrow[\substack{\text{Na}_2\text{CO}_3\ (3.2\ \text{eq}),\ 水 \\ 95\ ℃,\ 19\ \text{h} \\ 85\%}]{\text{PhCH}_2\text{Cl}\ (3\ \text{eq})} \text{Bn}_2\text{N}-\underset{\text{Ph}}{\text{CH}}-\text{CO}_2\text{Me}$$

L-フェニルアラニンメチルエステル塩酸塩(25.0 g，151 mmol)と炭酸ナトリウム(66.7 g，483 mmol)を水(100 mL)に溶かし，塩化ベンジル(57.5 g，454 mmol)を加えて 95 ℃で 19 時間加熱する．反応混合物を室温に冷却し，水(50 mL)とヘプタン(67 mL)を加え，抽出する．有機層を分離し，水-メタノール混合溶媒(1 : 2, 50 mL)で 2 回洗浄してから，無水硫酸ナトリウムで乾燥する．濾過後濃縮すると無色液体の Bn$_2$-L-Phe-OMe が得られる．収量 61.6 g．収率 85%．

【参考文献】　T. Suzuki, Y. Honda, K. Izawa, R. M. Williams, *J. Org. Chem.*, **70**, 7317-7323 (2005).

実験例 6-20　ベンジルアミンの脱保護

$$\text{Bn}_2\text{N}-\underset{\text{Ph}}{\text{CH}}-\underset{\text{OH}}{\text{CH}}-\text{CO}_2\text{H} \xrightarrow[\substack{\text{MeOH，室温} \\ 97\%}]{\text{H}_2,\ \text{Pd/C，AcOH}} \text{H}_2\text{N}-\underset{\text{Ph}}{\text{CH}}-\underset{\text{OH}}{\text{CH}}-\text{CO}_2\text{H}$$

ジベンジルアミノ酸のジシクロヘキシルアミン塩(2.8 g，5.0 mmol)をメタノール(25 mL)と酢酸(2.4 mL)の混合溶媒に溶かす．これに 5% Pd/C(1.2 g，パラジウムにして 0.23 mmol 相当)を加え，室温で水素雰囲気下にし，15 時間激しくかきまぜる．2 M 水酸化ナトリウム水溶液(約 20 mL)を加え，反応混合物を 30 ℃に保ちながら，pH を 5.1 に調整する．室温で 40 分間かきまぜてから，濾別して触媒を除き，濾液を濃縮すると目的のアミンが得られる．収量 949 mg．収率 97%．得られた生成物を酢酸エチルから再結晶すると，ナトリウム塩の白色結晶が得られる．収量 602 mg．収率 57%．

【参考文献】　T. Suzuki, Y. Honda, K. Izawa, R. M. Williams, *J. Org. Chem.*, **70**, 7317-7323 (2005).

◼ *t*-ブトキシカルボニル(Boc)基

アミンの保護基として代表的な保護基である．導入は重炭酸ジ *t*-ブチル(Boc$_2$O)を用いるのがもっとも簡便でよいが，反応性が低いときには Boc-N$_3$ や Boc-ON を使うとよい．いずれも市販されているが少々高価である．重炭酸ジ *t*-ブチルは冷凍庫で凍らせて保存する．

実験例 6-21　Boc カルバマートでの保護

Boc$_2$O (1.2 eq)
Et$_3$N (6 eq), DMAP (触媒)
THF, 0 ℃, 4 h
90%

ジアゾアミン(1.4 g, 4.1 mmol)を THF(20 mL)に溶かし，0 ℃に冷却しトリエチルアミン(3.4 mL, 2.5 g, 24.6 mmol)と DMAP(0.01 g)を加える．反応溶液に，重炭酸ジ *t*-ブチル(0.95 g, 4.92 mmol)を加え，0 ℃で4時間かきまぜる．反応混合物に氷水(30 mL)を加えて，酢酸エチル(30 mL)で2回抽出する．有機相をまとめ，水(10 mL)と食塩水(20 mL)で洗浄し，無水硫酸ナトリウムで乾燥する．沪過後濃縮し，カラムクロマトグラフィー(ヘキサン-酢酸エチル　20:1，後に 2:1)で精製すると白色固体の Boc-アミンが得られる．収量 1.2 g．収率 90%．

【参考文献】　F. A. Davis, B. Yang, J. Deng, *J. Org. Chem.*, **68**, 5147-5152 (2003).

実験例 6-22　Boc カルバマートの脱保護

TFA, CH$_2$Cl$_2$
室温, 3 h
89%

アルゴン雰囲気下，Boc-ピロリジン(0.033 g, 0.12 mmol)をジクロロメタン(2 mL)に溶かし，0 ℃に冷却してからトリフルオロ酢酸(180 μL, 2.31 mmol)を加える．反応混合物を室温で3時間かきまぜる．飽和炭酸水素ナトリウム水溶液(30 mL)を加え，20分間かきまぜる．ジクロロメタン(30 mL)で3回抽出する．有機相をまとめ，食塩水(5 mL)で洗浄し，無水硫酸ナトリウムで乾燥する．沪過，濃縮し，得られた粗生成物をカラムクロマトグラフィー(ヘキサン-酢酸エチル 1:1)で精製して，黄色固

体のピロリジンを得る.収量 0.019 g.収率 89%.

【参考文献】 F. A. Davis, B. Yang, J. Deng, *J. Org. Chem.*, **68**, 5147-5152 (2003).

■ 2,5-ジメチルピロール

この保護基はアミノ保護基のなかではもっとも耐性の高い保護基である.求核剤に対しても還元剤に対しても反応することはなく,求電子剤に対しての反応性もそれほど高くない.導入は第一級アミンに対して2,5-ヘキサンジオンを作用させればよい.酸によって導入は加速される.

実験例 6-23 2,5-ジメチルピロールでの保護

5-アミノインドール(120.0 g, 0.908 mol)と2,5-ヘキサンジオン(200.0 mL, 1.70 mol)をトルエン(400 mL)に混合し,Dean-Starkトラップをつけて水を共沸させながら6時間加熱還流する.反応混合物を冷却し,カラムクロマトグラフ(シリカゲル 2 kg, ヘキサン 4 L),後にヘキサン-エーテル(94:6)で生成すると,目的のピロールが固体として得られる.収量 126.1 g.収率 66%.

【参考文献】 J. E. Macor, B. L. Chenard, R. J. Post, *J. Org. Chem.*, **59**, 7496-7498 (1994).

実験例 6-24 2,5-ジメチルピロールの脱保護

このピロール保護基の脱保護は,ヒドロキシルアミンやトリフルオロ酢酸,あるいは一重項酸素などで達成できる.もっともよく使われるのがヒドロキシルアミンを使った脱保護であり,2-プロパノールもしくはエタノール還流の条件で脱保護が行われる.比較的厳しい条件が必要にもかかわらず,多官能基性の化合物にも利用できる保護基である[*2].

[*2]　(a) S. G. Bowers, D. M. Coe, G.-J. Boons, *J. Org. Chem.*, **63**, 4570-4571 (1998). (b) R. Baker, J. L. Castro, *J. Chem. Soc., Perkin Trans. 1*, **1990**, 47-65.

アミンとアニリン 223

[反応式: 2,5-ジメチルピロール置換インドール + NH₂OH·HCl (20 eq), Et₃N (10 eq), i-PrOH, H₂O, 加熱, 83% → 5-アミノインドール誘導体]

2,5-ジメチルピロール (81.5 g, 0.265 mol), ヒドロキシルアミン塩酸塩 (368 g, 5.30 mol) およびトリエチルアミン (367 mL, 2.65 mol) を 2-プロパノール (800 mL) と水 (200 mL) に溶かし, 4 時間半加熱還流する. 反応混合物を氷浴につけて冷却し, 水酸化ナトリウム (212 g, 5.30 mmol) を加え, 室温で 24 時間かきまぜる. 反応混合物をセライト上で濾過し, 濾液を減圧濃縮する. 残った油状残渣をシリカゲルクロマトグラフィー (シリカゲル (1 kg)/酢酸エチル-メタノール-トリエチルアミン 8:1:1) で精製すると, 黄色の液体が 85 g 得られる. これを酢酸エチル (1 L) に溶かし, 飽和食塩水 (100 mL) で 3 回洗浄する. 無水硫酸ナトリウムで乾燥し, 濾別後, 溶媒を減圧濃縮すると 5-アミノインドールが得られる. 収量 50.55 g. 収率 83%.

【参考文献】 J. E. Macor, B. L. Chenard, R. J. Post, *J. Org. Chem.*, **59**, 7496-7498 (1994).

■ ベンジルオキシカルボニル (Cbz または Z) 基

Boc 基と並んでもっともよく使われるアミノ基の保護基であり, 水素化もしくは Birch 還元の条件で脱保護される. 導入はクロロ炭酸ベンジルを用いたカルバマート化反応で行う.

実験例 6-25 ベンジルオキシカルバマートでの保護

[反応式: H₂N-CH(CH₂Ph)-CO₂Me + ClCO₂CH₂Ph (1 eq), Na₂CO₃, トルエン, 7 ℃, 3 h, 96% → Cbz-NH-CH(CH₂Ph)-CO₂Me]

L-フェニルアラニンメチルエステル塩酸塩 (20.0 g, 93 mmol) をトルエン (93 mL) に懸濁させ, クロロ炭酸ベンジル (15.8 g, 93 mmol) を加える. 氷水浴で冷やし, 激しくかきまぜながら, 反応溶液を 7 ℃以下に保ちつつ 1 M 炭酸ナトリウム水溶液 (130 mL) をゆっくり滴下する. 滴下終了後さらに 3 時間激しくかきまぜる. 有機層を分離し, 0.1 M 塩酸 (60 mL) と飽和炭酸水素ナトリウム (60 mL) で洗浄して, 無水硫酸ナト

リウムで乾燥する．濾過後減圧濃縮すると，無色液体の Cbz-L-Phe-OMe が得られる．収量 28.8 g．収率 96%．

【参考文献】 T. Suzuki, Y. Honda, K. Izawa, R. M. Williams, *J. Org. Chem.*, **70**, 7317-7323 (2005).

実験例 6-26　ベンジルオキシカルバマートの脱保護

上記の保護ペプチド(0.30 g, 0.48 mmol)をメタノール(40 mL)に溶かし，10% Pd/C(0.05 g, 0.13 mmol)を加えて，水素雰囲気下室温で 20 時間激しくかきまぜる．反応混合物をセライト上で濾過し，メタノール(25 mL)で 2 回洗浄する．濾液を減圧濃縮し，残渣をメタノール(35 mL)に溶解し，セライトで再度濾過する．濾液を減圧濃縮し，エーテルを加えて結晶化させると，H-D-Ala-L-Pro-L-Glu-OH が白色固体として得られる．収量 0.13 g．収率 86%．

【参考文献】 M. Y. H. Lai, M. A. Brimble, D. J. Callis, P. W. R. Harris, M. S. Levi, F. Sieg, *Bioorg. Med. Chem.*, **13**, 533-548(2005).

■ 9-フルオレニルメチルカルバマート(Fmoc)基

Fmoc 基はペプチド化学だけでなく，固相合成の化学でも広く用いられている保護基である．

実験例 6-27　Fmoc カルバマートでの保護

アミノ酸(86.3 mg, 0.25 mmol)をジオキサン-水(2:1, 3 mL)に溶かし，ジイソプ

ロピルエチルアミン(2.5 mmol)を加える．Fmoc-Cl のジオキサン溶液(1.1 mmol, 0.65 mL)を加え，反応混合物を室温で 24 時間かきまぜる．反応溶液を水(5 mL)に注ぎ，エーテルで抽出する．水相を 1 M 塩酸で酸性にし，酢酸エチルで抽出する．両方の有機相をまとめ，無水硫酸マグネシウムで乾燥する．沪別後濃縮し，フラッシュクロマトグラフィー(ペンタン-酢酸エチル 2：1，後に 1：1)で精製すると，白色固体のFmoc-アミノ酸が得られる．収量 89 mg．収率 63％．

【参考文献】　S. Tchertchian, O. Hartley, P. Botti, *J. Org. Chem.*, **69**, 9208-9214(2004).

実験例 6-28　Fmoc カルバマートの脱保護

Fmoc-ペプチド(310 mg，0.44 mmol)を DMF(6 mL)に溶かし，ピペリジン(1.2 mL)を加え，窒素雰囲気下，室温で 2 時間半かきまぜる．溶媒を 50 ℃以下の温度で減圧留去し，得られた白い固体をカラムクロマトグラフィー(シリカゲル/ジクロロメタン-メタノール 99：1，後に 95：5)で精製すると，黄色泡状のペプチドが得られる．収量 182 mg．収率 87％．

【参考文献】　D. E. Davies, P. M. Doyle, R. D. Hill, D. W. Young, *Tetrahedron*, **61**, 301-312 (2005).

■ フタロイル基

フタロイル基は第一級アミンの保護基として，アミン窒素上の水素の保護とアミノ基由来の塩基性をともにブロックできる保護基である．これは酸性条件でも塩基性条件でも比較的安定である．Gabriel 合成の中間体としても知られ，脱保護にはヒドラジンがよく用いられるが，副生成物の除去が面倒な場合もある．

実験例 6-29　フタロイル基での保護

無水フタル酸 (40 mmol) とアミン (4.6 g, 40 mmol) をトルエン (100 mL) に溶かし，触媒量の p-トルエンスルホン酸を加え，Dean-Stark トラップをセットして，加熱還流を行い，生じた水を除く．4 時間後，溶媒をロータリーエバポレーターで減圧除去し，油状残渣をカラムクロマトグラフィー（シリカゲル/ジクロロメタン-メタノール 1:1）で精製する．得られた生成物は濃縮直後は油状であるが，数時間すると固化する．収率 64%．

【参考文献】 M. Muth, M. Sennwitz, K. Mohr, U. Holzgrabe, *J. Med. Chem.*, **13**, 2212-2217 (2005).

実験例 6-30　フタロイル基の脱保護

ビスフタルイミド (16.6 g, 35.5 mmol) とヒドラジン一水和物 (10.2 mL, 328 mmol) をエタノール (400 mL) に溶かし，65 ℃で 4 時間加熱する．生じた固体を沪取し，トルエンで洗ってから，固体を乾燥するとジアミンが得られる．収率 85%．

【参考文献】 F. W. Hartner, Y. Hsiao, M. Palucki, *J. Org. Chem.*, **69**, 8723-8730 (2004).

■ スルホンアミド

スルホンアミドは，導入が容易でたいへん耐性の高い保護基であり，便利であるが，

その脱保護に問題があった．トルエンスルホニル基は，還元的な条件(Birch 還元やマグネシウム金属を用いた還元)によって除去されるが，しばしば厳しい条件を必要とする．最近この欠点を克服した，ノシル(2-または4-ニトロベンゼンスルホニル)基が開発された．これは $S_N Ar$ 反応を経由して脱保護されるので，チオラートやアミンなどの穏和な求核剤と反応して除去できる特徴がある．さらにノシルアミドの窒素は比較的弱塩基で水素を引き抜くことのできるので，ハロゲン化アルキルなどによるアルキル化が容易という利点がある．

実験例 6-31　p-トルエンスルホンアミドでの保護

ジアミン(2.99 g, 11.1 mmol)とトリエチルアミン(1.7 mL, 12.2 mmol)をジクロロメタン(50 mL)に溶かし，氷浴で冷却する．塩化 p-トルエンスルホニル(2.29 g, 12.0 mmol)をゆっくり加え，反応混合物を2時間かきまぜる．飽和炭酸水素ナトリウム水溶液(50 mL)を加え，一晩かきまぜて，過剰量の塩化 p-トルエンスルホニルを分解して水層に除去する．有機層を分離し水相をジクロロメタン(50 mL)で2回抽出する．有機相をまとめ，飽和炭酸水素ナトリウムと水で洗浄し，無水硫酸マグネシウムで乾燥する．濾過後溶媒を減圧留去し，得られたアモルファス状の固体をヘキサン-酢酸エチル(3:1)で再結晶すると，モノトシルアミドが無色結晶として得られる．収量 4.49 g，収率 96％．

【参考文献】　J. M. Goodwin, M. M. Olmstead, T. E. Patten, *J. Am. Chem. Soc.*, **126**, 14352-14353(2004).

実験例 6-32　p-トルエンスルホンアミドの脱保護

$$\text{Ts-NH} \quad \text{HN-Ts} \xrightarrow[\substack{90 \text{ min} \\ 85\%}]{\text{Li, NH}_3, -33\,^\circ\text{C}} \text{NH}_2 \quad \text{NH}_2$$

　ビススルホンアミド(1.31 g, 3.00 mmol)を入れた乾燥したフラスコを，窒素雰囲気下で-78℃に冷却し，アンモニアガスを通じて液体アンモニアを加える．反応溶液を-33℃にし，金属リチウム(220 mg, 31.7 mmol)を徐々に加える．反応混合物が青色になるので，そのまま1時間半反応させる．反応溶液に食塩水(0.5 mL)を滴下し，反応を停止する．ドラフト内で昇温してアンモニアを蒸発させる．残渣に水(10 mL)を加え，揮発成分を減圧除去し(水は蒸発させない)，さらに水(10 mL)を加える．塩酸を加えて水相を酸性にし，ジクロロメタンで洗浄する．水相を白い沈殿が生じるまでロータリーエバポレーターで減圧濃縮し，25％水酸化ナトリウム水溶液(15 mL)で塩基性にする．水相をジクロロメタンで液-液抽出器を使って42時間かけて抽出する(あるいは，少量のジクロロメタンで20回以上抽出する)．乾燥後濃縮すると目的のジアミンが得られる．収量 321 mg．収率 85％．

　【参考文献】　A. Berkessel, M. Schroeder, C. A. Sklorz, S. Tabanella, N. Vogl, J. Lex, J. M. Neudoerfl, *J. Org. Chem.*, **69**, 3050-3056(2004).

実験例 6-33　ノシルアミドの脱保護

$$\xrightarrow[\substack{\text{アセトン} \\ 76\%}]{\text{DBU(3eq),} \\ \text{HSCH}_2\text{CH}_2\text{OH(1.04eq)}}$$

ノシルアミド(30 mg, 0.025 mmol)と DBU(12 μL, 0.077 mmol)をアセトン(0.5 mL)に溶かし，2-メルカプトエタノール(0.18 μL, 0.026 mmol)のアセトン溶液(0.3 mL)を加え，ノシルアミドが消失するまで室温でかきまぜる．反応混合物を減圧濃縮し，短いシリカゲルカラムで精製すると，アミンが白色固体として得られる．収量 19 mg．収率 76%．

　　【参考文献】　S. Yokoshima, T. Ueda, S. Kobayashi, A. Sato, T. Kuboyama, H. Tokuyama, T. Fukuyama, *J. Am. Chem. Soc.*, **124**, 2137-2139(2002).

■ トリフルオロアセトアミド

　一般にアミンの保護基としての酸アミドは脱保護が困難なことと，アミノ酸縮合時のラセミ化の問題のために，あまり使われることはない．しかし，トリフルオロアセトアミドは脱保護がほかのアミドに比べてやや穏和なので，利用しやすいアミドの一つである．

実験例 6-34　トリフルオロアセトアミドでの保護

　乾燥させた 3 L の三つ口フラスコに，回転子と 200 mL の滴下漏斗をセットし，アミノ酸メチルエステル誘導体塩酸塩(21.46 g, 92.7 mmol)とジクロロメタン(134 mL)を加える．かきまぜながら，トリエチルアミン(19.96 g, 195 mmol)を一気に加える．反応溶液を−50℃に冷却し，滴下漏斗から無水トリフルオロ酢酸(21.41 g, 102 mmol)を 1 時間かけてゆっくり加える．反応溶液を−50℃で 1 時間かきまぜ，0℃に昇温する．1.5%の塩酸(100 mL)を一気に加え，有機層を分離し，水相をジクロロメタンで抽出する．有機相をまとめ，水(100 mL)で洗浄した後，無水硫酸ナトリウムで乾燥する．沪過後減圧濃縮すると淡黄色の固体が得られる．これを最少量の酢酸エチルに溶かし，カラムクロマトグラフィー(シリカゲル/ヘキサン−酢酸エチル 1:1)で精製すると，白色固体のトリフルオロアセトアミドが 21 g 得られる．これをジクロロメタン−ヘキサンから再結晶して白色結晶を得る．収量 17.6 g．収率 65%．

　　【参考文献】　M. Itagaki, K. Masumoto, Y. Yamamoto, *J. Org. Chem.*, **70**, 3292-3295(2005).

実験例 6-35　トリフルオロアセトアミドの脱保護

トリフルオロアセトアミド(158 mg, 0.434 mmol)を炭酸カリウム(310 mg, 2.25 mmol)のメタノール-水混合溶媒(12:1, 13 mL)に懸濁させ, 2時間加熱還流する. 溶媒を減圧留去し, 残渣にジクロロメタン(30 mL)と水(20 mL)を加え, 有機層を分離, 水相をジクロロメタン(30 mL)で2回抽出する. 有機相を無水硫酸マグネシウムで乾燥, 沪別後溶媒を減圧濃縮すると, 黄色液体のアミンが得られる. 収量 100 mg. 収率 86%.

【参考文献】　D. E. Davies, P. M. Doyle, R. D. Hill, D. W. Young, *Tetrahedron*, **61**, 301-312 (2005).

アルデヒドとケトン

ここではカルボニル基の保護基としてジメチルアセタール, ジオキソラン, ジオキサン, ジチオアセタールを取り上げる.

■　ジメチルアセタール

ジメチルアセタールは導入, 脱保護は容易であるものの, 酸性条件下反応中では切れてしまうことも少なくないので, 確実に保護したい場合は注意が必要である. メタノールで直接アセタール化する方法もあるが, 2,2-ジメトキシプロパンを使ってアセタール交換で合成するほうが容易である.

実験例 6-36　ジメチルアセタールでの保護

[反応式：ケトン + PPTS(触媒), MeOH, CH₂Cl₂, 室温, 1 h, 73% → ジメチルアセタール]

　ケトン (0.33 g, 0.64 mmol) を無水メタノール (7 mL) に溶かし，触媒量の PPTS (0.008 g, 0.032 mmol) を加え，室温で 1 時間かきまぜる．ジクロロメタンを加えて薄め，飽和炭酸水素ナトリウム水溶液を加える．有機層を分離し (うまく分離できないときはメタノールを減圧除去してからするとよい)，水相をジクロロメタン (15 mL) で 2 回抽出する．有機相をまとめ，無水硫酸ナトリウムで乾燥し，乾燥剤を濾別後，溶媒を減圧留去し，得た粗生成物をフラッシュクロマトグラフィーで精製すると，ジメチルアセタールが得られる．収量 0.22 g，収率 73%．

　【参考文献】　M. T. Crimmins, P. Siliphaivanh, *Org. Lett.*, **5**, 4641-4644 (2003).

実験例 6-37　ジメチルアセタールの脱保護

脱保護は塩酸処理するだけでよいので簡便である．

[反応式：ビスエステル + MeMgCl (5 eq), Et₂O, 0 ℃, 次に 1M HCl, 93%]

　窒素雰囲気下，ビスエステル (8.5 g, 25.2 mmol, 純度 90%) のエーテル溶液 (100 mL) を 0 ℃ に冷却し，塩化メチルマグネシウムの THF 溶液 (22 wt%, 41.5 mL, 126 mmol) を 30 分かけて加える．さらに 30 分間かきまぜ，反応混合物を室温に昇温し 2 時間半かきまぜる．再び 0 ℃ に冷却し，1 M 塩酸 (125 mL) を注意深く加え，生じた有機層を分離する．水相をエーテル (50 mL) で抽出し，有機相をひとまとめにし，食塩水 (25 mL) で 2 回洗浄してから無水硫酸ナトリウムで乾燥する．濾過後，溶媒を減圧

留去し，カラムクロマトグラフィー(シリカゲル/酢酸エチル)で精製すると，6.91 g の茶色の油状物質を得る．酢酸エチル(25 mL)を加えて油状物質を溶かし，活性炭 (0.5 g)を加える．これをシリカゲル上で泸過し，酢酸エチル(50 mL)で洗浄する．泸液と洗浄液を一緒にし，酢酸エチルを減圧して除去すると，濃黄色液体の1,12-ジヒドロキシ-1,12-ジメチル-7-トリデカノンが得られる．収量6.73 g．収率93％．

【参考文献】 R. P. L. Bell, D. Verdijk, M. Relou, D. Smith, H. Regeling, E. J. Ebbers, F. M. C. Leemhuis, D. C. Oniciu, C. T. Cramer, B. Goetz, M. E. Pape, B. R. Krauseand, J.-L. Dasseux, *Bioorg. Med. Chem.*, **12**, 223-236(2004).

■ 1,3-ジオキサン

よく使われる保護基である．比較的外れにくい．ケトンとジオールから一気に導入する方法もあるが，いったんジメチルアセタールをつくってから，ジオールと交換反応させるとより穏和な条件で導入できる．

実験例 6-38 1,3-ジオキサンによる保護

イノン(3.8 g，28.3 mmol)をベンゼン(70 mL)に溶かし，PPTS(0.7 g，2.83 mmol)と2,2-ジメチル-1,3-プロパンジオール(2.95 g，28.3 mmol)を加えて加熱還流し，Dean-Starkトラップを使って反応とともに生じた水を共沸して除去する．反応終了後，反応溶液を室温に冷却し，飽和炭酸水素ナトリウムを加え，ジクロロメタンで抽出する．有機相を無水硫酸マグネシウムで乾燥し，泸別後溶媒を減圧除去し，残渣をフラッシュクロマトグラフィー(ヘキサン-ジクロロメタン 10:1，後に 4:1)で精製すると，目的のアセタールを得る．収量2.5 g．収率48％．

【参考文献】 J. H. Rigby, M. S. Laxmisha, A. R. Hudson, C. H. Heap, M. J. Heeg, *J. Org. Chem.*, **69**, 6751-6760(2004).

アルデヒドとケトン 233

> **実験例 6-39** 1,3-ジオキサンの脱保護

アセタール(635 mg, 0.91 mmol)のメタノール溶液(9 mL)に50% 硫酸(0.4 mL)を加え，室温で2時間かきまぜる．飽和炭酸水素ナトリウムを使って注意深く反応溶液を中和し，水相を酢酸エチルで抽出する．有機相をまとめ，食塩水で洗浄後，無水硫酸ナトリウムで乾燥する．濾別後，濃縮してフラッシュクロマトグラフィー(ヘキサン-酢酸エチル)で精製すると，無色泡状物質のビスケトンが得られる．収量 428 g. 収率 92%．

【参考文献】 U. Fuhrmann, H. Hess-Stumpp, A. Cleve, G. Neef, W. Schwede, J. Hoffmann, K. -H. Fritzemeier, K. Chwalisz, *J. Med. Chem.*, **43**, 5010-5016(2000).

■ 1,3-ジオキソラン

エチレングリコールのアセタールであるこの保護基は，カルボニル基の保護基としてもっともよく使われるものである．エチレングリコールとケトンから直接脱水しても合成可能であるが，ケトンをジメチルアセタールにしてから，アセタール交換すると穏和な条件で導入できる．脱保護は酸性条件で容易に行える．

> **実験例 6-40** 1,3-ジオキソランでの保護

プレグナ-4,6-ジエン-3,20-ジオン(2.70 g, 8.64 mmol)とエチレングリコール(5.0 mL)および p-トルエンスルホン酸(100 mg, 0.52 mmol)をベンゼン(150 mL)に溶かし, 6 時間加熱還流する. Dean-Stark トラップを用いて反応で生じた水を共沸して除く. 反応溶液を冷却し, エーテル(600 mL)を加えて薄め, 飽和炭酸水素ナトリウム, 水および飽和食塩水で洗浄した後, 無水硫酸マグネシウムで数時間乾燥する. 徐々に C3 アセタールが加水分解されるのが TLC で観察される. 沪過して, 溶媒を減圧濃縮し, 残渣をシリカゲルクロマトグラフィーで精製すると, 白色固体のモノジオキソランが得られる. 収量 2.32 g. 収率 75%.

【参考文献】 C.-M. Zeng, B. D. Manion, A. Benz, A. S. Evers, C. F. Zorumski, S. Mennerick, D. F. Covey, *J. Med. Chem.*, **48**, 3051-3059 (2005).

実験例 6-41 1,3-ジオキソランの脱保護

アセタール(70 mg, 0.19 mmol)をアセトン(15 mL)に溶かし, p-トルエンスルホン酸(10.0 mg, 0.05 mmol)を加え, 室温で 24 時間かきまぜる. 溶媒と揮発成分を減圧留去し, エーテルを加え, 飽和炭酸水素ナトリウム水溶液, 水, および食塩水で洗浄して, 無水硫酸ナトリウムで乾燥する. 乾燥剤を沪別後濃縮し, フラッシュクロマトグラフィーで精製すると, 白色固体のケトンが得られる. 収量 52 mg. 収率 84%.

【参考文献】 C.-M. Zeng, B. D. Manion, A. Benz, A. S. Evers, C. F. Zorumski, S. Mennerick, D. F. Covey, *J. Med. Chem.*, **48**, 3051-3059 (2005).

■ ジチオアセタール

1,3-ジチオランや 1,3-ジチアンなどジチオアセタールは, 他のアセタールとは異なり, 酸性条件でも脱保護されない, 反応耐性の強い保護基である. また, 1,3-ジチアンは硫黄に挟まれた 2 位の炭素が強塩基で脱プロトン化され, これを利用して炭素骨格構築が可能である便利な保護基である. 三フッ化ホウ素エーテル錯体などの酸性触媒の存在下, 1,3-プロパンチオールとケトンを反応させると導入できる. 一般に保護の反応の収率はよいが, ジチオールの悪臭には細心の注意を払うべきである. さもなくば隣の研究室から猛烈な苦情を頂戴するはめになる. 反応はよくひくドラフト内で

行い，反応に用いたガラス器具はブリーチ(次亜塩素酸ナトリウム水溶液)につけて悪臭が出ないようにしてから洗浄しよう．ジチオアセタールの問題点は脱保護にあった．すなわち今までは水銀塩を使った脱保護法しか知られておらず，水銀のもつ毒性のために使用をいやがられる傾向にあった．しかし，硫黄原子へのアルキル化や，超原子価ヨウ素を使った酸化反応(たとえば $PhI(OCOCF_3)_2$ など)による脱保護法が開発されたこともあり，見直される傾向にある．

実験例 6-42　1,3-ジチアンによる保護

$$\text{HO-CH(OBPS)} \xrightarrow[\text{2. HSCH}_2\text{CH}_2\text{CH}_2\text{SH, BF}_3 \cdot \text{OEt}_2]{\text{1. Swern}} \text{dithiane-OBPS}$$
94%

　窒素雰囲気下，塩化オキザリル(9.4 mL, 107 mmol)のジクロロメタン溶液(500 mL)を −78 ℃に冷却し，DMSO(15.2 mL, 215 mmol)のジクロロメタン溶液(60 mL)をゆっくり滴下する．ガスの発生が起こるので，容器には必ずガスの出口を用意しておくこと．ガスの発生がやんだら，15 分間 −78 ℃でかきまぜ，アルコール(29.4 g, 89.5 mmol)のジクロロメタン溶液(150 mL)を加える．15 分間かきまぜてから，トリエチルアミン(62.4 mL, 448 mmol)をゆっくり加え，反応溶液を徐々に 0 ℃に昇温し，0 ℃で，さらに 15 分かきまぜる．反応混合物にエーテル(500 mL)と水(500 mL)を加え，有機層を分離し，水(250 mL)と食塩水(250 mL)で洗浄して，無水硫酸マグネシウムで乾燥する．沪過後減圧濃縮して，得た残渣にベンゼン(200 mL)を加え，水を共沸させて除いて乾燥し，アルデヒドを得る．

　得たアルデヒドをジクロロメタン(400 mL)に溶かし，−10 ℃に冷却する．1,3-プロパンジチオール(9.9 mL, 99 mmol)を加え，引き続き三フッ化ホウ素エーテル錯体(16.5 mL, 135 mmol)を滴下する．5 分間かきまぜてから，水(50 mL)を注意深く加えて反応を停止する．混合物にエーテル(500 mL)と水(500 mL)を加えて，有機層を分離し，水(250 mL)で 2 回，食塩水(250 mL)で 1 回洗浄してから，無水硫酸マグネシウムで乾燥する．沪過後溶媒を減圧濃縮し，得られた粗生成物をフラッシュクロマトグラフィー(ヘキサン-酢酸エチル 30：1)で精製すると，淡黄色の 1,3-ジチアンが得られる．収量 32.8 g．収率 94%．

　　【参考文献】　A. B. Smith, S. M. Condon, J. A. McCauley, J. L. Leazer, J. W. Leahy, R. E. Maleczka, *J. Am. Chem. Soc.*, **119**, 947-961 (1997).

実験例 6-43 脱保護

1,3-ジチアン(1.70 g, 3.2 mmol)と炭酸カルシウム(500 mg, 5.0 mmol)を THF(200 mL)に懸濁させ，0.025 M の過塩素酸水銀(Ⅱ)水溶液(167 mL)を加え，室温で 30 分かきまぜる．エーテル(300 mL)を加え，生じた沈殿をセライトで沪過し，沪液の有機層を分離する．水相をエーテル(100 mL)で 2 回抽出し，有機相をひとまとめにして飽和炭酸水素ナトリウム水溶液(200 mL)と食塩水で洗浄して，無水硫酸ナトリウムで乾燥する．沪過後減圧濃縮し，シリカゲルクロマトグラフィー(ヘキサン-酢酸エチル 20：1)で精製すると，無色液体のケトンが得られる．収量 1.17 g．収率 83%．

【参考文献】 H. Watanabe, H. Watanabe, M. Bando, M. Kido, T. Kitahara, *Tetrahedron*, 55, 9755-9776(1999).

実験例 6-44 脱保護(水銀塩を用いない方法)

ジチアン(6 mg, 0.005 5 mmol)をアセトニトリル(1.55 mL)と水(0.155 mL)に溶解し，0 ℃で PhI(OCOCF₃)₂(6 mg, 0.014 mmol)を加え，30 分反応させてから，室温に昇温し 6 時間かきまぜる．酢酸エチル(2 mL)を加え，飽和炭酸水素ナトリウム水溶液(2 mL)を加えて反応を停止する．有機層を分離し，水相を酢酸エチル(5 mL)で 4 回

抽出する．有機相をまとめ食塩水(10 mL)で洗浄し，無水硫酸ナトリウムで乾燥する．
濾過後濃縮し，分取 TLC(ヘキサン-酢酸エチル 1：1 に 3%のトリエチルアミンを加
えたもので展開)で精製し，無色液体のピランを得る．収量 3.7 mg．収率 70%．

【参考文献】　A. B. Smith, Ⅲ, J. M. Cox, N. Furuichi, C. S. Kenesky, J. Zheng, O. Atasoylu, W. M. Wuest, *Org. Lett.*, **10**, 5501-5504 (2008).

索　　引

■ A
ADMET →鎖状ジエンメタセシス重合
AD-mixα　85
AD-mixβ　85
AIBN　95, 127

■ B
Baeyer-Villiger 酸化　90
Barton-McCombie 反応　95
9-BBN →9-ボラビシクロ[3.3.1]ノナン
BINAP　118
(R)-(+)-BINOL　158
Birch 還元　131
Boc-N$_3$　221
Boc-ON　221
Boc 基　219, 221
Brown の不斉クロチル化反応　144
t-Bu$_3$P →t-ブチルホスフィン
Burgess 試薬　36

■ C
CBr$_4$　31
Cbz 基　219, 223
CDI →カルボニルジイミダゾール　53
Claisen 縮合反応　145
Clemmensen 還元　124
CM →クロスメタセシス
Collins 酸化　67
Corey-Bakshi-Shibata 還元　116
Corey-Fuchs 反応　184
Corey-Kim 酸化　72
Corey-Peterson 反応　185
m-CPBA　78, 84
Crimmins の不斉アルドール反応　140
Cy$_2$NMe →ジシクロヘキシルメチルアミン

■ D
DABCO →ジアザビシクロ[2.2.2]オクタン　142
Danishefsky ジエン　204
DCC →ジシクロヘキシルカルボジイミド
DDQ →2,3-ジクロロ-5,6-ジシアノ-p-ベンゾキノン
DDQ 酸化　68
Denmark の改良法　157
DEPC →シアノリン酸ジエチル
Dess-Martin 試薬　16, 17
Dess-Martin 酸化　74, 75
　――における水の添加　75
Diazald　15
DIBAL-H　208, 212
Dieckmann 縮合反応　147
Diels-Alder 反応　204
DMAP →4-(ジメチルアミノ)ピリジン
DMDO →ジメチルオキシラン
DME　8
DMF →ジメチルホルムアミド　3
DMP →Dess-Martin 酸化剤
DMPM →3,4-ジメトキシベンジル
DMSO →ジメチルスルホキシド
DMSO-d_6　30
DPPA →ジフェニルリン酸アジド

■ E
EDCI →1-エチル-3-[3-(ジメチルアミノ)プロピル]カルボジイミド塩酸塩
EEDQ →2-エトキシ-1-エトキシカルボニル-1,2-ジヒドロキノリン
Evans アルドール反応　136

■ F
Finkelstein 反応　43
Fisher エステル化　58
Fmoc-Cl　225
Fmoc 基　219, 224
Friedel-Crafts 反応　150
Fukuyama 還元　108
Fu の改良法　154, 157, 161, 179

■ G
Gabriel 合成　225
Grignard 試薬　9, 10, 158
　――の滴定法　11
Grignard 反応　151
Grubbs 触媒　196, 198
　第一世代の――　198
　第二世代の――　198

■ H
Hartwig-Buchwald 芳香族アミノ化反応　41
Henry 反応　155
Hiyama クロスカップリング反応　156
HMPA　8
Horner-Wadsworth-Emmons 反応 (HWE 反応)　186, 187

索引

Z-選択的—— 187,188
Hosomi-Sakurai 反応　170
Hoveyda-Grubbs 触媒　200

■ I
I$_2$-PPh$_3$-イミダゾール　34
IBX → 1-ヒドロキシ-1,2-ベンゾヨードキシル-3(1H)-オン

■ J
Jones 酸化　80
Jones 試薬　18
Julia カップリング　189

■ K
Katsuki-Jacobsen エポキシ化反応　83
Katsuki-Sharpless 不斉エポキシ化反応　87
Keck の立体選択的アリル化反応　158
KMnO$_4$　22
Knoevenagel 反応　190
Kocienski らの改良法　190
Kumada-Tamao カップリング反応　158

■ L
LAH → 水素化アルミニウムリチウム
Lawesson 試薬　50
LDA の調製法　17
LiH$_2$NBH$_3$　149
Lindlar 触媒　129
Lombardo-Takai 反応　192
Luche 還元　110

■ M
Mannich 反応　39,40
Martin のスルフラン　37
Masamune アルドール反応　137
material safety data sheet (MSDS)　3
McMurry カップリング反応　191
Me$_2$CuLi　145
Me$_3$SnSnMe$_3$ → ヘキサメチルジスズ
Meerwein-Ponndorf-Verley 還元　114
Michael 付加　44
Midland 還元　117
Migita-Kosugi-Still カップリング反応　174
Mitsunobu 反応　37
Mizoroki-Heck 反応　152
MOM → メトキシメチルエーテル
Morita-Baylis-Hillman 反応　142
Mukaiyama アルドール反応　138
Mukaiyama 法　56
Myers
　——の改良法　120
　——の不斉アルキル化反応　149

■ N
NBS → N-ブロモスクシンイミド
NCS → N-クロロスクシンイミド
Negishi カップリング反応　160
NMO → N-メチルモルホリン-N-オキシド
Noyori 不斉還元　118
Nozaki-Hiyama-Kishi-Takai 反応(NHK 反応)　161

■ O
Oppenauer 酸化　76

■ P
Parikh-Doering　70
PCC → ピリジニウムクロロクロマート
Pd(dppf)Cl$_2$　179
Pd(OAc)$_2$　152
Pd(PPh$_3$)$_4$　152
Pd$_2$dba$_3$　152
PDC → ピリジニウムジクロロマート
PdCl$_2$　152
Petasis 試薬　193,194
Peterson 反応　200
Ph$_2$CuLi　145
Ph$_3$PO　31
PhI(OAc)$_2$　77
PhI(OCOCF$_3$)$_2$　236
PMA → リンモリブデン酸
PMB → p-メトキシベンジルエーテル
PMB エーテル　212
PMP → p-メトキシベンジルエーテル
PPh$_3$　31
PPTS → ピリジニウム p-トルエンスルホナート
Pummerer 転移　77

■ R
Rawal のジエン　205
RCM → 閉環メタセシス
RCM 反応　198
Red-Al → 水素化ビス(2-メトキシエトキシ)アルミニウムナトリウム　131
Reformatsky 反応　168
R$_f$ 値　19,24,25
Rieke Zinc　168
ROM → 開環メタセシス
ROMP → 開環メタセシス重合
Roush の不斉クロチル化反応　169

■ S
SBMEA-H → 水素化ビス(2-メトキシエトキシ)アルミニウムナトリウム　131
Schotten-Baumann 反応　59
Schreiber-Meyer の改良法　75
Schrock 触媒　197,198
Schwartz 試薬　171
Shapiro 反応　126,172
Simmons-Smith 反応　206
S$_N$1 条件　46
S$_N$2 条件　46
S$_N$2 反応　33
SO$_3$・ピリジン　70
Sonogashira カップリング　173
Staudinger 反応　134

索引

Still-Kelly 反応　176
Suzuki-Miyaura カップリング
　反応　176,178,181,182
Swern 酸化　68
　──の悪臭　69

■ T
Takai 反応　201
Tamao-Fleming 酸化　73
TASF((Et$_2$N)S$^+$(Me$_3$SiF$_2$))
　156
TBAF(Bu$_4$NF)　156
TBDMS 基　216
TBS 基　216
TCCA ⇒ トリクロロシアヌル
　酸
TCT ⇒ 2,4,6-トリクロロ-
　[1,3,5]-トリアジン
Tebbe 試薬　195
TEMPO ⇒ 2,2,6,6-テトラメ
　チルピペリジン-1-オキシ
　ル
TEMPO 酸化　77,80
THF ⇒ テトラヒドロフラン
THP エーテル　217
Ti-BINOL 錯体　158
TIPS 基
TLC ⇒ 薄層クロマトグラ
　フィー
TLC ステーション　21
TLC プレート　18
TPAP ⇒ 過ルテニウム酸テト
　ラプロピルアンモニウム
Tsuji-Trost 反応　183
TTTMS ⇒ トリストリメチル
　シリルシラン

■ W
W2　121
Wacker 酸化　79
Weinreb アミド　106
　──の還元　107
Williamson 反応　211
Wittig 反応　195,202
Wolff-Kishner 還元　119

■ Y
Yamaguchi 法　57

■ Z
Z 基　223
Zimmerman-Traxler 遷移状態
　135

■ あ
アセトン　27
亜鉛アマルガム　124
亜塩素酸ナトリウム　91
アキシアル位　135
悪臭　234
　Swern 酸化の──　69
アジド　35,133,134
アセタール　209
　──の合成　47
アセタール交換　233
アセチレンの合成　184
アセトニド　208,209
アセトニトリル　3,6,27
アセトン　3
アセトンジメチルアセタール
　209
アゾ化合物　37
アゾジカルボン酸ジイソプロピ
　ル　37
アゾジカルボン酸ジエチル
　37
アゾビスイソブチロニトリル
　127
p-アニスアルデヒド　21
アミド　234
　──の加水分解　61
　──の還元　98
アミド化　57
アミノ化反応　41
アミノ基の保護　219
アミン　25,219
アラン　101
　──の還元　101
アリールボロン酸　177
アリルアルコール　65
　──の酸化　89
アリルシラン　170
π-アリルパラジウム　183
アルカリ　3
アルキルメチルスルホキシド
　69
アルキルリチウム　12
アルキンの水和反応　45

■
(E)-アルケン　186,189
アルコール　3
アルデヒド　184
アルドール反応　135
　エナンチオ選択的──　135
R-アルパインボラン　117
アンチ選択性　135
アンチ選択的　137

■ い
イオン液体　7
イミダゾリルチオカルバマート
　96
イミニウムイオン中間体
　190
イミン　39,48
イリド　202,203
　安定化──　202,203
　安定化されていない──(不
　安定イリド)　196,203

■ え
液体アンモニア　131
エクアトリアル位　135
エステル
　──の加水分解　61
　──の還元　101
エタノール　3,6,7,27
1-エチル-3-[3-(ジメチルアミ
　ノ)プロピル]カルボジイミ
　ド塩酸塩(EDCI)　54
エチルリチウム　12
エチレングリコール　233
X 線構造解析　29
エーテル　6,8
エーテル合成　42
2-エトキシ-1-エトキシカルボ
　ニル-1,2-ジヒドロキノロ
　ン　55
エナミン　195
　──の合成　48
エナンチオ選択的アルドール反
　応　135
エノール　195
エフェドリン　137
エポキシ化　82,83,84,87
塩化アリール　154
塩化オキザリル　51,69
塩化スルフリル　32

242　索　引

塩化セリウム（Ⅲ）　162
塩化チオニル　52
塩化 p-トルエンスルホニル　60
塩化ニッケル　133
塩化ニッケル（Ⅱ）　161
塩化パラジウム（PdCl$_2$）　152
塩化ビニル　3
塩化リチウム　33
塩基による加水分解　62
塩素系溶媒　3

■ お
オキサザボロリジン　116
オキサゾリジノン　136
オキシ塩化リン　52
オキシム　49
オキソザリン　167
オキソン　81
押し切り　19
オゾン層破壊　8
オルトギ酸メチル　47
オルトリチオ化反応　167
オレフィンメタセシス　196，197

■ か
開環メタセシス（ROM）　197
開環メタセシス重合（ROMP）　197
過塩素酸　46
過　酸　3
加水分解　48，208
　アミドの――　61
　エステルの――　61
　塩基による――　62
　ニトリルの――　62，63
香月-Jacobsen エポキシ化反応　83
香月-Sharpless 不斉エポキシ化反応　87
活性基　43
活性二酸化マンガン　65
カテコールボラン　44
カラム体積　24
カラムボリューム（CV）　19，24，25

過ルテニウム酸テトラプロピルアンモニウム（TPAP）　78
カルベノイド　206
カルボニルジイミダゾール（CDI）　53
カルボン酸およびその誘導体の還元　100
環開裂反応　46
還　元　110
　――的アミノ化　97
　アミドの――　98
　アランの――　101
　エステルの――　101
　カルボン酸およびその誘導体の――　100
　三重結合の――　129
　水素化ホウ素リチウムによる――　103
　ニトリルの――　99，108
　ラクトンの――　104，107
　ラジカル的――　95
　Weinreb アミドの――　107
乾燥剤　6
乾燥溶媒　5
カンファースルホン酸　47

■ き
偽エフェドリンアミド　149
ギ酸アンモニウム　132
キット試薬　85
キノリン　55
揮発性　8
共酸化剤　77，78
共沸溶媒　29
キラルオキサゾリジノン　148
キラルビスホリックアミド　171
キレーション制御　111
キレーション効果　215

■ く
熊田-玉尾カップリング反応　158
グラジエント法　24
グリース　30
クロスメタセシス（CM）　197，200

クロマトグラフィー　18
クロム（二価の）　161
クロム酸塩による酸化　65
クロロ過安息香酸　78
N-クロロスクシンイミド（NCS）　72，78
クロロ炭酸イソブチル　55
クロロ炭酸ベンジル　223
クロロプレンゴム　3
クロロホルム　8，27，30

■ け
けん化　62

■ こ
高極性　25
五酸化リン　60
固定相　21
混合溶媒（系）　27
　――の再結晶　27

■ さ
再結晶　26
　混合溶媒系の――　27
再結晶溶媒　27
催涙性　211
酢　酸　3，27，30
酢酸イソプロペニル　209
酢酸エステル　208
酢酸エチル　27，30
酢酸パラジウム（Pd(OAc)$_2$）　152
酢酸ブチル　27
鎖状ジエンメタセシス重合（ADMET）　197
酸　3
三塩化チタン　191
酸塩化物　51，52
酸　化
　アリルアルコールの――　89
　クロム酸塩による――　65
　スルホキシドへの――　92
　スルホンへの――　93
三重結合の還元　129
残存溶媒の NMR　29

■ し
次亜塩素酸ナトリウム　78

索引

次亜塩素酸ナトリウム水溶液 69
ジアザビシクロ[2,2,2]オクタン(DABCO) 142
ジアステレオ選択性 135
ジアセトキシヨードベンゼン 77
ジアゾメタンの調製法 14
ジアニオン 13
シアノリン酸ジエチル(DEPC) 57
(+)-B-ジイソピノカンフェニルメトキシボラン 144
ジイミド還元 130
ジエチル亜鉛 206
ジエチルエーテル 27,30
ジエノフィル 204
四塩化炭素 32
四塩化チタン 191
ジエン 204
ジオキサン 8,47,230
1,3-ジオキサン 232
1,4-ジオキサン 27
ジオキソラン 47,230
1,3-ジオキソラン 233
1,2-ジオール 209
1,3-ジオール 209
anti-1,3-ジオール 115
ジオール化 84
2,3-ジクロロ-5,6-ジシアノ-p-ベンゾキノン(DDQ) 68
ジクロロメタン 6,8,27,30
四酸化オスミウム 84
ジシクロヘキシルカルボジイミド(DCC) 54,70
ジシクロヘキシル尿素 54
ジシクロヘキシルボラントリフラート 137
ジシクロヘキシルメチルアミン(Cy$_2$NMe) 154
ジチオアセタール 121,230,234
ジ(トリフルオロエチル)ホスホノ酢酸エステル 187
ジフェニル銅リチウム 145
ジフェニルホスホノカルボン酸 188
ジフェニルホスホノカルボン酸エステル 188
ジフェニルホスホリルアジド 35
ジフェニルリン酸アジド(DPPA) 57
ジブロモアルケン 184
——の合成 184
4-(ジメチルアミノ)ピリジン(DMAP) 208,221
ジメチルオキシラン(DMDO) 81,82
ジメチルジオキシラン 81
ジメチル水銀 2
ジメチルスルホキシド(DMSO) 3,30,68
ジメチル銅リチウム 145
2,5-ジメチルピロール 222
ジメチルホルムアミド(DMF) 3,27
ジメチルホルムアルデヒド 30
2,2-ジメトキシプロパン 209,230
3,4-ジメトキシベンジル 212
臭化3-エトキシ-3-オキソプロピル亜鉛 14
臭化シクロヘキシル亜鉛 14
臭化2-チエニル亜鉛 14
臭化2-ピリジル亜鉛 14
臭化フェニル亜鉛 14
臭化ブチル亜鉛 14
臭化プロピル亜鉛 14
重クロロホルム 29
臭素酸ナトリウム 78
重炭酸ジt-ブチル 221
種結晶 28
酒石酸ボレート 169
蒸留 6
1,2-ジヨードエタン 168
ジヨードメタン 206
シリカゲル 23
——の粒径 23
シリコーングリース 30
シリルWittig反応 200
シリルエーテル 208,216
シリルエノールエーテル 138
シリルトリフラート 216

シン選択性 135

■ す

水素化アルミニウムリチウム 98,99,100,109
水素化カルシウム 6
水素化シアノホウ素ナトリウム 97,122
水素化ジイソブチルアルミニウム 105,112
水素化トリアセトキシホウ素テトラメチルアンモニウム 115
水素化トリアセトキシホウ素ナトリウム 97
水素化トリブチルスズ 127
水素化トリ(t-ブトキシ)アルミニウムリチウム 112
水素化ビス(2-メトキシエトキシ)アルミニウムナトリウム(Red-Al, SBMEA-H) 131
水素化ホウ素亜鉛 111
水素化ホウ素ナトリウム 103,110,133
水素化ホウ素ナトリウム/塩化セリウム 110
水素化ホウ素ナトリウム/三フッ化ホウ素エーテル錯体 104
水素化ホウ素リチウム 103
——による還元 103
水素化リリウムアルミニウム 103
鈴木-宮浦カップリング反応 176,178,181,182
スパルテイン 141
スルフィンイミン 49
スルホキシド 77
——への酸化 92
スルホン 189
——への酸化 93
スルホンアミド 219,226

■ せ

石油エーテル 106
接触的不斉還元 116
セリウムモリブデン酸 22
L-セレクトリド 113

244　索　引

K-セレクトリド　113
Z-選択的 HWE 反応　187,
　188

■そ
薗頭カップリング　173

■た
第一級ヒドロキシル基　216
第三級アミン　173
第三級ヒドロキシル基　216
代替溶媒　8
第二級アミン　190
第二級ヒドロキシル基　216
　——のみへの導入法　217
第四級チアゾリニウムイオン
　143
高井反応　201
脱　水　36,37
脱水縮合　54,55,56
脱ハロゲン化水素　165
脱離基　43
脱離反応　164
脱硫反応　121
玉尾-Fleming 酸化　73
炭化水素　3
単結晶　28

■ち
チオケトン　50
チオンキラル補助基　140
中圧クロマトグラフィー　25
超原子価ヨウ素　235
超臨界二酸化炭素　7

■つ
辻-Trost 反応　183

■て
ディップ　21
テキシルボラン　44
テトラキストリフェニルホス
　フィンパラジウム
　(Pd(PPh$_3$)$_4$)　152
テトラゾールスルホン　190
テトラヒドロピラニル(THP)
　エーテル　218
テトラヒドロピラン　204
テトラヒドロプラニルエーテル

　208
テトラヒドロフラン(THF)
　6,8,12,27,30
2,2,6,6-テトラメチルピペリジ
　ン-1-オキシル(TEMPO)
　77
テーリング　21
展開溶媒　20

■と
毒　性　8
トシルヒドラゾン　122,126,
　172
1,1,1-トリアセトキシ-1,1-ジ
　ヒドロ-1,2-ベンゾヨード
　キシル-3(1H)-オン
　17,74
トリアルキルシラン　128
トリイソプロピルシリル
　(TIPS)基　216
トリエチルアミン　6,30
トリエチルシラン　108,125
トリエチルボラン　127
2,4,6-トリクロロ-[1,3,5]-ト
　リアジン(TCT)　72
トリクロロ安息香酸　57
トリクロロシアヌル酸(TCCA)
　60,77
トリストリメチルシリルシラン
　(TTTMS)　95,128
トリフェニルホスフィン　38
トリブチルスズ　95
トリフルオロアセトアミド
　229
トリメチルシリルジアゾメタン
　15,59
トルエン　6,27,30
トルエンスルホニル基　227

■な
ナトリウム　6
ナトリウムアマルガム　190

■に
二次元 TLC　19,21
ニッケル触媒　159
ニトリル
　——の加水分解　62
　——の還元　99,108

ニトリルゴム　3
ニトロアルドール反応　155
ニトロ基　132
N-ニトロソ-N-メチル尿素
　16
2-ニトロベンゼンスルホニル基
　227
4-ニトロベンゼンスルホニル基
　227
ニトロン　91
尿　素　54
ニンヒドリン　22

■ね
根岸カップリング反応　160

■の
野崎-檜山-岸-高井反応　161
ノシルアミドの脱保護　228
ノシル基　227
野依不斉還元　118
ノルエフェドリン　148

■は
薄層クロマトグラフィー
　(TLC)　18
　——の発色剤　21
発がん性　8
バニリン　22
パラジウム触媒　152,159,
　173
バリン　148
ハロゲン-マグネシウム交換反
　応　151
ハロゲン-リチウム交換反応
　13,164
パン酵母　118

■ひ
2,2-ビス(ジフェニルホスフィ
　ノ)-1,1'-ビナフチル
　118
ビスピナコラートボロン
　180
ヒドラジン　225
α-ヒドロキシケトン　143
1-ヒドロキシ-1,2-ベンゾヨー
　ドキシル-3(1H)-オン
　16,76

索　引

ヒドロキシル基
　　第一級―― 216
　　第三級―― 216
　　第二級―― 216
　　フェノール性―― 214
ヒドロジルコニウム化　171
ヒドロホウ素化反応　44
ピナコラートボラン酸　179, 180
ピナコールボラン　44
ピバル酸エステル　208
N-ピバロイル-o-トルイジン　13
檜山クロスカップリング反応　156
漂白剤　83
ピリジニウムクロロクロマート（PCC）　66
ピリジニウムジクロマート（PDC）　67
ピリジニウム p-トルエンスルホナート（PPTS）　47, 219, 231
ピリジン　30
貧溶媒　28

■ ふ
不安定イリド　196
1,10-フェナントロリン　11
フェニルリチウム　12
フェノール　12
フェノール性ヒドロキシル基　214
福山還元　108
不斉シクロプロパン化　206
不斉アミノヒドロキシル化反応　86
不斉アルキル化反応　148, 149
不斉アルドール反応　136
不斉エポキシ化反応　88
不斉還元　93, 118
不斉クロチル化反応　144, 169
不斉ジオール化　85
不斉脱プロトン化反応　141
不斉向山アルドール反応　140
フタロイル基　219, 225

ブチルゴム　3
t-ブチルジメチルシリル（TBS, TBDMS）基　216
t-ブチルホスフィン（t-Bu$_3$P）　154
t-ブチルメチルエーテル　8, 30
n-ブチルリチウム　12, 164
s-ブチルリチウム　12
t-ブチルリチウム　12, 165
ブチルリチウムの付加　166
物質の安全性に関するデータシート（MSDS）　3
フッ素ゴム　3
沸　点　27
t-ブトキシカルボニル（Boc）基　221
$α, β$-不飽和ケトン　110
フラクションコレクター　25
フラッシュクロマトグラフィー　23, 25
フルオラス溶媒　7
9-フルオレニルメチルカルバマート　224
2-プロパノール　27
プロパルギルアルコール　65
N-ブロモスクシンイミド（NBS）　83
ブロモヒドリン　83

■ へ
閉環メタセシス（RCM）　197, 199
平衡反応　58
ヘキサメチルジスズ（Me$_3$SnSnMe$_3$）　175, 176
ヘキサン　8, 27, 106
n-ヘキサン　30
ヘテロ Diels-Alder 反応　204, 205
ヘプタン　27
ペプチドカップリング　54
ベンジルアルコール　65
ベンジルエーテル　208, 211
ベンジルオキシカルボニル（Cbz, Z）基　223
ベンジル基　219
ベンゼン　6, 8, 27

ベンゾイン縮合反応　143
ベンゾトリフルオリド　8
ベンゾフェノンケチル　5
ペンタン　8

■ ほ
芳香族求核置換反応　43
芳香族系溶媒　3
防護具　1
ホウ素エノラート（(E)-, (Z)-)　135
保護基　207
保護手袋　2
保護めがね　1
ホスフィン　37
細見-櫻井反応　170
9-ボラビシクロ[3.3.1]ノナン（9-BBN）　44
ボラン　44
ボラントリフラート　135
ポリビニルアルコール　3
ボロン酸　177

■ ま
正宗アルドール　137
末端アルキン　173

■ み
右田-小杉-Still カップリング反応　174
水　7, 27, 30
　――の添加（Dess-Martin 酸化における）　75
　――-ミセル系　7
溝呂木-Heck 反応　152
光延反応　37

■ む
向山アルドール反応　138
向山法　56
無水酢酸　71
無水トリフルオロ酢酸　71
無水溶媒　5

■ め
メタノール　6, 27, 30
メタレーション（金属化）反応　166
メタンスルホン酸エステル

索引

31, 34
メチルエーテル　208, 214
メチルキサントゲン酸エステル　95
メチルケトン　79
N-メチル-N-ニトロソ-4-トルエンスルホンアミド　15
N-メチルモルホリン-N-オキシド（NMO）　78
メチルリチウム　12
メチレン化反応　192
メトキシベンジルエーテル（PMB, PMP）　208, 212
メトキシメチルエーテル（MOM）　208, 215

■ も
モレキュラーシーブス　6

■ や
山口法　57

■ ゆ
有機亜鉛化合物　160, 168
有機亜鉛試薬の調製法　14
有機クロム化合物　161
有機シアノ銅試薬　146
有機スズ化合物　174
有機セリウム試薬　162
有機銅試薬　145
有機トリフルオロボラートカリウム　181
有機ホウ素化合物　177
有機マグネシウム試薬　151
有機リチウム試薬　11, 163
　——の調製法　12
　——の滴定法　11, 13

■ よ
ヨウ化サマリウム　114
ヨウ化銅（Ⅰ）　173
ヨウ化ビニル　201
溶出溶媒　24
溶出力の順序　20
ヨウ素　22
溶媒　6
　塩素系——　3
　芳香族系——　3
ヨードホルム　201

■ ら
ラクトンの還元　104, 107
ラジカル的還元　95
ラセミ化　54, 55
ラテックス　2, 3
ラネーニッケル　121

■ り
リチウムジイソプロピルアミドの調製法　17
リチウムテトラメチルピペリジド　18
リチウムヘキサメチルジシラジド　18
立体選択的　113
　——アリル化反応　158
硫酸セリウム　21
リンモリブデン酸（PMA）　22

■ る
ルイス塩基　171

■ れ
冷却浴　8
冷媒　9

■ ろ
六員環遷移状態　135

上村明男（かみむらあきお）
1959年 京都市生まれ.
京都大学大学院理学研究科博士後期課程修了. 理学博士.
山口大学教養部・英国インペリアルカレッジ化学科・山口大学工学部を経て, 2006年より山口大学大学院創成科学研究科教授（化学系専攻）. 専攻は有機合成化学.

研究室ですぐに使える
有機合成の定番レシピ

平成21年8月10日　発　　　行
令和6年3月5日　第10刷発行

訳　者　上　村　明　男

発行者　池　田　和　博

発行所　丸善出版株式会社
〒101-0051 東京都千代田区神田神保町二丁目17番
編集：電話(03)3512-3262／FAX(03)3512-3272
営業：電話(03)3512-3256／FAX(03)3512-3270
https://www.maruzen-publishing.co.jp

© Akio Kamimura, 2009

組版／三報社印刷株式会社
印刷・製本／大日本印刷株式会社

ISBN 978-4-621-08151-8 C 3043　　Printed in Japan

本書の無断複写は著作権法上での例外を除き禁じられています.